Heinrich Dörrie

Determinanten

München und Berlin 1940
Verlag von R. Oldenbourg

Druck von R. Oldenbourg, München
Printed in Germany

Vorwort.

In allen Zeiten ist es das Bestreben der Mathematiker gewesen, zur Lösung ihrer Probleme passende Hilfsmittel zu schaffen, die ihre oft mühsame Arbeit erleichtern können.

Eins der wichtigsten und wertvollsten dieser Hilfsmittel ist die Lehre von den Determinanten.

Die Vorzüge dieses Rechenverfahrens sind in der Tat erstaunlich:

Die Leichtigkeit seiner Handhabung läßt nichts zu wünschen übrig.

Die mit ihm verbundenen Beweise sind fast ausnahmslos elementar.

Die zum Ziele führenden Wege sind im Gegensatz zu anderen zweckdienlichen Methoden angenehm und kurz, oft von faszinierender Kürze.

Trotz dieser unzweifelhaft bestehenden Vorzüge ist die Determinantenlehre immer noch weit davon entfernt, Gemeingut aller mathematisch interessierten Kreise zu sein, gilt sie sogar vielfach noch als trocken.

Dieses Vorurteil zu entkräften, ist eine der beiden Aufgaben dieses Buches; die andere besteht darin, den Studierenden der Mathematik, sowie jeden, der für die Schönheit mathematischen Denkens empfänglich ist, so bequem wie möglich mit der Wirksamkeit der Determinantenmethode vertraut zu machen und ihn zu eigener Arbeit auf diesem Felde anzuregen.

Dieses erstrebenswerte Ziel suchte der Verfasser durch Beachtung der folgenden drei Gesichtspunkte zu erreichen:

1. Die theoretischen Entwicklungen wurden, um nicht von vornherein durch zu starken Umfang abschreckend zu wirken, in mäßigen Grenzen gehalten, ohne jedoch wesentliche Dinge auszulassen.

2. Auf einfache und übersichtliche Darstellung der Beweise wurde besonderer Wert gelegt.

3. Zahlreiche Anwendungen — sie füllen mehr als die Hälfte des Buches — setzen Notwendigkeit und Nutzen des Determinantenkalküls in helles Licht.

Die Auswahl der Anwendungen erfolgte nach dem Grundsatz, ein möglichst vielseitiges und abwechslungsreiches Bild von der Kraft der Determinantenmethode zu geben.

Dem Zaudernden aber, dem Ungläubigen ist zu raten, sich durch den Vergleich mit den langatmigen anderen Methoden, wo die Wege so oft unübersichtlich, die Schwierigkeiten bisweilen unüberwindlich sind, von der Eleganz und Überlegenheit des Determinantenverfahrens zu überzeugen. Er wird zur Erkenntnis kommen, daß es trotz Euklid Königswege in der Mathematik gibt.

Den Anstoß zur Niederschrift dieses Buches verdanke ich der Tatkraft und dem hohen wissenschaftlichen Interesse meines Freundes Dr. med. et chem. Hugo Heiß. Es gereicht mir zu großer Freude, ihm auch an dieser Stelle meinen Dank aussprechen zu können.

Nicht minder bin ich zu Dank verpflichtet Herrn Wilhelm von Cornides, der das Erscheinen meiner Arbeit im Verlag R. Oldenbourg, München, trotz der schwierigen Zeitlage ermöglichte.

Wiesbaden, im Frühjahr 1940.

Heinrich Dörrie.

Inhaltsverzeichnis.

Theorie.

Anwendungen.

Arithmetische Anwendungen.

Geometrische Anwendungen.

Theorie.

§ 1. Permutationen und Inversionen.

Bekanntlich lassen sich aus den n »Elementen« 1, 2, 3, ..., n $n!$ Permutationen von der Form

$$P = e_1 \, e_2 \, e_3 \ldots e_n$$

bilden, in der $e_1, e_2, \ldots, e_n$ die vorgelegten Elemente 1, 2, 3, ..., n in irgendeiner Reihenfolge sind.

Die Permutation

$$P_0 = 1 \;\; 2 \;\; 3 \;\ldots\; n,$$

in der jedes Element an seinem natürlichen Platze steht, heißt Hauptpermutation.

Befindet sich in der Permutation P das Element i (wie in P_0) an i^{ter} Stelle, so sagt man: »das Element i steht an seinem natürlichen Platze«; befindet es sich an einer anderen Stelle, so heißt das Element verdrängt oder deplaciert. In der Permutation 1 4 3 5 2 der 5 Elemente 1, 2, 3, 4, 5 stehen die Elemente 1 und 3 an ihren natürlichen Plätzen, während 2, 4 und 5 deplaciert sind.

Vertauscht man in der Permutation P nur zwei Elemente, etwa e_r und e_s, miteinander, so sagt man: »man wendet auf P die Transposition $(e_r \, e_s)$ an« oder auch: »man transponiert das Element e_r an die s^{te} Stelle«.

Jede Permutation läßt sich durch eine Reihe sukzessiver Transpositionen aus P_0 gewinnen oder auch in P_0 überführen. Um z. B. die Permutation P in P_0 zu verwandeln, transponiere man in P zunächst das Element 1 an die erste Stelle, in der entstehenden Permutation das Element 2 an die zweite Stelle usw., bis man P_0 erhält.

Von zwei in der Permutation P stehenden Zahlen e_μ und e_ν sagt man: sie bilden eine Inversion, wenn die größere der beiden Zahlen in der Permutation der kleineren vorausgeht. Die Permutation 5 2 4 1 3 der 5 Elemente 1, 2, 3, 4, 5 z. B. hat die 7 Inversionen 52, 54, 51, 53, 21, 41, 43.

Eine Permutation heißt gerade (auch positiv) oder ungerade (negativ), je nachdem ihre Inversionszahl, d. i. die Anzahl der in ihr vorhandenen Inversionen, gerade oder ungerade ist. Zwei Permutationen heißen gleichartig, wenn sie beide gerade oder beide ungerade sind; sie heißen ungleichartig, wenn eine von ihnen gerade, die andere ungerade ist.

Von Wichtigkeit ist folgender Satz.

Inversionssatz 1.

Vertauscht man zwei Elemente einer Permutation miteinander, so ändert sich die Inversionszahl um eine ungerade Zahl.

Beweis. Die beiden zu vertauschenden Elemente seien x und y, x stehe links von y. Zunächst ist klar, daß diese Vertauschung hinsichtlich der Elemente, die nicht zwischen x und y stehen, keinerlei Inversionsänderung bewirkt. Von den zwischen x und y stehenden m Elementen mögen vor der Vertauschung r Stück mit x Inversionen, die übrigen $\varrho\ (= m - r)$ Stück mit x keine Inversionen bilden, ebenso s Stück mit y Inversionen, die übrigen $\sigma\ (= m - s)$ Stück mit y keine Inversionen bilden. Nach der Vertauschung bilden die Zwischenelemente dann ϱ Inversionen mit x, σ Inversionen mit y. Hinsichtlich der Zwischenelemente hat sich also durch die Vertauschung die Inversionszahl um $(\varrho - r) + (\sigma - s)$ vergrößert. Dies ist aber eine gerade Zahl $2g$, da

$$(\varrho - r) + (\sigma - s) = (m - 2r) + (m - 2s) = 2(m - r - s) = 2g.$$

Eine weitere Inversionszahländerung, und zwar um 1, tritt dadurch ein, daß entweder x und y vor der Vertauschung eine Inversion, nach ihr keine Inversion bilden oder umgekehrt erst nach der Vertauschung eine Inversion, vor ihr keine bilden. Durch die Vertauschung ändert sich also die Inversionszahl um die ungerade Zahl $2g \mp 1$.

Aus Inversionssatz 1 folgt sofort der Permutationssatz:

Die aus den Elementen $1, 2, 3, \ldots, n$ gebildeten $n!$ Permutationen umfassen ebensoviel gerade wie ungerade Permutationen.

Vertauscht man nämlich in allen $n!$ Permutationen die beiden Elemente 1 und 2 miteinander, so entstehen wieder alle $n!$ Permutationen, nur in anderer Reihenfolge. Durch die Vertauschung gehen aber die geraden Permutationen in ungerade, die ungeraden in gerade über. Mithin muß die Anzahl der geraden Permutationen ebenso groß sein wie die der ungeraden.

Eine zweite wichtige Eigenschaft der Inversionszahl einer Permutation erhalten wir durch Zerlegung der Permutation in zwei Gruppen $\mathfrak{A}$ und $\mathfrak{B}$, von denen die erste, linke Gruppe die Elemente $a_1, a_2, \ldots, a_r$, die zweite, rechte Gruppe die Elemente $b_1, b_2, \ldots, b_s$ umfassen möge. In der Permutation

$$\mathfrak{P} = \mathfrak{A}\mathfrak{B} = a_1 a_2 a_3 \ldots a_r\ b_1 b_2 b_3 \ldots b_s$$

haben wir dann dreierlei Inversionen zu beachten:

1. Inversionen der a unter sich,
2. Inversionen der b unter sich,
3. Inversionen, die die a mit den b bilden, und deren Anzahl μ sei.

Auf die Bestimmung von μ kommt es an.

Die kleinste der Zahlen a sei α_1, die zweitkleinste α_2 usw. bis α_r.

Nun bildet α_ν mit den Zahlen b $(\alpha_\nu - \nu)$ Inversionen. [In $\mathfrak{B}$ stehen nämlich alle $(\alpha_\nu - 1)$ Zahlen, die kleiner als α_ν sind, ausgenommen die $(\nu - 1)$ Zahlen $\alpha_1, \alpha_2, \ldots \alpha_{\nu-1}$, die ja zu $\mathfrak{A}$ gehören. Das gibt aber $(\alpha_\nu - 1) - (\nu - 1) = (\alpha_\nu - \nu)$ Inversionen.] Folglich ist

$$\mu = \sum_\nu^{1,r} (\alpha_\nu - \nu) = \sum_\nu^{1,r} \alpha_\nu - \sum_\nu^{1,r} \nu = \sum_\nu^{1,r} a_\nu - r\,\frac{r+1}{2}.$$

Nennen wir also die Summe aller a_ν A, so erhalten wir

$$\mu = A - r\,\frac{r+1}{2}.$$

Mithin gilt

Inversionssatz 2.

Man erhält die Inversionszahl der Permutation

$$a_1\ a_2 \ldots a_r\ b_1\ b_2 \ldots b_s,$$

indem man die Summe der Inversionszahlen der Permutationen $a_1\,a_2 \ldots a_r$ und $b_1\,b_2 \ldots b_s$ um die Summe aller a_ν vermehrt und um $r\,\frac{r+1}{2}$ vermindert.

§ 2. Begriff der Determinante.

Die Entdeckung der Determinanten verdanken wir dem Philosophen und Mathematiker Gottfried Wilhelm Leibniz (1646—1716). In seinen Briefen an L'Hospital zeigte er (1693) ihr Auftreten und ihre Verwendung bei der Lösung linearer Gleichungen. Auch die Bezeichnungsweise der Elemente einer Determinante bzw. der Koeffizienten eines Systems linearer Gleichungen durch Doppelindizes stammt von ihm.

Sei

$$\begin{aligned} c_1^1\,x + c_1^2\,y + c_1^3\,z &= f_1,\\ c_2^1\,x + c_2^2\,y + c_2^3\,z &= f_2,\\ c_3^1\,x + c_3^2\,y + c_3^3\,z &= f_3 \end{aligned}$$

ein System linearer Gleichungen mit drei Unbekannten x, y, z. [c_3^2 ist nicht etwa die 2. Potenz von c_3, sondern die Bezeichnung für den in der 3. Gleichung stehenden Koeffizienten der 2. Unbekannten.] Wir multiplizieren die 1., 2., 3. Gleichung bzw. mit

$$c_2^2\,c_3^3 - c_3^2\,c_2^3, \quad c_3^2\,c_1^3 - c_1^2\,c_3^3, \quad c_1^2\,c_2^3 - c_2^2\,c_1^3,$$

addieren die entstehenden drei Gleichungen und erhalten

$$D\,x = A,$$

wo D und A gewisse übereinstimmend gebaute sechsgliedrige Ausdrücke sind, von denen D nur von den neun Unbekanntenkoeffizienten c_r^s abhängt, während in A außer Unbekanntenkoeffizienten auch noch die drei Freiglieder f vorkommen. Um die Argumente, von denen die beiden Ausdrücke abhängen, mit einem Blick erfassen zu können und um die Übereinstimmung in der Bauart der Ausdrücke anzudeuten, schreibt man sie in der Form sog. dreireihiger »Determinanten«:

$$\text{den ersten}\ \begin{vmatrix} c_1^1 & c_1^2 & c_1^3 \\ c_2^1 & c_2^2 & c_2^3 \\ c_3^1 & c_3^2 & c_3^3 \end{vmatrix}, \quad \text{den zweiten}\ \begin{vmatrix} f_1 & c_1^2 & c_1^3 \\ f_2 & c_2^2 & c_2^3 \\ f_3 & c_3^2 & c_3^3 \end{vmatrix}.$$

Für D findet sich z. B. der Wert

$$D = c_1^1\,c_2^2\,c_3^3 - c_1^1\,c_2^3\,c_3^2 + c_1^2\,c_2^3\,c_3^1 - c_1^2\,c_2^1\,c_3^3 + c_1^3\,c_2^1\,c_3^2 - c_1^3\,c_2^2\,c_3^1.$$

Trotz scheinbarer Kompliziertheit ist der Ausdruck D überaus einfach gebaut. Die unteren Zeiger stehen in allen sechs Gliedern in der natürlichen Reihenfolge 1, 2, 3. Die oberen Zeiger bilden alle möglichen Reihenfolgen, und das Vorzeichen eines Gliedes heißt $+$ oder $-$, je nachdem die Reihenfolge eine gerade oder ungerade Permutation der drei Zahlen 1, 2, 3 ist.

Aber selbst wenn obere und untere Zeiger in beliebigen Reihenfolgen geschrieben werden, ändert sich die Einfachheit des Aufbaus von D nicht, wenn man nur beachtet, daß bei einem Gliede wie $c_x^u\,c_y^v\,c_z^w$ das positive oder negative Vorzeichen zu setzen ist, je nachdem die Permutationen xyz und uvw gleichartig oder ungleichartig sind.

Nach dieser Betrachtung der dreireihigen Determinante D wird die folgende Definition der n-reihigen Determinante nicht weiter überraschen.

Unter der Determinante

$$\Delta = \begin{vmatrix} c_1^1 & c_1^2 & c_1^3 & \dots & c_1^n \\ c_2^1 & c_2^2 & c_2^3 & \dots & c_2^n \\ c_3^1 & c_3^2 & c_3^3 & \dots & c_3^n \\ \cdot & \cdot & \cdot & \cdot & \cdot \\ c_n^1 & c_n^2 & c_n^3 & \dots & c_n^n \end{vmatrix}$$

der n^2 Größen c_1^1, $c_1^2, \dots$ bis c_n^n versteht man die Summe aller möglichen ($n!$) Glieder von der Form

$$G = \varepsilon \cdot c_{r_1}^{s_1} \cdot c_{r_2}^{s_2} \cdot \ \dots\ \cdot c_{r_n}^{s_n},$$

in der $\mathfrak{R} = r_1\,r_2 \dots r_n$ und $\mathfrak{S} = s_1\,s_2 \dots s_n$ irgend zwei Permutationen der n Zahlen 1, 2, ..., n sind und ε die positive oder negative Einheit bedeutet, je nachdem diese Permutationen gleichartig oder ungleichartig sind.

Glieder, die aus einem schon hingeschriebenen Gliede G durch bloße Vertauschung von Faktoren c_r^s entstehen, sind in die Summe nicht aufzunehmen.

Daß die so definierte Einheit ε von der Reihenfolge der Faktoren c in G unabhängig ist, sieht man sofort. Vertauscht man nämlich etwa die beiden Faktoren c_x^u und c_y^v von G miteinander, so ändert sich sowohl in der Permutation der oberen wie in der der unteren Zeiger die Inversionszahl um einen ungeraden Betrag (Inversionssatz 1). Die beiden Permutationen bleiben also gleichartig (ungleichartig), wenn sie vor der Vertauschung gleichartig (ungleichartig) waren, so daß die Vertauschung auf den Wert von ε keinen Einfluß hat.

Im Interesse einer übersichtlichen Aufstellung der Glieder G wird man ihre Faktoren c für gewöhnlich so anordnen, daß etwa die unteren Zeiger in der natürlichen Reihenfolge 1, 2, 3, ..., n stehen. Wir haben dann

$$\Delta = \Sigma\, \varepsilon\, c_1^{s_1} c_2^{s_2} \dots c_n^{s_n},$$

wo nun ε gleich $+1$ oder -1 ist, je nachdem die Permutation $s_1 s_2 \dots s_n$ der oberen Zeiger gerade oder ungerade ist. Aus dieser Schreibweise der Determinante erkennen wir am leichtesten, daß sie $n!$ Glieder umfaßt, insofern nämlich die oberen Zeiger $n!$ Permutationen zulassen. Und da es ebensoviel gerade wie ungerade Permutationen der n Elemente 1, 2, 3, ..., n gibt, so enthält die Determinante Δ ebensoviel Glieder mit positivem wie mit negativem ε.

Natürlich kann man statt der unteren auch die oberen Zeiger in der natürlichen Reihenfolge 1, 2, 3, ..., n stehen lassen und der Vorschrift

$$\Delta = \Sigma\, \varepsilon\, c_{r_1}^1 c_{r_2}^2 \dots c_{r_n}^n$$

gemäß nur die unteren Zeiger permutieren, wobei wieder ε gleich $+1$ oder -1 ist, je nachdem die Permutation $r_1 r_2 \dots r_n$ gerade oder ungerade ist.

Hieraus ergibt sich leicht der Satz:

Eine Determinante ändert ihren Wert nicht, wenn man die Spalten zu Zeilen macht (oder wenn man die Zeilen zu Spalten macht). In Zeichen:

$$\begin{vmatrix} c_1^1 & c_1^2 & \dots & c_1^n \\ c_2^1 & c_2^2 & \dots & c_2^n \\ \cdot & \cdot & \cdot & \cdot \\ c_n^1 & c_n^2 & \dots & c_n^n \end{vmatrix} = \begin{vmatrix} c_1^1 & c_2^1 & \dots & c_n^1 \\ c_1^2 & c_2^2 & \dots & c_n^2 \\ \cdot & \cdot & \cdot & \cdot \\ c_1^n & c_2^n & \dots & c_n^n \end{vmatrix}.$$

Die hier rechts stehende Determinante heißt die Transponierte von Δ, und man sagt, sie geht aus der Ausgangsdeterminante durch »Stürzen« hervor.

Der Name »Determinante« stammt von Gauß, wurde von ihm aber nur bei zweireihigen Determinanten benutzt; auf mehrreihige Determinanten wurde er von Cauchy übertragen. Die Zahl n heißt Grad oder Ordnung der Determinante, die in dem obigen quadratischen Schema stehenden n^2 Größen c_r^s nennt man die Elemente der Determinante. Eine waagrechte Reihe wie $c_r^1, c_r^2, c_r^3, \ldots, c_r^n$ heißt Zeile (r^{te} Zeile), eine senkrechte Reihe Spalte, so ist z. B. $c_1^s, c_2^s, c_3^s \ldots, c_n^s$ die s^{te} Spalte. Bei diesen Bezeichnungen bedeutet also c_r^s das s^{te} Element der r^{ten} Zeile, zugleich das r^{te} Element der s^{ten} Spalte. Demgemäß heißen die unteren Zeiger Zeilenzeiger, die oberen Spaltenzeiger.

Bisweilen hat man auch auf die Diagonalen der Determinante zu achten: die von links oben nach rechts unten laufende Hauptdiagonale, die aus den Elementen $c_1^1, c_2^2, c_3^3, \ldots, c_n^n$ besteht und die von links unten nach rechts oben laufende aus den Elementen $c_n^1, c_{n-1}^2, \ldots, c_1^n$ bestehende Nebendiagonale.

Da die Zeilenzeiger in G untereinander verschieden sind, ebenso auch die Spaltenzeiger, so enthält jedes Glied der Determinante ein einziges Element aus jeder Zeile, sowie ein einziges Element aus jeder Spalte.

Führen wir die angegebene Entwicklung für die einfachsten Fälle $n = 2$ und $n = 3$ durch, so erhalten wir

$$\begin{vmatrix} c_1^1 & c_1^2 \\ c_2^1 & c_2^2 \end{vmatrix} = c_1^1 c_2^2 - c_2^1 c_1^2$$

und

$$\begin{vmatrix} c_1^1 & c_1^2 & c_1^3 \\ c_2^1 & c_2^2 & c_2^3 \\ c_3^1 & c_3^2 & c_3^3 \end{vmatrix} = \begin{cases} + c_1^1 c_2^2 c_3^3 + c_1^2 c_2^3 c_3^1 + c_1^3 c_2^1 c_3^2 \\ - c_1^1 c_2^3 c_3^2 - c_1^2 c_2^1 c_3^3 - c_1^3 c_2^2 c_3^1 \end{cases}$$

oder, indem wir in diesen oft vorkommenden Fällen bequemere Bezeichnungen verwenden,

$$\begin{vmatrix} a & b \\ a' & b' \end{vmatrix} = a b' - b a'$$

und

$$\begin{vmatrix} a & b & c \\ a' & b' & c' \\ a'' & b'' & c'' \end{vmatrix} = a (b' c'' - c' b'') + b (c' a'' - a' c'') + c (a' b'' - b' a''),$$

zwei wichtige Formeln, die vielfache Verwendung finden und deshalb zu merken sind.

Wir haben oben jedes Element der Determinante Δ mit einem unteren und einem oberen Index versehen. Man kann statt dessen auch einen linken (vorderen) und einen rechten (hinteren) Index anwenden und schreibt demgemäß c_{rs} statt c_r^s. Der linke Index gibt dann (gewöhnlich) die Zeile, der rechte die Spalte an, so daß c_{rs} das s^{te} Element der r^{ten} Zeile bedeutet. Die Determinante Δ sieht dann so aus:

$$\Delta = \begin{vmatrix} c_{11} & c_{12} & \dots & c_{1n} \\ c_{21} & c_{22} & \dots & c_{2n} \\ \cdot & \cdot & \cdot & \cdot \\ c_{n1} & c_{n2} & \dots & c_{nn} \end{vmatrix}.$$

Diese Schreibweise mit nebeneinander stehenden Zeigern hat gegenüber der obigen Schreibung die stärkere Verbreitung gefunden.

Der Erste, der die Determinantenelemente rechteckig anordnete, war Cauchy. Außer dieser ausführlichen Schreibweise einer Determinante sind auch noch die abgekürzten Schreibweisen von

Jacobi: $\Delta = \Sigma \pm c_1^1 c_2^2 \dots c_n^n$ bzw. $\Sigma \pm c_{11} c_{22} \dots c_{nn}$,
Kronecker: $\Delta = |c_r^s|$ bzw. $|c_{rs}|$ und
Salmon: $\Delta = |c_1^1 c_2^2 \dots c_n^n|$ bzw. $|c_{11} c_{22} \dots c_{nn}|$

im Gebrauch. Letzterer bezeichnet übrigens mit Vorliebe das s^{te} Element der r^{ten} Zeile durch den s^{ten} Buchstaben des Alphabets mit dem angehängten Zeiger r, so daß er z. B. unter $|a_1 b_2 c_3|$ die dreireihige Determinante

$$|a_1 \; b_2 \; c_3| = \begin{vmatrix} a_1 & b_1 & c_1 \\ a_2 & b_2 & c_2 \\ a_3 & b_3 & c_3 \end{vmatrix}$$

versteht. Auch diese Schreibweise hat ihre Vorzüge.

Von großer Bedeutung für den Aufbau der Determinante sind die in ihren Gliedern G auftretenden Einheiten ε. Wir stellen einige wichtige Eigenschaften dieser Einheiten zusammen.

Um die Abhängigkeit der Einheit ε in G von den Permutationen $\mathfrak{R} = r_1 r_2 \dots r_n$ und $\mathfrak{S} = s_1 s_2 \dots s_n$ anzudeuten, schreiben wir

$$\varepsilon = \frac{\mathfrak{R}}{\mathfrak{S}} = \frac{r_1 r_2 \dots r_n}{s_1 s_2 \dots s_n}$$

und nennen ε die durch die Permutationen $\mathfrak{R}$ und $\mathfrak{S}$ bestimmte Einheit oder kurz die Einheit der Permutationen $\mathfrak{R}$ und $\mathfrak{S}$.

I. Zunächst ist klar, daß man Zähler und Nenner dieses »Permutationsbruches« vertauschen kann, ohne den Wert von ε zu ändern:

$$\varepsilon = \frac{\mathfrak{R}}{\mathfrak{S}} = \frac{\mathfrak{S}}{\mathfrak{R}}.$$

II. Bedeutet $\mathfrak{r}$ die Inversionszahl von $\mathfrak{R}$, $\mathfrak{s}$ die von $\mathfrak{S}$, so ist

$$\varepsilon = \frac{\mathfrak{R}}{\mathfrak{S}} = \iota^{\mathfrak{r}+\mathfrak{s}} \; {}^{*)}.$$

*) Das Zeichen ι bedeutet die negative Einheit.

III. Ist eine der beiden Permutationen die Hauptpermutation $1\,2\,3\,4\ldots n$, so ist $\mathfrak{r}$ bzw. $\mathfrak{s}$ gleich Null und

$$\varepsilon = \iota^{\mathfrak{s}} \quad \text{bzw.} \quad \varepsilon = \iota^{\mathfrak{r}}.$$

Auch schreiben wir in diesem Falle kürzer

$$\varepsilon = \overline{s_1 s_2 \ldots s_n} \quad \text{bzw.} \quad \varepsilon = \overline{r_1 r_2 \ldots r_n}.$$

IV. $P = a\,b\,c\,d\,e\ldots$ und $\Pi = \alpha\,\beta\,\gamma\,\delta\,\varepsilon\ldots$ seien zwei Permutationen der n-Zahlen $1, 2, \ldots, n$, p und π ihre Inversionszahlen. Vertauschen wir in ihnen zwei an gleicher Stelle stehende Elemente, etwa d und δ, mit ihren linken Nachbarn, so bestimmen die neuen Permutationen dieselbe Einheit $P\!:\!\Pi$. Auch in den neuen Permutationen können wir wieder d und δ mit ihren linken Nachbarn vertauschen, ohne die Einheit der Permutationen zu ändern. So können wir sukzessive d und δ an den Anfang schieben und erhalten

$$\frac{P}{\Pi} = \frac{a\,b\,c\,d\,e\ldots}{\alpha\,\beta\,\gamma\,\delta\,\varepsilon\ldots} = \frac{d\,a\,b\,c\,e\ldots}{\delta\,\alpha\,\beta\,\gamma\,\varepsilon\ldots}.$$

Wir nennen die Permutationen $a\,b\,c\,e\ldots$ und $\alpha\,\beta\,\gamma\,\varepsilon\ldots$ P' und Π', ihre Inversionszahlen p' und π'.

In der Permutation $d\,a\,b\,c\,e\ldots$ bzw. $\delta\,\alpha\,\beta\,\gamma\,\varepsilon\ldots$ bildet d bzw. δ mit den folgenden Elementen $(d-1)$ bzw. $(\delta-1)$ Inversionen. Folglich ist

$$p = (d-1) + p' \qquad \text{und} \qquad \pi = (\delta - 1) + \pi'$$

und damit

$$\frac{P}{\Pi} = \iota^{d+\delta} \cdot \frac{P'}{\Pi'}.$$

Diese Formel enthält folgende Regel:

Die Einheit zweier Permutationen der n-Zahlen $1, 2, \ldots, n$ ist das ι^{r+s}fache der Einheit der beiden Permutationen, die man erhält, wenn man aus den zwei gegebenen Permutationen die beiden an gleicher Stelle stehenden Elemente r und s entfernt.

Zum Schluß dieses Paragraphen möge noch erwähnt werden, daß die Zeiger der 1., 2., 3., ... Zeile (Spalte) einer Determinante nicht notwendig die aufeinanderfolgenden Zahlen 1, 2, 3, ... sein müssen. An der obigen Definition der Determinante ändert sich nichts, wenn die Determinante

$$D = \begin{vmatrix} E_a^\alpha & E_a^\beta & E_a^\gamma & \ldots \\ E_b^\alpha & E_b^\beta & E_b^\gamma & \ldots \\ E_c^\alpha & E_c^\beta & E_c^\gamma & \ldots \\ \ldots & \ldots & \ldots & \ldots \end{vmatrix}$$

heißt, wo die n Zeilenzeiger $a, b, c, \ldots$ beliebige wachsende Zahlen, ebenso die n Spaltenzeiger $\alpha, \beta, \gamma, \ldots$ beliebige wachsende Zahlen sind, welche letzteren übrigens mit den a, b, c, ... durchaus nicht übereinzustimmen brauchen: die Determinante D ist ebenfalls die Summe aller $n!$ möglichen Glieder von der Form

$$\varepsilon \cdot E_x^{\xi} \cdot E_y^{\eta} \cdot E_z^{\zeta} \ldots,$$

in der $P = x\,y\,z \ldots$ irgendeine Permutation der Zeilenzeiger, $\Pi = \xi\,\eta\,\zeta \ldots$ irgendeine Permutation der Spaltenzeiger ist und

$$\varepsilon = \frac{P}{\Pi} = \frac{x\,y\,z \ldots}{\xi\,\eta\,\zeta \ldots}$$

die positive oder negative Einheit bedeutet, je nachdem die beiden Permutationen P und Π gleichartig oder ungleichartig sind.

Man sieht das sofort ein, wenn man

$$E_a^{\alpha} = c_1^1, \quad E_a^{\beta} = c_1^2, \quad \ldots; \quad E_b^{\alpha} = c_2^1, \quad E_b^{\beta} = c_2^2, \quad \ldots$$

setzt und bedenkt, daß die unteren Zeiger (wie auch die oberen Zeiger) in einem beliebigen Gliede von D und in dem entsprechenden Gliede von

$$\Delta = \begin{vmatrix} c_1^1 & c_1^2 & \ldots & c_1^n \\ c_2^1 & c_2^2 & \ldots & c_2^n \\ \cdot & \cdot & \cdot & \cdot \\ c_n^1 & c_n^2 & \ldots & c_n^n \end{vmatrix}$$

gleichartige Permutationen bilden.

§ 3. Entwicklung nach Adjunkten.

Die in § 2 unter IV gegebene Regel für die ε erlaubt uns, die Berechnung einer Determinante n^{ten} Grades auf die Berechnung von n Determinanten $(n-1)^{\text{ten}}$ Grades zurückzuführen.

Wir denken uns alle $n!$ Glieder der n-reihigen Determinante $\Delta = |c_1^1\, c_2^2 \ldots c_n^n|$ hingeschrieben und stellen uns die Aufgabe, in der entstandenen algebraischen Summe den Faktor C_r^s von c_r^s zu ermitteln.

Eins der (vielen) Glieder, die den Faktor c_r^s enthalten, sei

$$G = \varepsilon\, c_r^s\, c_{r_1}^{s_1}\, c_{r_2}^{s_2} \ldots.$$

Dabei ist

$$\varepsilon = \frac{r\, r_1\, r_2 \ldots}{s\, s_1\, s_2 \ldots},$$

mithin nach obiger Regel (IV in § 2)

$$\varepsilon = \iota^{r+s} \cdot \frac{r_1\, r_2\, r_3 \ldots}{s_1\, s_2\, s_3 \ldots},$$

so daß

$$G = c_r^s \cdot \iota^{r+s} \cdot g \qquad \text{mit } g = \frac{r_1\, r_2 \ldots}{s_1\, s_2 \ldots}\, c_{r_1}^{s_1}\, c_{r_2}^{s_2} \ldots.$$

Der gesuchte Faktor C_r^s von c_r^s ist daher — von dem zusätzlichen Multiplikator ι^{r+s} abgesehen — die Summe aller möglichen Glieder von der Form

$$g = \frac{s_1\, s_2 \ldots}{r_1\, r_2 \ldots} \cdot c_{r_1}^{s_1} \cdot c_{r_2}^{s_2} \ldots,$$

wo aber unter den unteren Zeigern die Zahl r, unter den oberen die Zahl s nicht auftritt. Diese Summe ist aber nichts anderes als die $(n-1)$-reihige Determinante δ, die aus Δ entsteht, wenn man die r^{te} Zeile und die s^{te} Spalte herausnimmt. Daher ist

$$C_r^s = \iota^{r+s} \cdot \delta.$$

Die Determinante δ heißt eine (zum Element c_r^s gehörige) Subdeterminante oder ein Minor von Δ, die Größe C_r^s wird die Adjunkte oder der Cofaktor von c_r^s in der Determinante Δ genannt.

Unser Ergebnis lautet:

Die Adjunkte des Elements c_r^s der Determinante

$$\Delta = \begin{vmatrix} c_1^1 & c_1^2 & \ldots & c_1^n \\ c_2^1 & c_2^2 & \ldots & c_2^n \\ \cdot & \cdot & \cdot & \cdot \\ c_n^1 & c_n^2 & \ldots & c_n^n \end{vmatrix}$$

ist das ι^{r+s}fache des Minors, den man durch Streichung der r^{ten} Zeile und s^{ten} Spalte aus Δ erhält.

Dieser Satz führt uns sofort zu folgender

Vorschrift für die Berechnung einer Determinante:

Man wähle eine Reihe beliebig aus und multipliziere jedes Element derselben mit seiner Adjunkte; die Summe der entstehenden Produkte ist die Determinante.

Es gilt demnach folgende

Grundformel:

$$\boxed{\Delta = c_r^1\, C_r^1 + c_r^2\, C_r^2 + \ldots + c_r^n\, C_r^n},$$

ebenso

$$\boxed{\Delta = c_1^s\, C_1^s + c_2^s\, C_2^s + \ldots + c_n^s\, C_n^s},$$

wobei der Zeilenzeiger r wie auch der Spaltenzeiger s beliebig ausgewählt werden darf.

Diese Formel enthält die Entwicklung einer Determinante nach Adjunkten oder, wie man auch sagt, nach den Elementen einer Zeile bzw. Spalte oder endlich kürzer die Entwicklung nach einer Zeile (Spalte) und wird deshalb Entwicklungssatz genannt.

Es kommt oft vor, daß man aus den beiden Reihen $(a_1, a_2, \ldots, a_n)$ und $(b_1, b_2, \ldots, b_n)$ den Ausdruck $a_1 b_1 + a_2 b_2 + \ldots + a_n b_n$ bildet. Man sagt dann »man multipliziert die beiden Reihen (skalar) miteinander« und nennt den Ausdruck das (skalare) »Produkt der beiden Reihen«. Bedient man sich dieser Redeweise, so entsteht folgende bequeme Fassung für den

Entwicklungssatz:

Der Wert einer Determinante wird gefunden, indem man irgendeine ihrer Reihen mit der Reihe der zugehörigen Adjunkten multipliziert.

Wenden wir den Entwicklungssatz auf die vierreihige Determinante

$$\Delta = \begin{vmatrix} a_1 & b_1 & c_1 & d_1 \\ a_2 & b_2 & c_2 & d_2 \\ a_3 & b_3 & c_3 & d_3 \\ a_4 & b_4 & c_4 & d_4 \end{vmatrix}$$

an, so erhalten wir z. B. bei Entwicklung nach der ersten Zeile

$$\Delta = a_1 A_1 + b_1 B_1 + c_1 C_1 + d_1 D_1$$

mit

$$A_1 = \begin{vmatrix} b_2 & c_2 & d_2 \\ b_3 & c_3 & d_3 \\ b_4 & c_4 & d_4 \end{vmatrix}, \quad B_1 = -\begin{vmatrix} a_2 & c_2 & d_2 \\ a_3 & c_3 & d_3 \\ a_4 & c_4 & d_4 \end{vmatrix}, \quad C_1 = \begin{vmatrix} a_2 & b_2 & d_2 \\ a_3 & b_3 & d_3 \\ a_4 & b_4 & d_4 \end{vmatrix}, \quad D_1 = -\begin{vmatrix} a_2 & b_2 & c_2 \\ a_3 & b_3 & c_3 \\ a_4 & b_4 & c_4 \end{vmatrix}.$$

Die Adjunkten A_1, B_1, C_1, D_1 lassen sich nach der oben angegebenen Berechnungsvorschrift für dreireihige Determinanten bestimmen, womit dann die Berechnung von Δ vollzogen ist.

Der Entwicklungssatz führt uns sofort zur Regel über die

Multiplikation einer Determinante mit einer Zahl:

Eine Determinante wird mit einer Zahl multipliziert, indem man eine beliebige Reihe mit der Zahl multipliziert und die andern Reihen beibehält.

Bemerkung. Eine Reihe mit einer Zahl multiplizieren heißt jedes Glied der Reihe mit der Zahl multiplizieren. Das $m$fache der Reihe a, b, c ist z. B. die Reihe ma, mb, mc.

Die Gültigkeit der Regel kann man sich an der dreireihigen Determinante

$$\Delta = \begin{vmatrix} a & b & c \\ a' & b' & c' \\ a'' & b'' & c'' \end{vmatrix}$$

klarmachen. Sind A, B, C die Cofaktoren von a, b, c, so ist

$$\Delta = aA + bB + cC, \quad \text{mithin} \quad m\Delta = ma \cdot A + mb \cdot B + mc \cdot C.$$

Diesen selben Wert erhält man aber auch, wenn man die Determinante

$$\begin{vmatrix} ma & mb & mc \\ a' & b' & c' \\ a'' & b'' & c'' \end{vmatrix}$$

nach den Elementen ihrer ersten Zeile entwickelt.

Eine bemerkenswerte Anwendung dieser Multiplikationsregel bildet der folgende

Vorzeichensatz:

Eine Determinante ändert ihren Wert nicht, wenn man jedes an ungerader Stelle stehende Element mit umgekehrtem Vorzeichen versieht.

Dabei heißt die Stelle, an der im Schema der Determinante $\Delta = |c_1^1 \, c_2^2 \ldots c_n^n|$ das Element c_r^s steht, ungerade (gerade), wenn die Summe $r + s$ aus Zeilenzeiger und Spaltenzeiger ungerade (gerade) ist.

So ist z. B.

$$\begin{vmatrix} c_1^1 & c_1^2 & c_1^3 \\ c_2^1 & c_2^2 & c_2^3 \\ c_3^1 & c_3^2 & c_3^3 \end{vmatrix} = \begin{vmatrix} c_1^1 & -c_1^2 & c_1^3 \\ -c_2^1 & c_2^2 & -c_2^3 \\ c_3^1 & -c_3^2 & c_3^3 \end{vmatrix}.$$

Beweis. Multipliziert man die erste, zweite, dritte, ... Zeile und gleichzeitig die erste, zweite, dritte, ... Spalte von Δ mit bzw. ι^1, ι^2, ι^3, ..., so ändert sich der Wert von Δ nicht. Anderseits wird dabei das Element c_r^s mit ι^{r+s} multipliziert, d. h. mit $+1$ oder -1, je nachdem das Element an gerader oder ungerader Stelle steht.

§ 4. Säumung.

Bisweilen ist es nützlich, eine Determinante durch Ansetzen von Zeilen und Spalten in eine Determinante höheren Grades zu verwandeln. Das Verfahren ist überaus einfach. Beispielsweise stellt die Gleichung

$$\begin{vmatrix} a_1 & b_1 & c_1 \\ a_2 & b_2 & c_2 \\ a_3 & b_3 & c_3 \end{vmatrix} = \begin{vmatrix} a_1 & b_1 & c_1 & x_1 \\ a_2 & b_2 & c_2 & x_2 \\ a_3 & b_3 & c_3 & x_3 \\ 0 & 0 & 0 & 1 \end{vmatrix}$$

die Verwandlung einer dreireihigen Determinante in eine vierreihige dar, wobei die x_ν ganz beliebige Größen sein dürfen. (Von der Richtigkeit der Gleichung überzeugt man sich, indem man die rechts stehende Determinante nach den Elementen der vierten Zeile entwickelt.) Diese Verwandlung heißt Säumung oder Ränderung der Ausgangsdeterminante, und man sagt: die vorgelegte Determinante ist rechts und unten gesäumt.

Natürlich kann die Säumung auch links und oben vollzogen werden:

$$\begin{vmatrix} a_1 & b_1 & c_1 \\ a_2 & b_2 & c_2 \\ a_3 & b_3 & c_3 \end{vmatrix} = \begin{vmatrix} 1 & 0 & 0 & 0 \\ x_1 & a_1 & b_1 & c_1 \\ x_2 & a_2 & b_2 & c_2 \\ x_3 & a_3 & b_3 & c_3 \end{vmatrix}$$

oder auch rechts und oben:

$$\begin{vmatrix} a_1 & b_1 & c_1 \\ a_2 & b_2 & c_2 \\ a_3 & b_3 & c_3 \end{vmatrix} = - \begin{vmatrix} x_1 & y_1 & z_1 & 1 \\ a_1 & b_1 & c_1 & 0 \\ a_2 & b_2 & c_2 & 0 \\ a_3 & b_3 & c_3 & 0 \end{vmatrix}$$

usw.

Statt einfach kann man auch zweifach, dreifach, ... säumen. Z. B.:

$$\begin{vmatrix} a_1 & b_1 & c_1 \\ a_2 & b_2 & c_2 \\ a_3 & b_3 & c_3 \end{vmatrix} = \begin{vmatrix} a_1 & b_1 & c_1 & 0 & 0 \\ a_2 & b_2 & c_2 & 0 & 0 \\ a_3 & b_3 & c_3 & 0 & 0 \\ x_1 & y_1 & z_1 & 1 & 0 \\ u_1 & v_1 & w_1 & t_1 & 1 \end{vmatrix}.$$

Um die Richtigkeit dieser Gleichung einzusehen, entwickelt man die rechte Determinante nach den Elementen der 5. Spalte, darauf die entstehende vierreihige Determinante nach den Elementen der 4. Spalte.

Allgemein gilt der Satz:

Jede Determinante kann in eine andere beliebig höheren Grades verwandelt werden.

Eine besonders wichtige Säumung stellt die folgende dar:

$$\mathfrak{D} = \begin{vmatrix} c_1^1 & c_1^2 & \dots & c_1^n & x_1 \\ c_2^1 & c_2^2 & \dots & c_2^n & x_2 \\ \cdot & \cdot & \cdot & \cdot & \cdot \\ c_n^1 & c_n^2 & \dots & c_n^n & x_n \\ x^1 & x^2 & \dots & x^n & z \end{vmatrix},$$

wobei die n-reihige Determinante

$$\Delta = \begin{vmatrix} c_1^1 & c_1^2 & \dots & c_1^n \\ c_2^1 & c_2^2 & \dots & c_2^n \\ \cdot & \cdot & \cdot & \cdot \\ c_n^1 & c_n^2 & \dots & c_n^n \end{vmatrix}$$

rechts mit der neuen Spalte $x_1, x_2, \dots, x_n, z$, unten mit der neuen Zeile $x^1, x^2, \dots, x^n, z$ gesäumt wurde, und wo die x_r und x^s sowie z $(2n+1)$ beliebige Veränderliche sind.

Es ist von Wichtigkeit, die Entwicklung der Determinante $\mathfrak{D}$ nach den genannten Veränderlichen zu kennen.

Wir entwickeln $\mathfrak{D}$ zunächst nach den Elementen der letzten Zeile und erhalten

$$\mathfrak{D} = \Delta z + \sum_{s}^{1,n} x^s \cdot \iota^{s+n+1} X^s,$$

wobei X^s die n-reihige Determinante

$$X^s = \begin{vmatrix} c_1^1 & c_1^2 & \dots & c_1^{s-1} & c_1^{s+1} & \dots & c_1^n & x_1 \\ c_2^1 & c_2^2 & \dots & c_2^{s-1} & c_2^{s+1} & \dots & c_2^n & x_2 \\ \cdot & \cdot & \cdot & \cdot & \cdot & \cdot & \cdot & \cdot \\ c_n^1 & c_n^2 & \dots & c_n^{s-1} & c_n^{s+1} & \dots & c_n^n & x_n \end{vmatrix}$$

bedeutet. Die Determinante X^s entwickeln wir nun nach den Elementen der letzten Spalte und bekommen

$$X^s = \sum_{r}^{1,n} x_r \cdot \iota^{r+n} \mathfrak{x}_r,$$

wobei $\mathfrak{x}_r$ die Determinante

$$\mathfrak{x}_r = \begin{vmatrix} c_1^1 & c_1^2 & \dots & c_1^{s-1} & c_1^{s+1} & \dots & c_1^n \\ c_2^1 & c_2^2 & \dots & c_2^{s-1} & c_2^{s+1} & \dots & c_2^n \\ \cdot & \cdot & \cdot & \cdot & \cdot & \cdot & \cdot \\ c_{r-1}^1 & c_{r-1}^2 & \dots & c_{r-1}^{s-1} & c_{r-1}^{s+1} & \dots & c_{r-1}^n \\ c_{r+1}^1 & c_{r+1}^2 & \dots & c_{r+1}^{s-1} & c_{r+1}^{s+1} & \dots & c_{r+1}^n \\ \cdot & \cdot & \cdot & \cdot & \cdot & \cdot & \cdot \\ c_n^1 & c_n^2 & \dots & c_n^{s-1} & c_n^{s+1} & \dots & c_n^n \end{vmatrix}$$

bedeutet, die aus X^s hervorgeht, wenn man in dieser Determinante die letzte Spalte und die r^{te} Zeile streicht. Aus dem Anblick der Determinante $\mathfrak{x}_r$ geht aber hervor, daß sie nichts anderes ist, als der Minor von Δ, den man erhält, wenn man in Δ die r^{te} Zeile und die s^{te} Spalte streicht. Da dieser Minor das ι^{r+s}fache der Adjunkte C_r^s von c_r^s in der Determinante Δ ist, so haben wir

$$\mathfrak{x}_r = \iota^{r+s} C_r^s.$$

Hieraus folgt

$$X^s = \sum_{r}^{1,n} x_r \, \iota^{n+s} C_r^s$$

und weiter

$$\mathfrak{D} = \Delta z + \sum_{s}^{1,n} \sum_{r}^{1,n} \iota \, x_r \, x^s \, C_r^s.$$

Unser Ergebnis lautet:

Säumungssatz:

Die mit $x_1, x_2, \dots, x_n$; $x^1, x^2, \dots, x^n$ und z gesäumte Determinante

$$\Delta = \begin{vmatrix} c_1^1 & \dots & c_1^n \\ \cdot & \cdot & \cdot \\ c_n^1 & \dots & c_n^n \end{vmatrix}$$

gestattet die Entwicklung

$$\begin{vmatrix} c_1^1 & c_1^2 & \dots & c_1^n & x_1 \\ c_2^1 & c_2^2 & \dots & c_2^n & x_2 \\ \dots & \dots & \dots & \dots & \dots \\ c_n^1 & c_n^2 & \dots & c_n^n & x_n \\ x^1 & x^2 & \dots & x^n & z \end{vmatrix} = \Delta z - \sum_{r,s}^{1,n} C_r^s \, x_r \, x^s.$$

Dabei durchlaufen r und s unabhängig voneinander alle natürlichen Zahlen von 1 bis n, und C_r^s bedeutet die Adjunkte von c_r^s in der Determinante Δ.

§ 5. Die Vertauschungssätze.

I. Der Transpositionssatz.

Vertauscht man in einer Determinante zwei Parallelreihen miteinander, so geht die Determinante in den entgegengesetzten Wert über.

Wir führen den Beweis für Spaltenvertauschung (die Zeilenvertauschung läßt sich genau so erledigen).

Um bequemes Schreiben und gute Übersicht zu haben, bezeichnen wir die sukzessiven Spalten bzw. Zeilen der vorgelegten Determinante $\mathfrak{d}$ durch die sukzessiven Buchstaben des lateinischen Alphabets bzw. Zahlen der natürlichen Zahlenreihe, so daß

$$\mathfrak{d} = \begin{vmatrix} a_1 & b_1 & c_1 & d_1 & e_1 & f_1 & \dots \\ a_2 & b_2 & c_2 & d_2 & e_2 & f_2 & \dots \\ \dots & \dots & \dots & \dots & \dots & \dots & \dots \end{vmatrix}.$$

Die Aufstellung der Glieder von $\mathfrak{d}$ nehmen wir so vor, daß wir die Buchstaben in ihrer natürlichen Reihenfolge schreiben und nur ihre Zeiger permutieren. Ein beliebiges Glied g von $\mathfrak{d}$ sieht dann so aus:

$$g = \mathfrak{z} \, a_\alpha \, b_\beta \, c_\gamma \, d_\delta \, e_\varepsilon \dots,$$

wobei das Zeichen $\mathfrak{z}$ + oder — ist, je nachdem die Permutation $\alpha \, \beta \, \gamma \, \delta \, \varepsilon \dots$ gerade oder ungerade ist.

Wir vertauschen jetzt etwa die Spalten c und e in $\mathfrak{d}$ und erhalten die neue Determinante

$$\mathfrak{D} = \begin{vmatrix} a_1 & b_1 & e_1 & d_1 & c_1 & f_1 & \dots \\ a_2 & b_2 & e_2 & d_2 & c_2 & f_2 & \dots \\ \dots & \dots & \dots & \dots & \dots & \dots & \dots \end{vmatrix}.$$

Um aber im Einklang mit der obigen Verabredung zu bleiben, ersetzen wir e durch C, c durch E und jeden andern kleinen lateinischen Buchstaben durch den gleichnamigen großen, so daß

$$\mathfrak{D} = \begin{vmatrix} A_1 & B_1 & C_1 & D_1 & E_1 & F_1 & \dots \\ A_2 & B_2 & C_2 & D_2 & E_2 & F_2 & \dots \\ \dots & \dots & \dots & \dots & \dots & \dots & \dots \end{vmatrix}.$$

Wir behaupten: jedes Glied von $\mathfrak{D}$ findet sich in $\mathfrak{d}$, jedes Glied von $\mathfrak{d}$ in $\mathfrak{D}$, nur jedesmal mit umgekehrtem Vorzeichen.

In der Tat, sei

$$G = \mathfrak{Z}\, A_\alpha\, B_\beta\, C_\gamma\, D_\delta\, E_\varepsilon \ldots$$

irgendein Glied von $\mathfrak{D}$. Da

$$A_\alpha\, B_\beta\, C_\gamma\, D_\delta\, E_\varepsilon \ldots = a_\alpha\, b_\beta\, e_\gamma\, d_\delta\, c_\varepsilon \ldots = a_\alpha\, b_\beta\, c_\varepsilon\, d_\delta\, e_\gamma \ldots$$

ist, finden wir es — vom Vorzeichen abgesehen — in $\mathfrak{d}$ unter der Form

$$\mathfrak{z}'\, a_\alpha\, b_\beta\, c_\varepsilon\, d_\delta\, e_\gamma \ldots .$$

Da aber die Permutationen $\alpha\,\beta\,\gamma\,\delta\,\varepsilon \ldots$ und $\alpha\,\beta\,\varepsilon\,\delta\,\gamma \ldots$ ungleichartig sind [die zweite entsteht durch die Transposition $(\gamma\,\varepsilon)$ aus der ersten], so sind die Vorzeichen $\mathfrak{Z}$ und $\mathfrak{z}'$ entgegengesetzt. Ähnlich zeigt man, daß das Glied g von $\mathfrak{d}$ mit umgekehrtem Vorzeichen in $\mathfrak{D}$ vorkommt.

Aus der bewiesenen Behauptung ergibt sich die Richtigkeit des Transpositionssatzes unmittelbar.

Der Transpositionssatz führt sofort auf den folgenden

Nullsatz:

Eine Determinante, in der zwei Parallelreihen übereinstimmen, ist Null. Z. B.

$$\Delta = \begin{vmatrix} a & b & c & d \\ a' & b' & c' & d' \\ a & b & c & d \\ a'' & b'' & c'' & d'' \end{vmatrix} = 0.$$

Nach dem Transpositionssatze wird nämlich durch Vertauschung der übereinstimmenden Reihen

$$\begin{vmatrix} a & b & c & d \\ a' & b' & c' & d' \\ a & b & c & d \\ a'' & b'' & c'' & d'' \end{vmatrix} = -\Delta,$$

folglich

$$\Delta = -\Delta$$

und somit

$$\Delta = 0.$$

Der Transpositionssatz liefert noch einen zweiten

Nullsatz:

Das Produkt einer beliebigen Reihe einer Determinante mit der zu einer andern parallelen Reihe gehörigen Adjunktenreihe ist Null.

In der Determinante $|c_1^1\, c_2^2 \ldots c_n^n|$ ist z. B.

$$\underline{c_r^1\, C_\varrho^1 + c_r^2\, C_\varrho^2 + \ldots + c_r^n\, C_\varrho^n = 0,} \qquad r \neq \varrho,$$

ebenso

$$c_1^s C_1^\sigma + c_2^s C_2^\sigma + \ldots + c_n^s C_n^\sigma = 0, \qquad s \neq \sigma.$$

Zum Beweise z. B. der ersten Gleichung bedenke man, daß sich die Adjunkten der ϱ^{ten} Zeile der Determinante nicht ändern, wenn man diese Zeile durch $c_r^1, c_r^2, \ldots, c_r^n$ ersetzt. Dadurch geht aber nach dem ersten Nullsatze die Determinante in Null über, während sie nach dem auf die ϱ^{te} Zeile angewandten Entwicklungssatze den Wert $c_r^1 C_\varrho^1 + c_r^2 C_\varrho^2 + \ldots + c_r^n C_\varrho^n$ bekommt, woraus dann der zweite Nullsatz unmittelbar resultiert.

Man kann diesen zweiten Nullsatz als Annex zum Entwicklungssatz bezeichnen.

Man kann aber auch Entwicklungssatz und Annex zu einer einzigen Formel zusammenfassen, was in vielen Fällen zu einer bequemeren Schreibweise führt.

Dazu dient das sog. Kroneckersymbol $|_\mu^\nu$, das die positive Einheit oder Null bedeutet, je nachdem die Zeiger μ und ν einander gleich sind oder nicht[1]).

$$\text{Für } \mu = \nu \text{ ist also } |_\mu^\nu = 1, \qquad \text{für } \mu \neq \nu \text{ ist } |_\mu^\nu = 0.$$

Mit Benutzung des Kroneckersymbols lassen sich Entwicklungssatz und Annex zum Entwicklungssatz in die eine Formel zusammenziehen:

$$\boxed{c_r^1 C_\varrho^1 + c_r^2 C_\varrho^2 + \ldots + c_r^n C_\varrho^n = |_r^\varrho \cdot \Delta}$$

bzw.

$$\boxed{c_1^s C_1^\sigma + c_2^s C_2^\sigma + \ldots + c_n^s C_n^\sigma = |_s^\sigma \cdot \Delta}$$

Wir nennen diese Formel die Entwicklungsformel.

II. Der Permutationssatz.

Permutiert man die Zeilen (Spalten) einer Determinante, so ist die neue Determinante der alten gleich oder entgegengesetzt gleich, je nachdem die Permutation gerade oder ungerade ist.

In Zeichen:

$$\begin{vmatrix} a_r & b_r & c_r & \ldots \\ a_s & b_s & c_s & \ldots \\ a_t & b_t & c_t & \ldots \\ \cdot & \cdot & \cdot & \cdot \end{vmatrix} = \overline{rst\ldots} \begin{vmatrix} a_1 & b_1 & c_1 & \ldots \\ a_2 & b_2 & c_2 & \ldots \\ a_3 & b_3 & c_3 & \ldots \\ \cdot & \cdot & \cdot & \cdot \end{vmatrix}.$$

Beweis. Der Abwechslung halber beweisen wir diesen Satz für Zeilenpermutierung. (Der Beweis für Spaltenpermutation verläuft genau so.)

[1]) Kronecker schrieb allerdings δ_μ^ν; wir behalten aber den oft benötigten Buchstaben δ für andere Zwecke vor.

Die Determinante

$$\mathfrak{d} = \begin{vmatrix} a_1 & b_1 & c_1 & \ldots \\ a_2 & b_2 & c_2 & \ldots \\ a_3 & b_3 & c_3 & \ldots \\ \cdot & \cdot & \cdot & \cdot \end{vmatrix}$$

gehe durch eine Zeilenpermutierung in

$$\mathfrak{D} = \begin{vmatrix} a_r & b_r & c_r & \ldots \\ a_s & b_s & c_s & \ldots \\ a_t & b_t & c_t & \ldots \\ \cdot & \cdot & \cdot & \cdot \end{vmatrix}$$

über. Neben der Determinante $\mathfrak{D}$ betrachten wir die Einheit

$$\mathfrak{E} = \overline{r\,s\,t\ldots}.$$

Wir transponieren nun sowohl in $\mathfrak{D}$ als auch in $\mathfrak{E}$ den kleinsten deplacierten Zeiger an seinen natürlichen Platz, wodurch wir die neue Determinante $\mathfrak{D}'$ bzw. Einheit $\mathfrak{E}'$ und die Gleichungen

$$\mathfrak{D} = \iota\,\mathfrak{D}', \qquad \mathfrak{E} = \iota\,\mathfrak{E}'$$

erhalten. Darauf wenden wir unsere Transponierungsvorschrift auf $\mathfrak{D}'$ und $\mathfrak{E}'$ an und bekommen

$$\mathfrak{D}' = \iota\,\mathfrak{D}'', \qquad \mathfrak{E}' = \iota\,\mathfrak{E}''.$$

Dies Spiel setzen wir fort, bis wir einerseits zur Determinante $\mathfrak{d}$, andererseits zur Einheit $\mathfrak{e} = \overline{1\,2\,3\ldots n} = 1$ kommen. Ist ν die Anzahl der sukzessive benötigten Transponierungen, so gelten die Gleichungen

$$\mathfrak{D} = \iota^{\nu}\,\mathfrak{d} \quad \text{und} \quad \mathfrak{E} = \iota^{\nu}\,\mathfrak{e}.$$

Aus ihnen folgt sofort:

$$\mathfrak{D} = \mathfrak{E}\,\mathfrak{d},$$

d. h. die in unserm Satze behauptete Gleichung.

§ 6. Der Additionssatz.

Wie wir sehen werden, kommt die Addition von Determinanten auf die Addition von Zeilen oder Spalten, also von Parallelreihen hinaus. In solchen Reihen denkt man sich die Elemente, bei Zeilen von links nach rechts, bei Spalten von oben nach unten, numeriert und nennt gleichnumerierte Elemente homolog oder entsprechend.

Um ν parallele Determinantenreihen zu »addieren«, summiert man je ν homologe Elemente und bildet aus den entstandenen Summen eine neue Reihe; diese heißt die Summe der ν gegebenen Reihen.

So ist z. B. die Summe der drei Reihen $(a, b, c, \ldots)$, $(a', b', c', \ldots)$, $a'', b'', c'', \ldots)$ die Reihe

$$(a + a' + a'',\ b + b' + b'',\ c + c' + c'',\ \ldots)$$

Der Hauptsatz über die Addition von Determinanten bezieht sich auf Determinanten *gleichen* Grades, die außerdem in allen Zeilen (Spalten) bis auf eine übereinstimmen. Er lautet:

Additionssatz:

Determinanten, die in allen Zeilen (Spalten) bis auf eine übereinstimmen, werden addiert, indem man die nicht übereinstimmenden Zeilen (Spalten) addiert und die übereinstimmenden beibehält.

Z. B.

$$\begin{vmatrix} a_1 & b_1 & c_1 \\ a_2 & b_2 & c_2 \\ a_3 & b_3 & c_3 \end{vmatrix} + \begin{vmatrix} a_1 & b_1' & c_1 \\ a_2 & b_2' & c_2 \\ a_3 & b_3' & c_3 \end{vmatrix} + \begin{vmatrix} a_1 & b_1'' & c_1 \\ a_2 & b_2'' & c_2 \\ a_3 & b_3'' & c_3 \end{vmatrix} = \begin{vmatrix} a_1 & b_1 + b_1' + b_1'' & c_1 \\ a_2 & b_2 + b_2' + b_2'' & c_2 \\ a_3 & b_3 + b_3' + b_3'' & c_3 \end{vmatrix}.$$

Der Beweis dieser Formel folgt ohne Schwierigkeit aus dem Entwicklungssatz. Man bemerkt zunächst, daß die Cofaktoren der zweiten Spalte in allen Determinanten der behaupteten Gleichung dieselben Werte haben, etwa B_1, B_2, B_3. Nun sind die Werte der vier Determinanten sukzessive

$$\begin{gathered} b_1 B_1 + b_2 B_2 + b_3 B_3, \\ b_1' B_1 + b_2' B_2 + b_3' B_3, \\ b_1'' B_1 + b_2'' B_2 + b_3'' B_3, \\ (b_1 + b_1' + b_1'') B_1 + (b_2 + b_2' + b_2'') B_2 + (b_3 + b_3' + b_3'') B_3, \end{gathered}$$

so daß der vierte Wert in der Tat die Summe der drei ersten ist.

Für die Subtraktion von Determinanten gilt eine ähnliche Regel. Z. B. ist

$$\begin{vmatrix} a & b & c & d \\ \mathfrak{a} & \mathfrak{b} & \mathfrak{c} & \mathfrak{d} \\ p & q & r & s \\ \alpha & \beta & \gamma & \delta \end{vmatrix} - \begin{vmatrix} a & b & c & d \\ \mathfrak{a} & \mathfrak{b} & \mathfrak{c} & \mathfrak{d} \\ x & y & z & t \\ \alpha & \beta & \gamma & \delta \end{vmatrix} = \begin{vmatrix} a & b & c & d \\ \mathfrak{a} & \mathfrak{b} & \mathfrak{c} & \mathfrak{d} \\ p-x & q-y & r-z & s-t \\ \alpha & \beta & \gamma & \delta \end{vmatrix}.$$

Aus dem Additionssatze folgt in Verbindung mit dem ersten Nullsatze aus § 5

eine Determinante, in der eine Reihe Linearkompositum[1]) von Parallelreihen ist, verschwindet.

[1]) Unter einem *Linearkompositum* der Größen $x, y, z, \ldots$ versteht man einen Ausdruck von der Form

$$a x + b y + c z + \ldots$$

Ähnlich versteht man unter einem *Linearkompositum der Reihen* $(x, x', x'', \ldots)$, $(y, y', y'', \ldots)$, $(z, z', z'', \ldots)$ die Reihe $(a x + b y + c z,\ a x' + b y' + c z',\ a x'' + b y'' + c z'', \ldots)$. Dabei sind $a, b, c, \ldots$ beliebige Zahlen.

Beispiel:

$$\Delta = \begin{vmatrix} x & y & \lambda x + \mu y \\ x' & y' & \lambda x' + \mu y' \\ x'' & y'' & \lambda x'' + \mu y'' \end{vmatrix} = 0.$$

Beweis. Nach dem Additionssatze ist

$$\Delta = \begin{vmatrix} x & y & \lambda x \\ x' & y' & \lambda x' \\ x'' & y'' & \lambda x'' \end{vmatrix} + \begin{vmatrix} x & y & \mu y \\ x' & y' & \mu y' \\ x'' & y'' & \mu y'' \end{vmatrix} = \lambda \begin{vmatrix} x & y & x \\ x' & y' & x' \\ x'' & y'' & x'' \end{vmatrix} + \mu \begin{vmatrix} x & y & y \\ x' & y' & y' \\ x'' & y'' & y'' \end{vmatrix},$$

und nach dem genannten Nullsatze sind die beiden rechts stehenden Determinanten Null.

Aus diesem Verschwindungssatz ergibt sich sofort der wichtige

Satz von Jacobi:

Eine Determinante ändert ihren Wert nicht, wenn man eine beliebige Reihe um ein Linearkompositum von Parallelreihen vermehrt.

Beispielsweise ist

$$\Delta = \begin{vmatrix} a & b & c \\ a' & b' & c' \\ a'' & b'' & c'' \end{vmatrix} = \begin{vmatrix} a & b & c + \lambda a + \mu b \\ a' & b' & c' + \lambda a' + \mu b' \\ a'' & b'' & c'' + \lambda a'' + \mu b'' \end{vmatrix}.$$

Beweis. Die rechte Seite läßt sich schreiben:

$$\begin{vmatrix} a & b & c \\ a' & b' & c' \\ a'' & b'' & c'' \end{vmatrix} + \begin{vmatrix} a & b & \lambda a + \mu b \\ a' & b' & \lambda a' + \mu b' \\ a'' & b'' & \lambda a'' + \mu b'' \end{vmatrix} = \Delta + 0.$$

Der Satz wurde von Jacobi im 22. Bande des Crelleschen Journals veröffentlicht. Er ist u. a. für die numerische Auswertung von Determinanten von Bedeutung.

Es handle sich z. B. um die Berechnung der vierreihigen Determinante

$$\Delta = \begin{vmatrix} 16 & 3 & 2 & 13 \\ 5 & 10 & 11 & 8 \\ 9 & 6 & 7 & 12 \\ 4 & 15 & 14 & 1 \end{vmatrix}.$$

(Dürers magisches Quadrat auf dem bekannten Kupferstiche Melencolia.)

Wir subtrahieren die letzte Zeile von der ersten und die zweite von der dritten:

$$\Delta = \begin{vmatrix} 12 & -12 & -12 & 12 \\ 5 & 10 & 11 & 8 \\ 4 & -4 & -4 & 4 \\ 4 & 15 & 14 & 1 \end{vmatrix}.$$

Da die erste Zeile der neuen Determinante das 3fache der dritten Zeile ist, verschwindet Δ. Also

$$\Delta = 0.$$

Als zweites Beispiel betrachten wir die Determinante

$$\Delta = \begin{vmatrix} 0 & a & b & c \\ a & 0 & c & b \\ b & c & 0 & a \\ c & b & a & 0 \end{vmatrix}.$$

Wir addieren die 2., 3. und 4. Spalte zur ersten und erhalten

$$\Delta = \begin{vmatrix} a+b+c & a & b & c \\ a+b+c & 0 & c & b \\ a+b+c & c & 0 & a \\ a+b+c & b & a & 0 \end{vmatrix} = (a+b+c) \begin{vmatrix} 1 & a & b & c \\ 1 & 0 & c & b \\ 1 & c & 0 & a \\ 1 & b & a & 0 \end{vmatrix}.$$

In der neuen Determinante addieren wir zur ersten Zeile das 1fache der zweiten, — 1fache der dritten und — 1fache der vierten. Sie bekommt dann die Gestalt

$$\begin{vmatrix} 0 & a-c-b & b+c-a & c+b-a \\ 1 & 0 & c & b \\ 1 & c & 0 & a \\ 1 & b & a & 0 \end{vmatrix} \quad \text{oder } (b+c-a) \begin{vmatrix} 0 & -1 & 1 & 1 \\ 1 & 0 & c & b \\ 1 & c & 0 & a \\ 1 & b & a & 0 \end{vmatrix}.$$

In der neuen Determinante addieren wir sowohl zur dritten als auch zur vierten Spalte die zweite; sie wird dann

$$\begin{vmatrix} 0 & -1 & 0 & 0 \\ 1 & 0 & c & b \\ 1 & c & c & c+a \\ 1 & b & a+b & b \end{vmatrix} \quad \text{oder} \quad \begin{vmatrix} 1 & c & b \\ 1 & c & c+a \\ 1 & a+b & b \end{vmatrix}.$$

In der entstandenen dreireihigen Determinante subtrahieren wir sowohl von der zweiten als auch von der dritten Zeile die erste; sie verwandelt sich dadurch in

$$\begin{vmatrix} 1 & c & b \\ 0 & 0 & c+a-b \\ 0 & a+b-c & 0 \end{vmatrix} \quad \text{d. h. in} \quad -(a+b-c)\,(c+a-b).$$

Sonach haben wir

$$\begin{vmatrix} 0 & a & b & c \\ a & 0 & c & b \\ b & c & 0 & a \\ c & b & a & 0 \end{vmatrix} = -(a+b+c)\,(b+c-a)\,(c+a-b)\,(a+b-c).$$

§ 7. Der Satz von Laplace.

Vorgelegt sei die Determinante g^{ten} Grades

$$\varDelta = \begin{vmatrix} J_1^1 & \dots & J_1^g \\ \cdot & \cdot & \cdot \\ J_g^1 & \dots & J_g^g \end{vmatrix}.$$

Wir denken uns g in zwei ganzzahlige positive Bestandteile n und ν zerlegt. Markieren wir in $\varDelta$ (etwa durch Anstreichen) n beliebige Zeilen, z. B. die $r_1^{\text{te}}, r_2^{\text{te}}, \dots, r_n^{\text{te}}$ Zeile, wobei $r_1 < r_2 < r_3 < \dots < r_n$ sei, und n beliebige Spalten, z. B. die $s_1^{\text{te}}, s_2^{\text{te}}, \dots, s_n^{\text{te}}$ mit $s_1 < s_2 < s_3 < \dots < s_n$, so läßt sich aus den doppelt markierten Elementen die Determinante n^{ten} Grades

$$d = \begin{vmatrix} J_{r_1}^{s_1} & \dots & J_{r_1}^{s_n} \\ \cdot & \cdot & \cdot \\ J_{r_n}^{s_1} & \dots & J_{r_n}^{s_n} \end{vmatrix}$$

bilden, die als n-reihiger Minor (Minor n^{ten} Grades) oder als n-reihige Subdeterminante der vorgelegten Determinante $\varDelta$ bezeichnet wird.

Der Minor heißt geradklassig (von gerader Klasse) oder ungeradklassig, je nachdem die Summe

$$r_1 + r_2 + \dots + r_n + s_1 + s_2 + \dots + s_n$$

der Nummern der markierten Zeilen und Spalten gerade oder ungerade ist.

Wir nennen die Nummern der nicht markierten Zeilen von $\varDelta$ $\varrho_1, \varrho_2, \dots, \varrho_\nu$, wobei $\varrho_1 < \varrho_2 < \dots < \varrho_\nu$ sei, die der nicht markierten Spalten $\sigma_1, \sigma_2, \dots, \sigma_\nu$ mit $\sigma_1 < \sigma_2 < \dots < \sigma_\nu$ und achten auf das Schema der nicht markierten Elemente. Es erzeugt ebenfalls einen Minor der Ausgangsdeterminante $\varDelta$, nämlich den ν-reihigen Minor

$$\delta = \begin{vmatrix} J_{\varrho_1}^{\sigma_1} & \dots & J_{\varrho_1}^{\sigma_\nu} \\ \cdot & \cdot & \cdot \\ J_{\varrho_\nu}^{\sigma_1} & \dots & J_{\varrho_\nu}^{\sigma_\nu} \end{vmatrix}.$$

Dieser neue Minor heißt das Komplement des Minors d.

Umgekehrt ist auch d das Komplement von δ.

Wir können auch sagen: Zwei Minoren heißen komplementär, wenn der eine aus allen Zeilen und Spalten gebildet wird, die bei dem andern nicht vorkommen.

In der Determinante

$$\begin{vmatrix} a_1 & b_1 & c_1 & d_1 & e_1 \\ a_2 & b_2 & c_2 & d_2 & e_2 \\ a_3 & b_3 & c_3 & d_3 & e_3 \\ a_4 & b_4 & c_4 & d_4 & e_4 \\ a_5 & b_5 & c_5 & d_5 & e_5 \end{vmatrix}$$

z. B. sind die Minoren

$$\begin{vmatrix} b_2 & d_2 \\ b_5 & d_5 \end{vmatrix} \quad \text{und} \quad \begin{vmatrix} a_1 & c_1 & e_1 \\ a_3 & c_3 & e_3 \\ a_4 & c_4 & e_4 \end{vmatrix}$$

komplementär.

Unter dem algebraischen Komplement oder der Adjunkte oder auch dem Cofaktor des Minors d versteht man das E-fache des Komplements δ, wo E die positive oder negative Einheit bedeutet, je nachdem der Ausgangsminor d geradklassig oder ungeradklassig ist. Das algebraische Komplement d' von d ist demnach

$$d' = \iota^z \cdot \delta$$

mit

$$z = r_1 + r_2 + \ldots + r_n + s_1 + s_2 + \ldots + s_n.$$

Da wir δ mit dem Faktor $E = \pm 1$ multiplizieren müssen, um den Cofaktor von d zu erhalten, so nennen wir E den zu δ gehörigen Zeichenfaktor, das Vorzeichen von E das äußere Zeichen von d'.

Anmerkung. Statt ι^z kann man als Zeichenfaktor auch ι^ζ nehmen, wo

$$\zeta = \varrho_1 + \varrho_2 + \ldots + \varrho_\nu + \sigma_1 + \sigma_2 + \ldots + \sigma_\nu$$

ist. Da nämlich

$$z + \zeta = (r_1 + \ldots + r_n + \varrho_1 + \ldots + \varrho_\nu) + (s_1 + \ldots + s_n + \sigma_1 + \ldots + \sigma_\nu)$$

eine gerade Zahl ist, hat man

$$\iota^\zeta = \iota^z.$$

Nach dieser einleitenden Betrachtung gehen wir zum Laplaceschen Satze über.

Wir markieren in der gegebenen g-gradigen Determinante

$$\Delta = |J_r^s|$$

n beliebige Zeilen, etwa die $R_1^{\text{te}}, R_2^{\text{te}}, \ldots, R_n^{\text{te}}$ (wo $R_1 < R_2 < R_3 \ldots < R_n$ ist) und betrachten den aus diesen n Zeilen bestehenden »Streifen« $\mathfrak{S}$, sowie den aus den anderen ν $(= g - n)$ Zeilen $P_1, P_2, \ldots, P_\nu$ $(P_1 < P_2 < P_3 < \ldots < P_\nu)$ der Determinante Δ bestehenden »konjugierten« Streifen $\mathfrak{S}'$.

Stellen wir n beliebig ausgewählte Spalten des Streifens $\mathfrak{S}$ in der Reihenfolge, in der wir sie von links nach rechts antreffen, zu einem quadratischen Schema zusammen, so entsteht eine n-reihige Determinante, ein sog. Maior des Streifens, so genannt, weil sich eine Determinante mit mehr als n Reihen aus dem Streifen nicht bilden läßt. [Eine aus den in ihrer gegenseitigen Stellung belassenen Elementen des Streifens gebildete Determinante von weniger als n Reihen heißt ein Minor des Streifens.]

Wir fragen nach der Anzahl aller möglichen Maioren des Streifens. Diese Anzahl ist offenbar ebenso groß wie die Anzahl der Kombinationen ohne Wiederholung, die sich aus g Elementen — in diesem Falle den g Spalten des Streifens — zur n^{ten} Klasse bilden lassen. Folglich enthält der Streifen $\mathfrak{S}$ $\binom{g}{n}$ oder g_n Maioren von Δ.

Ein beliebiger dieser Maioren, entstanden etwa aus den Spalten $S_1, S_2, \ldots, S_n$ $[S_1 < S_2 < \ldots < S_n]$ sei

$$d = \begin{vmatrix} J^{S_1}_{R_1} & \ldots & J^{S_n}_{R_1} \\ \cdot & \cdot & \cdot \\ J^{S_1}_{R_n} & \ldots & J^{S_n}_{R_n} \end{vmatrix},$$

sein aus Elementen des konjugierten Streifens $\mathfrak{S}'$ aufgebautes Komplement

$$\delta = \begin{vmatrix} J^{\Sigma_1}_{P_1} & \ldots & J^{\Sigma_\nu}_{P_1} \\ \cdot & \cdot & \cdot \\ J^{\Sigma_1}_{P_\nu} & \ldots & J^{\Sigma_\nu}_{P_\nu} \end{vmatrix},$$

sein algebraisches Komplement

$$d' = \iota^{R+S}\,\delta$$

mit

$$R = R_1 + R_2 + \ldots + R_n, \qquad S = S_1 + S_2 + \ldots + S_n.$$

Wir bilden das Produkt

$$P = d\,d'.$$

Bei der Ausmultiplikation von d mit d' tritt jeweils ein Glied

$$x = e \cdot J^{s_1}_{r_1} J^{s_2}_{r_2} \ldots J^{s_n}_{r_n} \qquad \left(e = \frac{s_1 s_2 \ldots s_n}{r_1 r_2 \ldots r_n}\right)$$

von d mit einem Gliede

$$\xi = \varepsilon \cdot J^{\sigma_1}_{\varrho_1} J^{\sigma_2}_{\varrho_2} \ldots J^{\sigma_\nu}_{\varrho_\nu} \qquad \left(\varepsilon = \frac{\sigma_1 \sigma_2 \ldots \sigma_\nu}{\varrho_1 \varrho_2 \ldots \varrho_\nu}\right)$$

von δ zusammen, so daß das entstehende Glied von P

$$p = \iota^{R+S}\,x\,\xi$$

ist.

Offenbar läßt sich aus den Elementen

$$J^{s_1}_{r_1}, J^{s_2}_{r_2}, \ldots, J^{s_n}_{r_n} \text{ und } J^{\sigma_1}_{\varrho_1}, J^{\sigma_2}_{\varrho_2}, \ldots, J^{\sigma_\nu}_{\varrho_\nu}$$

ein Glied q der gegebenen Determinante Δ bilden, das Glied

$$q = E\,J^{s_1}_{r_1} J^{s_2}_{r_2} \ldots J^{s_n}_{r_n} \cdot J^{\sigma_1}_{\varrho_1} J^{\sigma_2}_{\varrho_2} \ldots J^{\sigma_\nu}_{\varrho_\nu}$$

mit

$$E = \frac{s_1 s_2 \ldots s_n \sigma_1 \sigma_2 \ldots \sigma_\nu}{r_1 r_2 \ldots r_n \varrho_1 \varrho_2 \ldots \varrho_\nu}.$$

Wir vergleichen q mit p.

Die Beträge dieser beiden Glieder sind gleich, so daß der Quotient $q:p$ den Wert ± 1 hat. Wir bestimmen das Vorzeichen.

Nach dem zweiten Inversionssatze (§ 1) ist die Inversionszahl der Permutation $r_1 r_2 \dots r_n \varrho_1 \varrho_2 \dots \varrho_\nu$ gleich der Summe der Inversionszahlen r von $r_1 r_2 \dots r_n$ und ϱ von $\varrho_1 \varrho_2 \dots \varrho_\nu$, vermehrt um die Summe $r_1 + r_2 + \dots + r_n = R$ und vermindert um $N = n \cdot \frac{n+1}{2}$. Ebenso ist die Inversionszahl der Permutation $s_1 s_2 \dots s_n \sigma_1 \sigma_2 \dots \sigma_\nu$, wenn wir die Inversionszahlen von $s_1 s_2 \dots s_n$ und $\sigma_1 \sigma_2 \dots \sigma_\nu$ s und σ nennen und bedenken, daß $s_1 + s_2 + \dots + s_n = S$ ist, $s + \sigma + S - N$. Hieraus ergibt sich

$$E = \iota^{r+s+\varrho+\sigma+R+S}.$$

Anderseits ist

$$e = \iota^{r+s}, \qquad \varepsilon = \iota^{\varrho+\sigma}.$$

Daher wird der Quotient $q:p$ gleich $+1$, d. h.

$$q = p.$$

Jedes Glied des ausmultiplizierten Produkts P liefert also genau ein Glied der Determinante Δ.

Nehmen wir statt d einen andern Maior $\mathfrak{d}$ des Streifens $\mathfrak{S}$, und multiplizieren wir $\mathfrak{d}$ mit seinem Cofaktor $\mathfrak{d}'$, so erhalten wir ebenfalls lauter Glieder von Δ, usf. Und es unterliegt keinem Zweifel, daß wir durch Bildung aller g_n Maioren des Streifens $\mathfrak{S}$ und Multiplikation jedes derselben mit seinem Cofaktor alle Glieder von Δ und zwar jedes nur einmal erhalten. [Jeder Maior umfaßt $n!$, jeder Cofaktor $\nu!$ Glieder, so daß jede Multiplikation $n! \cdot \nu!$ verschiedene Glieder von Δ liefert. Da der Streifen $\mathfrak{S}$ g_n Maioren enthält, gibt es demnach im ganzen $n! \cdot \nu! \cdot g_n = g!$ verschiedene Glieder, d. h. alle Glieder von Δ.]

Daher gilt die Gleichung

$$\Sigma\, d\, d' = \Delta.$$

Diese fundamentale Formel enthält das

Gesetz von Laplace:

Faßt man n parallele Reihen einer Determinante zu einem Streifen zusammen und multipliziert jeden Maior des Streifens mit seinem Cofaktor, so liefert die Summe der entstehenden Produkte den Wert der Determinante.

M. a. W.:

Sind I, II, III, ... die in einem n-reihigen Streifen der Determinante Δ enthaltenen Maioren, I′, II′, III′, ... ihre algebraischen Komplemente, so ist

$$\Delta = \mathrm{I} \cdot \mathrm{I}' + \mathrm{II} \cdot \mathrm{II}' + \mathrm{III} \cdot \mathrm{III}' + \dots$$

Zusatz. Besteht der Streifen aus einer einzigen Reihe, etwa der Reihe

$$a, \; b, \; c, \; \dots,$$

so sind die in ihm enthaltenen Maioren die Reihenelemente $a, b, c, \ldots$, ihre algebraischen Komplemente sind die aus § 3 bekannten Cofaktoren $A, B, C, \ldots$ dieser Elemente, und der Laplacesche Satz sagt aus: die Determinante hat den Wert

$$aA + bB + cC + \ldots.$$

Da diese Behauptung nichts anderes als den Entwicklungssatz von § 3 darstellt, erkennen wir, daß dieser eine unmittelbare Folge des Laplaceschen Satzes ist.

Der fundamentale Satz dieses Paragraphen wurde von Laplace im Jahre 1772 im II. Bande der Histoire de l'Académie Royale des Sciences bekannt gemacht.

Zusatz. Auch die Laplacesche Entwicklung führt, wie (im § 5) der Entwicklungssatz, auf einen wichtigen Nullsatz. Um ihn bequem aussprechen zu können, nennen wir zwei aus gleichviel Zeilen (Spalten) einer Determinante bestehende Streifen kongruent und zwei denselben Spalten (Zeilen) der Determinante entnommene Maioren dieser Streifen homolog. Es gilt dann folgender

Nullsatz:

Multipliziert man jeden Maior eines Determinantenstreifens mit der Adjunkte des homologen Maiors eines kongruenten andern Streifens, so verschwindet die Summe der entstehenden Produkte.

Der Satz ergibt sich sofort, wenn man in der Determinante den zweitgenannten Streifen durch den ersten ersetzt, ohne sonst etwas zu ändern und auf die so entstehende (nach dem ersten Nullsatze von § 5) verschwindende Determinante und den abgeänderten Streifen Laplaces Satz anwendet.

§ 8. Der Multiplikationssatz.

Der in diesem Paragraphen entwickelte Satz über die Multiplikation von zwei Determinanten bezieht sich auf Determinanten gleichen Grades und lautet:

Multiplikationssatz:

Das Produkt von zwei Determinanten n^{ten} Grades ist eine Determinante n^{ten} Grades, bei der das in der r^{ten} Zeile und s^{ten} Spalte stehende Element das (skalare) Produkt aus der r^{ten} Zeile des Multiplikators und der s^{ten} Spalte des Multiplikanden ist.

Welche der beiden gegebenen Determinanten man dabei als Multiplikator bzw. Multiplikandus auffassen will, ist einerlei.

Stürzt man den Multiplikandus, so verwandeln sich seine Zeilen in die Spalten einer neuen Determinante, und wenn man auf den alten Multiplikator und den neuen Multiplikandus den ausgesprochenen Satz anwendet, so erscheint er in folgender Form:

Das Produkt von zwei n-reihigen Determinanten ist eine Determinante, bei der das r^{te} Element der s^{ten} Spalte das (skalare) Produkt aus der r^{ten} Zeile des Multiplikators und der s^{ten} Zeile des Multiplikanden ist.

Ähnlich findet man:

Das Produkt von zwei n-reihigen Determinanten ist eine Determinante, in der das r^{te} Element der s^{ten} Spalte das Produkt aus der r^{ten} Spalte des Multiplikators und der s^{ten} Spalte des Multiplikandus ist.

Wie man erkennt, gibt es im ganzen vier Produkte von verschiedenem Aussehen (jedoch gleichem Werte), die sich bei der Multiplikation zweier Determinanten bilden lassen.

Wendet man die erste Fassung beispielsweise auf die beiden Determinanten

$$D = \begin{vmatrix} a_1 & b_1 & c_1 \\ a_2 & b_2 & c_2 \\ a_3 & b_3 & c_3 \end{vmatrix}, \quad \Delta = \begin{vmatrix} \alpha_1 & \alpha_2 & \alpha_3 \\ \beta_1 & \beta_2 & \beta_3 \\ \gamma_1 & \gamma_2 & \gamma_3 \end{vmatrix}$$

als Multiplikator und Multiplikand an, so erhält das Produkt $\Pi = D \cdot \Delta$ die Form

$$\Pi = \begin{vmatrix} a_1\alpha_1 + b_1\beta_1 + c_1\gamma_1 & a_1\alpha_2 + b_1\beta_2 + c_1\gamma_2 & a_1\alpha_3 + b_1\beta_3 + c_1\gamma_3 \\ a_2\alpha_1 + b_2\beta_1 + c_2\gamma_1 & a_2\alpha_2 + b_2\beta_2 + c_2\gamma_2 & a_2\alpha_3 + b_2\beta_3 + c_2\gamma_3 \\ a_3\alpha_1 + b_3\beta_1 + c_3\gamma_1 & a_3\alpha_2 + b_3\beta_2 + c_3\gamma_2 & a_3\alpha_3 + b_3\beta_3 + c_3\gamma_3 \end{vmatrix}.$$

Das Gesetz über die Multiplikation zweier Determinanten wurde 1812 von Cauchy gefunden und im X. Bande des Journal de l'École Polytechnique veröffentlicht.

Wir geben im folgenden zwei Beweise des Multiplikationssatzes, einen direkten, durch Zurückführung auf den Permutationssatz von § 5 und einen zweiten in Anlehnung an den Satz von Laplace.

Erster Beweis. Wir führen den Beweis ohne Beschränkung der Allgemeinheit an dem obigen Beispiel der Determinanten D und Δ dritten Grades. Durch sukzessive Anwendung des Additionssatzes (§ 6) auf die Determinante Π wird diese

$$\Pi = \Sigma\, \xi_1 \eta_2 \zeta_3 \begin{vmatrix} x_1 & y_1 & z_1 \\ x_2 & y_2 & z_2 \\ x_3 & y_3 & z_3 \end{vmatrix},$$

wobei x, y, z die drei Größen a, b, c in irgendeiner Reihenfolge und ξ, η, ζ die entsprechenden griechischen Buchstaben bedeuten

(z. B. $x = b$, $y = c$, $z = a$; $\xi = \beta$, $\eta = \gamma$, $\zeta = \alpha$], und wo die Summation Σ über alle Permutationen $x\,y\,z$ und $\xi\,\eta\,\zeta$ der drei Größen a, b, c und α, β, γ zu erstrecken ist.

Stellen wir in jeder hinter dem Summenzeichen stehenden Determinante die Spalten so um, daß a links, b in der Mitte, c rechts steht, so wird nach dem Permutationssatze

$$\Pi = \Sigma\, \xi_1 \eta_2 \zeta_3\, \overline{x\,y\,z} \begin{vmatrix} a_1 & b_1 & c_1 \\ a_2 & b_2 & c_2 \\ a_3 & b_3 & c_3 \end{vmatrix}$$

oder

$$\Pi = D\, \Sigma\, \overline{x\,y\,z}\, \xi_1 \eta_2 \zeta_3.$$

Da aber

$$\overline{x\,y\,z} = \overline{\xi\,\eta\,\zeta}$$

ist, folgt

$$\Pi = D\, \Sigma\, \overline{\xi\eta\zeta}\, \xi_1 \eta_2 \zeta_3.$$

Die hier rechts auftretende Summe Σ ist nichts anderes als Δ. Daher wird

$$\Pi = D\,\Delta,$$

w. z. b. w.

Zweiter Beweis. Reduktion auf den Satz von Laplace.

Auch hier geben wir den Beweis, ohne die Allgemeinheit der Beweisführung damit einzuschränken, mit Benutzung der dreireihigen Determinanten D und Δ. Zur Abkürzung schreiben wir die Zeilen der Determinante Π A_1, B_1, C_1; A_2, B_2, C_2 und A_3, B_3, C_3.

Nach Laplaces Satz ist

$$P = \begin{vmatrix} a_1 & b_1 & c_1 & 0 & 0 & 0 \\ a_2 & b_2 & c_2 & 0 & 0 & 0 \\ a_3 & b_3 & c_3 & 0 & 0 & 0 \\ \iota & 0 & 0 & \alpha_1 & \alpha_2 & \alpha_3 \\ 0 & \iota & 0 & \beta_1 & \beta_2 & \beta_3 \\ 0 & 0 & \iota & \gamma_1 & \gamma_2 & \gamma_3 \end{vmatrix}$$

das Produkt der Determinanten D und Δ. Um das einzusehen, brauchen wir Laplaces Satz nur auf den aus den drei ersten Zeilen von P bestehenden Streifen anzuwenden. Die einzige nicht verschwindende dreireihige Determinante dieses Streifens ist D, der zugehörige Cofaktor

$$\iota^{1+2+3+1+2+3} \cdot \Delta = \Delta,$$

so daß in der Tat $D\Delta = P$.

Die Determinante P formen wir nun nach Jacobis Satz (§ 6) um. Wir addieren

zur 1. Zeile das $a_1$fache der 4ten, $b_1$fache der 5ten und $c_1$fache der 6ten,
» 2. » » a_2 « » 4ten, b_2 » » 5ten » c_2 » » 6ten,
» 3. » » a_3 » » 4ten, b_3 » » 5ten » c_3 » » 6ten.

Dadurch erhalten wir

$$P = \begin{vmatrix} 0 & 0 & 0 & A_1 & B_1 & C_1 \\ 0 & 0 & 0 & A_2 & B_2 & C_2 \\ 0 & 0 & 0 & A_3 & B_3 & C_3 \\ \iota & 0 & 0 & \alpha_1 & \alpha_2 & \alpha_3 \\ 0 & \iota & 0 & \beta_1 & \beta_2 & \beta_3 \\ 0 & 0 & \iota & \gamma_1 & \gamma_2 & \gamma_3 \end{vmatrix}.$$

Bei der gefundenen Determinante wenden wir wieder Laplaces Satz auf den aus den drei ersten Zeilen bestehenden Streifen an. Auch dieser Streifen liefert nur die eine nicht verschwindende Determinante

$$\Pi = \begin{vmatrix} A_1 & B_1 & C_1 \\ A_2 & B_2 & C_2 \\ A_3 & B_3 & C_3 \end{vmatrix}$$

Als Komplement von Π bekommen wir

$$\begin{vmatrix} \iota & 0 & 0 \\ 0 & \iota & 0 \\ 0 & 0 & \iota \end{vmatrix} = \iota^3$$

[bei n-reihigen Faktoren D und Δ ι^n], als Zeichenfaktor (§ 7) $\iota^{1+2+3+4+5+6}$ [bei n-reihigen Faktoren ι^s, wo s die Summe $n\,(2\,n+1)$ der ersten $2\,n$ natürlichen Zahlen ist]. Das algebraische Komplement von Π ist daher 1 [$\iota^n \cdot \iota^s = 1$], mithin

$$P = \Pi \cdot 1 = \Pi.$$

Sonach gilt die behauptete Gleichung

$$D \cdot \Delta = \Pi.$$

§ 9. Matrizen.

Die zwischen den beiden Begrenzungslinien einer n-reihigen Determinante stehenden Elemente bilden ein quadratisches Schema von $n \cdot n$ Zahlen. Ein solches Zahlenschema können wir auch aufschreiben, ohne mit ihm die Vorstellung einer Determinante zu verknüpfen; es führt dann den Namen Matrix. Etwas allgemeiner versteht man unter einer Matrix ein rechteckiges Schema von Zahlen oder »Elementen«. Besteht die Matrix aus m waagrechten Zeilen zu je n Elementen oder, was dasselbe ist, aus n vertikalen Spalten zu je m Elementen, so heißt sie eine $m\,n$-reihige Matrix oder kürzer eine mn-Matrix. Sie heißt speziell quadratisch, wenn Zeilenzahl m und Spaltenzahl n übereinstimmen. Um die Zugehörigkeit der $m \cdot n$ Elemente zu einer Matrix äußerlich zu kennzeichnen, wird das Schema in runde Klammern eingeschlossen. So ist z. B.

$$\mathfrak{D} = \begin{pmatrix} a & b & c \\ a' & b' & c' \\ a'' & b'' & c'' \end{pmatrix}$$

die »Matrix der Determinante«

$$D = \begin{vmatrix} a & b & c \\ a' & b' & c' \\ a'' & b' & c'' \end{vmatrix}.$$

In diesem Sonderfalle der quadratischen Matrix heißt umgekehrt die Determinante D die »Determinante der Matrix« $\mathfrak{D}$. Eine Matrix aus 3 Zeilen und 5 Spalten ist z. B.

$$\begin{pmatrix} \alpha & \beta & \gamma & \delta & \varepsilon \\ \alpha' & \beta' & \gamma' & \delta' & \varepsilon' \\ \alpha'' & \beta'' & \gamma'' & \delta'' & \varepsilon'' \end{pmatrix}.$$

Die Stellung der Elemente in der Matrix ist durch irgendeine Vorschrift festgelegt und darf ohne besonderen Grund nicht geändert werden.

Man halte fest: Eine Determinante ist eine Zahl, eine Matrix lediglich eine Anordnung von Zahlen, nicht selbst eine Zahl. Gleichwohl gibt es ein Rechenverfahren, den sog. Matrizenkalkül, in dem auch mit Matrizen Rechenoperationen ausgeführt werden. Dieser Matrizenkalkül hat in neuerer Zeit eine hohe Bedeutung erlangt. Von einem näheren Eingehen auf diesen Kalkül sehen wir hier ab, da wir für das folgende nur eine geringe Anzahl von Matrizeneigenschaften benötigen. Wir stellen zunächst die wichtigsten Definitionen zusammen.

Nullmatrix.

Man sagt: eine Matrix ist dann und nur dann Null, wenn ihre sämtlichen Elemente Null sind.

Gleichheit von Matrizen.

Damit zwei Matrizen gleich genannt werden können, ist zunächst erforderlich, daß sie sowohl in der Zeilenzahl als auch in der Spaltenzahl übereinstimmen. In zwei solchen Matrizen nennt man zwei an gleicher Stelle z. B. in der r^{ten} Zeile und s^{ten} Spalte stehende Elemente homolog oder entsprechend.

Zwei Matrizen heißen gleich, wenn je zwei homologe Elemente gleich sind.

Die vier Spezies.

I. Addition und Subtraktion von Matrizen.

Unter der Summe (Differenz) von zwei mn-Matrizen versteht man eine mn-Matrix, in der jedes Element die Summe (Differenz) der ihm in den gegebenen Matrizen homologen Elemente ist.

Beispiel:

$$\begin{pmatrix} a & b & c \\ a' & b' & c' \end{pmatrix} + \begin{pmatrix} \alpha & \beta & \gamma \\ \alpha' & \beta' & \gamma' \end{pmatrix} = \begin{pmatrix} a+\alpha & b+\beta & c+\gamma \\ a'+\alpha' & b'+\beta' & c'+\gamma' \end{pmatrix}.$$

Man bestätigt leicht die Richtigkeit der Gleichungen

$$\underline{\mathfrak{A} + \mathfrak{B} = \mathfrak{B} + \mathfrak{A}}$$

und

$$\underline{(\mathfrak{A} + \mathfrak{B}) + \mathfrak{C} = \mathfrak{A} + (\mathfrak{B} + \mathfrak{C}),}$$

in denen $\mathfrak{A}$, $\mathfrak{B}$, $\mathfrak{C}$ mn-Matrizen bedeuten.

Im Matrizenkalkül gilt also sowohl das Kommutativgesetz als auch das Assoziativgesetz der Addition.

II. Multiplikation von Matrizen.

Multiplikation einer Matrix mit einer Zahl.

Unter dem Produkt aus der Matrix $\mathfrak{M}$ und der Zahl ζ — geschrieben $\zeta \cdot \mathfrak{M}$ oder $\mathfrak{M} \cdot \zeta$ — versteht man die Matrix, in der jedes Element das ζ-fache des homologen Elements von $\mathfrak{M}$ ist, z. B.

$$\zeta \cdot \begin{pmatrix} a & b & c \\ a' & b' & c' \end{pmatrix} = \begin{pmatrix} \zeta a & \zeta b & \zeta c \\ \zeta a' & \zeta b' & \zeta c' \end{pmatrix}.$$

Speziell schreibt man statt $(-1) \cdot \mathfrak{M}$ der Kürze wegen $-\mathfrak{M}$, so daß z. B.

$$-\begin{pmatrix} a & b & c \\ a' & b' & c' \end{pmatrix} = \begin{pmatrix} -a & -b & -c \\ -a' & -b' & -c' \end{pmatrix}$$

ist.

Multiplikation von zwei Matrizen.

Zur Multiplikation zweier Matrizen ist erforderlich, daß die Spaltenzahl des Multiplikators mit der Zeilenzahl des Multiplikanden übereinstimmt. Unter dem Produkt aus der mz-Matrix $\mathfrak{A}$ (Multiplikator) und der zn-Matrix $\mathfrak{B}$ (Multiplikand) versteht man die mn-Matrix $\mathfrak{C}$, in welcher das in der r^{ten} Zeile und s^{ten} Spalte stehende Element das Produkt aus der r^{ten} Zeile von $\mathfrak{A}$ und der s^{ten} Spalte von $\mathfrak{B}$ ist.

Demgemäß erhalten wir aus

$$\mathfrak{A} = \begin{pmatrix} a_1^1 & a_1^2 & \dots & a_1^z \\ a_2^1 & a_2^2 & \dots & a_2^z \\ \cdot & \cdot & \cdot & \cdot \\ a_m^1 & a_m^2 & \dots & a_m^z \end{pmatrix} \quad \text{und} \quad \mathfrak{B} = \begin{pmatrix} b_1^1 & b_1^2 & \dots & b_1^n \\ b_2^1 & b_2^2 & \dots & b_2^n \\ \cdot & \cdot & \cdot & \cdot \\ b_z^1 & b_z^2 & \dots & b_z^n \end{pmatrix}$$

$$\mathfrak{A} \cdot \mathfrak{B} = \mathfrak{C} = \begin{pmatrix} c_1^1 & c_1^2 & \dots & c_1^n \\ c_2^1 & c_2^2 & \dots & c_2^n \\ \cdot & \cdot & \cdot & \cdot \\ c_m^1 & c_m^2 & \dots & c_m^n \end{pmatrix}$$

mit

$$c_r^s = a_r^1 b_1^s + a_r^2 b_2^s + \dots + a_r^z b_z^s.$$

Auf die vorschriftsmäßige Reihenfolge der Faktoren: Multiplikator $\mathfrak{A}$, Multiplikand $\mathfrak{B}$ ist zu achten! Man kann nicht einfach $\mathfrak{B} \cdot \mathfrak{A}$ statt $\mathfrak{A} \cdot \mathfrak{B}$ schreiben, schon deshalb nicht, weil die Bildung des Produkts $\mathfrak{B} \cdot \mathfrak{A}$ laut Definition die Übereinstimmung der Spaltenzahl (n) des jetzigen Multiplikators ($\mathfrak{B}$) mit der Zeilenzahl (m) des Multiplikanden ($\mathfrak{A}$) erfordern würde, m aber nicht gleich n vorausgesetzt wurde. Das kommutative Gesetz der gewöhnlichen Multiplikation

$$\text{Multiplikator} \cdot \text{Multiplikand} = \text{Multiplikand} \cdot \text{Multiplikator}$$

verliert also im Matrizenkalkül seinen Sinn. Jedenfalls ist die Gleichung

$$\mathfrak{A} \cdot \mathfrak{B} = \mathfrak{B} \cdot \mathfrak{A}$$

im allgemeinen nicht richtig. Man könnte auf den Gedanken kommen, durch Einbeziehen der Forderung $m = n$ in die Produktdefinition das Kommutativgesetz auch für Matrizenmultiplikation aufrechtzuerhalten. Aber der Gedanke ist illusorisch, wie schon das einfache Beispiel

$$\mathfrak{A} = \begin{pmatrix} a & b & c \\ a' & b' & c' \end{pmatrix}, \quad \mathfrak{B} = \begin{pmatrix} \alpha & \alpha' \\ \beta & \beta' \\ \gamma & \gamma' \end{pmatrix}$$

zeigt. Es ist nämlich

$$\mathfrak{A}\mathfrak{B} = \begin{pmatrix} a\,\alpha + b\,\beta + c\,\gamma & a\,\alpha' + b\,\beta' + c\,\gamma' \\ a'\,\alpha + b'\,\beta + c'\,\gamma & a'\,\alpha' + b'\,\beta' + c'\,\gamma' \end{pmatrix},$$

$$\mathfrak{B}\mathfrak{A} = \begin{pmatrix} \alpha\,a + \alpha'\,a' & \alpha\,b + \alpha'\,b' & \alpha\,c + \alpha'\,c' \\ \beta\,a + \beta'\,a' & \beta\,b + \beta'\,b' & \beta\,c + \beta'\,c' \\ \gamma\,a + \gamma'\,a' & \gamma\,b + \gamma'\,b' & \gamma\,c + \gamma'\,c' \end{pmatrix},$$

und natürlich kann nicht

$$\mathfrak{A} \cdot \mathfrak{B} = \mathfrak{B} \cdot \mathfrak{A}$$

sein. Zugleich erkennen wir, daß die Möglichkeit der Gleichung

$$\mathfrak{A} \cdot \mathfrak{B} = \mathfrak{B} \cdot \mathfrak{A}$$

an quadratische Matrizen von derselben Reihenzahl gebunden ist. Aber auch bei dieser Vereinfachung ist die Formel

$$\mathfrak{A}\mathfrak{B} = \mathfrak{B}\mathfrak{A}$$

im allgemeinen nicht richtig. Das lehrt schon der denkbar einfachste Fall:

$$\mathfrak{A} = \begin{pmatrix} a & b \\ a' & b' \end{pmatrix}, \quad \mathfrak{B} = \begin{pmatrix} \alpha & \beta \\ \alpha' & \beta' \end{pmatrix},$$

in dem

$$\mathfrak{A}\mathfrak{B} = \begin{pmatrix} a\,\alpha + b\,\alpha' & a\,\beta + b\,\beta' \\ a'\,\alpha + b'\,\alpha' & a'\,\beta + b'\,\beta' \end{pmatrix}.$$

$$\mathfrak{B}\mathfrak{A} = \begin{pmatrix} \alpha\,a + \beta\,a' & \alpha\,b + \beta\,b' \\ \alpha'\,a + \beta'\,a' & \alpha'\,b + \beta'\,b' \end{pmatrix}$$

ist, welche beiden Matrizen für gewöhnlich aber nicht gleich sind. Abschließend können wir sagen:

Das Kommutativgesetz der Multiplikation gilt in der Matrizenrechnung nicht, von Ausnahmefällen natürlich abgesehen.

Einen solchen Ausnahmefall bildet das Produkt aus einer beliebigen n-reihigen quadratischen Matrix

$$\mathfrak{Q} = \begin{pmatrix} q_1^1 & q_1^2 & \dots & q_1^n \\ q_2^1 & q_2^2 & \dots & q_2^n \\ \cdot & \cdot & \cdot & \cdot \\ q_n^1 & q_n^2 & \dots & q_n^n \end{pmatrix}$$

und der n-reihigen »Einheitsmatrix«

$$I = \begin{pmatrix} 1 & 0 & 0 & \dots & 0 \\ 0 & 1 & 0 & \dots & 0 \\ 0 & 0 & 1 & \dots & 0 \\ \cdot & \cdot & \cdot & \cdot & \cdot \\ 0 & 0 & 0 & \dots & 1 \end{pmatrix},$$

die in der Hauptdiagonale lauter Einsen, an den übrigen Plätzen lauter Nullen enthält. Man bestätigt leicht, daß

$$I\,\mathfrak{Q} = \mathfrak{Q}\,I,$$

so daß hier das Kommutativgesetz gilt. Zugleich ergibt sich der

Satz von der Einheitsmatrix:

Eine nn-Matrix ändert sich durch Multiplikation mit einer nn-Einheitsmatrix nicht.

In Zeichen:

$$\underline{I \cdot \mathfrak{Q} = \mathfrak{Q} \cdot I = \mathfrak{Q}.}$$

Auch die sog.

Skalarmatrix

$$\mathfrak{z} = \begin{pmatrix} \zeta & 0 & 0 & \dots \\ 0 & \zeta & 0 & \dots \\ 0 & 0 & \zeta & \dots \\ \cdot & \cdot & \cdot & \cdot \\ 0 & 0 & 0 & \dots\zeta \end{pmatrix}.$$

die in der Hauptdiagonale n gleiche Zahlen ζ, im übrigen lauter Nullen enthält, ist mit $\mathfrak{Q}$ kommutativ:

$$\mathfrak{Q}\,\mathfrak{z} = \mathfrak{z}\,\mathfrak{Q},$$

und zwar ist der gemeinsame Wert dieser beiden Produkte

$$\zeta\,\mathfrak{Q}.$$

Produkt von drei Matrizen.

Vorgelegt seien drei Matrizen:

die $\alpha\beta$-Matrix $\mathfrak{A} = \begin{pmatrix} a_1^1 & a_1^2 & \ldots & a_1^\beta \\ a_2^1 & a_2^2 & \ldots & a_2^\beta \\ \cdot & \cdot & \cdot & \cdot \\ a_\alpha^1 & a_\alpha^2 & \ldots & a_\alpha^\beta \end{pmatrix}$, die $\beta\gamma$-Matrix $\mathfrak{B} = \begin{pmatrix} b_1^1 & b_1^2 & \ldots & b_1^\gamma \\ b_2^1 & b_2^2 & \ldots & b_2^\gamma \\ \cdot & \cdot & \cdot & \cdot \\ b_\beta^1 & b_\beta^2 & \ldots & b_\beta^\gamma \end{pmatrix}$

und die $\gamma\delta$-Matrix $\mathfrak{C} = \begin{pmatrix} c_1^1 & c_1^2 & \ldots & c_1^\delta \\ c_2^1 & c_2^2 & \ldots & c_2^\delta \\ \cdot & \cdot & \cdot & \cdot \\ c_\gamma^1 & c_\gamma^2 & \ldots & c_\gamma^\delta \end{pmatrix}$.

Wir bilden die Produkte

$$\mathfrak{p} = \mathfrak{A}\mathfrak{B}, \text{ sowie } \mathfrak{P} = \mathfrak{p}\mathfrak{C} \text{ und } \mathfrak{q} = \mathfrak{B}\mathfrak{C}, \text{ sowie } \mathfrak{Q} = \mathfrak{A}\mathfrak{q}$$

oder, wie wir hinreichend verständlich auch schreiben,

$$\mathfrak{P} = (\mathfrak{A}\mathfrak{B}) \cdot \mathfrak{C} \quad \text{und} \quad \mathfrak{Q} = \mathfrak{A} \cdot (\mathfrak{B}\mathfrak{C}).$$

Das in Zeile r und Spalte s von $\mathfrak{p}$ stehende Element ist

$$\Sigma\, a_r^y\, b_y^s,$$

wo der Summationsbuchstabe y alle Werte von 1 bis β durchläuft. Demnach ist das in Zeile r und Spalte s von $\mathfrak{P}$ stehende Element

$$\Sigma\, a_r^y\, b_y^z\, c_z^s,$$

wo y alle Werte von 1 bis β und z, unabhängig davon, alle Werte von 1 bis γ durchläuft.

Ähnlich findet man für das in Zeile r und Spalte s von $\mathfrak{Q}$ stehende Element

$$\Sigma\, a_r^y\, b_y^z\, c_z^s,$$

wo z alle Werte von 1 bis γ und y, unabhängig davon, alle Werte von 1 bis β durchläuft. Da die beiden letzten Summen aber gleich sind, stimmen je zwei homologe Elemente von $\mathfrak{P}$ und $\mathfrak{Q}$ überein, ist also

$$\mathfrak{P} = \mathfrak{Q}$$

oder

$$\underline{(\mathfrak{A}\mathfrak{B}) \cdot \mathfrak{C} = \mathfrak{A} \cdot (\mathfrak{B}\mathfrak{C}).}$$

Diese Formel enthält das

Assoziativgesetz des Matrizenkalküls:

Die Multiplikation von Matrizen befolgt das assoziative Gesetz.

Demgemäß schreiben wir statt $(\mathfrak{A}\mathfrak{B}) \cdot \mathfrak{C}$ oder $\mathfrak{A} \cdot (\mathfrak{B}\mathfrak{C})$ einfach

$$\mathfrak{A}\mathfrak{B}\mathfrak{C}.$$

Bei dieser Produktbildung ist aber stillschweigend vorausgesetzt, daß die Spaltenzahl von $\mathfrak{A}$ mit der Zeilenzahl von $\mathfrak{B}$ und ebenso die Spaltenzahl von $\mathfrak{B}$ mit der Zeilenzahl von $\mathfrak{C}$ übereinstimmt.

Eine analoge Voraussetzung ist auch bei einem Produkt von mehr als drei Faktoren, etwa bei

$$\mathfrak{A}\,\mathfrak{B}\,\mathfrak{C}\,\mathfrak{D}\,\mathfrak{E}$$

zu machen: Von zwei benachbarten Faktoren des Produkts zählt der linke stets soviel Spalten wie der rechte Zeilen.

Nun zum Distributivgesetz

$$\mathfrak{K}\,(\mathfrak{A} + \mathfrak{B}) = \mathfrak{K}\mathfrak{A} + \mathfrak{K}\mathfrak{B}\;!$$

Als stillschweigende Voraussetzung gilt hier: 1. daß die Spaltenzahl h von $\mathfrak{K}$ mit jeder der Zeilenzahlen von $\mathfrak{A}$ und $\mathfrak{B}$ übereinstimmt, 2. daß die Spaltenzahl von $\mathfrak{A}$ gleich der von $\mathfrak{B}$ ist (damit die vorkommenden Additionen einen Sinn haben). Das in Zeile r und Spalte s stehende Element von $\mathfrak{K}$, $\mathfrak{A}$, $\mathfrak{B}$, $\mathfrak{A} + \mathfrak{B}$ sei bzw. k_r^s, a_r^s, b_r^s, c_r^s, so daß $c_r^s = a_r^s + b_r^s$ ist. Dann ist das homologe Element von $\mathfrak{K}\mathfrak{A}$, $\mathfrak{K}\mathfrak{B}$, $\mathfrak{K}\,(\mathfrak{A} + \mathfrak{B})$ bzw.

$$\Sigma\, k_r^x\, a_x^s, \qquad \Sigma\, k_r^x\, b_x^s, \qquad \Sigma\, k_r^x\, c_x^s,$$

wo der Summationsbuchstabe x jedesmal von 1 bis h läuft. Da aber $a_x^s + b_x^s = c_x^s$ ist, gibt die Addition der ersten beiden Summen die dritte Summe, sind also je zwei homologe Elemente der beiden Matrizen $\mathfrak{K}\mathfrak{A} + \mathfrak{K}\mathfrak{B}$ und $\mathfrak{K}\,(\mathfrak{A} + \mathfrak{B})$ gleich. Folglich ist

$$\underline{\mathfrak{K}\,(\mathfrak{A} + \mathfrak{B}) = \mathfrak{K}\mathfrak{A} + \mathfrak{K}\mathfrak{B}.}$$

In Worten:

Distributivgesetz der Matrizenrechnung:
Die Multiplikation von Matrizen ist distributiv.

Transponierte.

Macht man die Zeilen einer Matrix $\mathfrak{M}$ zu Spalten einer neuen Matrix, so heißt diese die Transponierte von $\mathfrak{M}$ und wird gewöhnlich mit $\mathfrak{M}'$ bezeichnet. So entsteht aus

$$\mathfrak{M} = \begin{pmatrix} e_1^1 & e_1^2 & \dots & e_1^n \\ e_2^1 & e_2^2 & \dots & e_2^n \\ \dots & \dots & \dots & \dots \\ e_m^1 & e_m^2 & \dots & e_m^n \end{pmatrix}$$

die Transponierte

$$\mathfrak{M}' = \begin{pmatrix} e_1^1 & e_2^1 & \dots & e_m^1 \\ e_1^2 & e_2^2 & \dots & e_m^2 \\ \dots & \dots & \dots & \dots \\ e_1^n & e_2^n & \dots & e_m^n \end{pmatrix}.$$

Das in Zeile r und Spalte s stehende Element von $\mathfrak{M}$ ist e_r^s, von $\mathfrak{M}'$ e_s^r.

Wir gehen auf das oben gebildete Produkt $\mathfrak{C}$ aus der mz-Matrix $\mathfrak{A}$ und der zn-Matrix $\mathfrak{B}$ zurück und achten auf seine Transponierte $\mathfrak{C}'$. Ihr in Zeile r und Spalte s stehendes Element ist

$$c_s^r = \sum_{\nu}^{1,z} a_s^\nu b_\nu^r.$$

Wir betrachten außerdem die Transponierten $\mathfrak{B}'$ und $\mathfrak{A}'$ von $\mathfrak{B}$ und $\mathfrak{A}$, sowie ihr Produkt $\mathfrak{B}'\mathfrak{A}'$. Die r^{te} Zeile von $\mathfrak{B}'$ lautet $b_1^r, b_2^r, \ldots, b_z^r$, die s^{te} Spalte von $\mathfrak{A}'$ $a_s^1, a_s^2, \ldots, a_s^z$. Mithin ist das in Zeile r und Spalte s von $\mathfrak{B}'\mathfrak{A}'$ stehende Element

$$\sum_{\nu}^{1,z} a_s^\nu b_\nu^r,$$

d. h. ebenso groß wie das homologe Element in $\mathfrak{C}'$. Daher ist

$$\underline{\mathfrak{C}' = \mathfrak{B}'\,\mathfrak{A}'.}$$

Dies ist der

Transponiertensatz:

Die Transponierte eines Produkts ist gleich dem Produkt der Transponierten der in umgekehrter Anordnung genommenen Faktoren.

Wir haben den Satz zunächst zwar nur für Produkte von zwei Faktoren bewiesen; er gilt aber für Produkte von beliebig viel Faktoren, wie folgende Gleichungskette zeigt:

$$(\mathfrak{A}\mathfrak{B}\mathfrak{C}\mathfrak{D})' = \mathfrak{D}'(\mathfrak{A}\mathfrak{B}\mathfrak{C})' = \mathfrak{D}'\mathfrak{C}'(\mathfrak{A}\mathfrak{B})' = \mathfrak{D}'\mathfrak{C}'\mathfrak{B}'\mathfrak{A}'.$$

Division von Matrizen.

Gibt es eine Matrix $\mathfrak{X}$ derart, daß

$$\mathfrak{A} = \mathfrak{X}\,\mathfrak{B}$$

ist, so heißt $\mathfrak{X}$ der Linksquotient der Matrizen $\mathfrak{A}$ und $\mathfrak{B}$. Gibt es eine Matrix $\mathfrak{Y}$ derart, daß

$$\mathfrak{A} = \mathfrak{B}\,\mathfrak{Y}$$

ist, so heißt $\mathfrak{Y}$ der Rechtsquotient der beiden Matrizen $\mathfrak{A}$ und $\mathfrak{B}$.

Um unsere Rechnungen nicht zu weit auszudehnen, wollen wir uns hier auf die Betrachtung von nn-Matrizen beschränken.

$$\mathfrak{A} = \begin{pmatrix} a_1^1 & \ldots & a_1^n \\ \cdot & \cdot\;\cdot\;\cdot & \cdot \\ a_n^1 & \ldots & a_n^n \end{pmatrix} \quad \text{und} \quad \mathfrak{B} = \begin{pmatrix} b_1^1 & \ldots & b_1^n \\ \cdot & \cdot\;\cdot\;\cdot & \cdot \\ b_n^1 & \ldots & b_n^n \end{pmatrix}$$

seien demnach die gegebenen Matrizen,

$$A = \begin{vmatrix} a_1^1 & \ldots & a_1^n \\ \cdot & \cdot\;\cdot\;\cdot & \cdot \\ a_n^1 & \ldots & a_n^n \end{vmatrix} \quad \text{und} \quad B = \begin{vmatrix} b_1^1 & \ldots & b_1^n \\ \cdot & \cdot\;\cdot\;\cdot & \cdot \\ b_n^1 & \ldots & b_n^n \end{vmatrix}$$

ihre Determinanten.

Außerdem wollen wir der Einfachheit wegen den Divisor $\mathfrak{B}$ als normal voraussetzen. Eine nn-Matrix heißt normal, wenn ihre Determinante nicht Null ist. Den Grund für diese zusätzliche Voraussetzung werden wir gleich einsehen. Die gesuchten Quotienten $\mathfrak{X}$ und $\mathfrak{Y}$ seien

$$\mathfrak{X} = \begin{pmatrix} x_1^1 & \dots & x_1^n \\ \cdot & \cdot \cdot \cdot & \cdot \\ x_n^1 & \dots & x_n^n \end{pmatrix} \quad \text{und} \quad \mathfrak{Y} = \begin{pmatrix} y_1^1 & \dots & y_1^n \\ \cdot & \cdot \cdot \cdot & \cdot \\ y_n^1 & \dots & y_n^n \end{pmatrix}.$$

Damit die beiden Gleichungen

$$\mathfrak{A} = \mathfrak{X}\,\mathfrak{B} \quad \text{und} \quad \mathfrak{A} = \mathfrak{B}\,\mathfrak{Y}$$

erfüllt sind, müssen die Bedingungen

$$x_r^1 b_1^s + x_r^2 b_2^s + \dots + x_r^n b_n^s = a_r^s$$

und

$$b_r^1 y_1^s + b_r^2 y_2^s + \dots + b_r^n y_n^s = a_r^s$$

für jeden Zeiger r von 1 bis n und für jeden Zeiger s von 1 bis n gelten. Wir erhalten demnach für die n Unbekannten $x_r^1, x_r^2, \dots, x_r^n$ das Gleichungssystem

$$\begin{cases} b_1^1 x_r^1 + b_2^1 x_r^2 + \dots + b_n^1 x_r^n = a_r^1, \\ b_1^2 x_r^1 + b_2^2 x_r^2 + \dots + b_n^2 x_r^n = a_r^2, \\ \dots\dots\dots\dots\dots\dots \\ b_1^n x_r^1 + b_2^n x_r^2 + \dots + b_n^n x_r^n = a_r^n \end{cases}$$

und für die n Unbekannten $y_1^s, y_2^s, \dots, y_n^s$ das Gleichungssystem

$$\begin{cases} b_1^1 y_1^s + b_1^2 y_2^s + \dots + b_1^n y_n^s = a_1^s, \\ b_2^1 y_1^s + b_2^2 y_2^s + \dots + b_2^n y_n^s = a_2^s, \\ \dots\dots\dots\dots\dots\dots \\ b_n^1 y_1^s + b_n^2 y_2^s + \dots + b_n^n y_n^s = a_n^s. \end{cases}$$

Da unserer zusätzlichen Voraussetzung gemäß die Koeffizientendeterminante (B) jedes dieser Systeme von Null verschieden ist, liefert Cramers Regel (§ 12) eindeutig die Unbekannten x_r^s und y_r^s, womit die gesuchten Quotienten $\mathfrak{X}$ und $\mathfrak{Y}$ gefunden sind.

Wir lenken unsere Aufmerksamkeit noch auf den wichtigen Sonderfall, wo der Dividend der Division die nn-Einheitsmatrix I, der Divisor eine beliebige nn-Normalmatrix

$$\mathfrak{C} = \begin{pmatrix} c_{11} & c_{12} & \dots & c_{1n} \\ c_{21} & c_{22} & \dots & c_{2n} \\ \cdot & \cdot & \cdot\cdot\cdot & \cdot \\ c_{n1} & c_{n2} & \dots & c_{nn} \end{pmatrix}$$

ist. Wir behaupten:

Sowohl der Linksquotient als auch der Rechtsquotient ist in diesem Falle die Matrix

$$\overline{\mathfrak{C}} = \begin{pmatrix} c^{11} & c^{21} & \dots & c^{n1} \\ c^{12} & c^{22} & \dots & c^{n2} \\ \cdot & \cdot & \cdot\cdot\cdot & \cdot \\ c^{1n} & c^{2n} & \dots & c^{nn} \end{pmatrix},$$

in welcher

$$c^{rs} = C_{rs} : C$$

und C die Determinante der Matrix $\mathfrak{C}$, C_{rs} die Adjunkte von c_{rs} in C ist. Um das einzusehen, berechnen wir z. B. das Produkt

$$\mathfrak{C}\,\overline{\mathfrak{C}}.$$

Bei ihm ist das in Zeile r und Spalte s stehende Element

$$c_{r1}c^{s1} + c_{r2}c^{s2} + \ldots + c_{rn}c^{sn} = \frac{c_{r1}C_{s1} + c_{r2}C_{s2} + \ldots + c_{rn}C_{sn}}{C}.$$

Nach der Entwicklungsformel (§ 5) ist aber der Zähler der rechten Seite $C|^{s}_{r}$, unser Element mithin $|^{s}_{r}$. Die Matrix $\mathfrak{C}\overline{\mathfrak{C}}$ ist also die Einheitsmatrix I. Genau so zeigt man, daß auch $\overline{\mathfrak{C}}\mathfrak{C}$ gleich der Einheitsmatrix ist. Wir haben die fundamentale Formel

$$\mathfrak{C}\overline{\mathfrak{C}} = \overline{\mathfrak{C}}\mathfrak{C} = I.$$

Ihretwegen wird die Matrix $\overline{\mathfrak{C}}$ die Inverse der Matrix $\mathfrak{C}$ genannt und gewöhnlich $\mathfrak{C}^{-1}$ geschrieben, so daß die Formel die Gestalt

$$\underline{\mathfrak{C}\mathfrak{C}^{-1} = \mathfrak{C}^{-1}\mathfrak{C} = I}$$

erhält, in der sie der Zahlenformel

$$z\,z^{-1} = 1$$

recht ähnlich wird. Unser Ergebnis lautet

Inversensatz:

Das in beliebiger Anordnung genommene Produkt aus einer Normalmatrix und ihrer Inversen ist gleich der Einheitsmatrix.

Um die Inverse einer Normalmatrix zu erhalten, bestimmt man zu den Elementen der Matrixdeterminante die Adjunkten, teilt jede durch die Determinante und bildet aus der mit diesen Quotienten aufgebauten Matrix die Transponierte.

Wir machen vom Inversensatz sofort eine nützliche Anwendung auf die Lösung der »linearen Gleichung«

$$\mathfrak{A}\mathfrak{X} = \mathfrak{B},$$

in der $\mathfrak{A}$ und $\mathfrak{B}$ zwei gegebene nn-Matrizen, $\mathfrak{X}$ eine gesuchte ist.

Wir multiplizieren die Gleichung links mit $\mathfrak{A}^{-1}$ und erhalten

$$(\mathfrak{A}^{-1}).\,(\mathfrak{A}\mathfrak{X}) = \mathfrak{A}^{-1}\mathfrak{B}.$$

Nach dem Assoziativgesetz schreibt sich die linke Seite $(\mathfrak{A}^{-1}\mathfrak{A})\cdot\mathfrak{X}$, und dies ist nach dem Inversensatz $I\,\mathfrak{X}$ und weiter nach dem Einheitsmatrixsatz $\mathfrak{X}$. Folglich bekommen wir

$$\mathfrak{X} = \mathfrak{A}^{-1}\mathfrak{B}.$$

Ähnlich lautet die Lösung der Gleichung

$$\mathfrak{X}\,\mathfrak{A} = \mathfrak{B}$$
$$\mathfrak{X} = \mathfrak{B}\,\mathfrak{A}^{-1}$$

§ 10. Langprodukt und Kurzprodukt.

Wir haben im vorigen Paragraphen gesehen, daß zur Bildung des Matrizenprodukts von zwei Faktoren die Übereinstimmung der Spaltenzahl des ersten Faktors mit der Zeilenzahl des zweiten erforderlich ist. Hier wollen wir noch eine andere Art Produktbildung ins Auge fassen, bei der die beiden Faktoren sowohl in der Zeilenzahl als auch in der Spaltenzahl übereinstimmen, eine (neue) Produktbildung also aus zwei mn-Matrizen.

Wir schicken eine kurze Bemerkung über Maioren und Minoren einer Matrix voraus.

Entfernen wir aus einer Matrix eine Anzahl von Zeilen und Spalten derart, daß ein Schema übrig bleibt, welches aus gleichviel Zeilen und Spalten mit je gleichviel Elementen besteht, und ordnen wir diese Elemente, ohne ihre gegenseitige Stellung zu verändern, zu einem quadratischen Schema, so erhalten wir eine Determinante der Matrix. Dabei unterscheiden wir Maioren und Minoren. Maioren sind die so entstehenden Determinanten höchstmöglichen Grades, Minoren die übrigen. Die Matrix

$$\begin{pmatrix} a & b & c & d \\ a' & b' & c' & d' \\ a'' & b'' & c'' & d'' \end{pmatrix}$$

z. B. gestattet die Bildung von 4 Maioren wie

$$\begin{vmatrix} a & c & d \\ a' & c' & d' \\ a'' & c'' & d'' \end{vmatrix},$$

sowie 18 Minoren 2. Grades wie

$$\begin{vmatrix} b & c \\ b'' & c'' \end{vmatrix}.$$

Es seien nunmehr zwei mn-Matrizen

$$O = \begin{pmatrix} a_1 & a_2 & \dots & a_n \\ b_1 & b_2 & \dots & b_n \\ c_1 & c_2 & \dots & c_n \\ \dots & \dots & \dots & \dots \end{pmatrix} \quad \text{und} \quad \Omega = \begin{pmatrix} \alpha_1 & \alpha_2 & \dots & \alpha_n \\ \beta_1 & \beta_2 & \dots & \beta_n \\ \gamma_1 & \gamma_2 & \dots & \gamma_n \\ \dots & \dots & \dots & \dots \end{pmatrix}$$

vorgelegt. Wir bilden die m-reihige Determinante Δ, bei der das in Zeile r und Spalte ϱ stehende Element das Produkt aus der r^{ten} Zeile von O und ϱ^{ten} Zeile von Ω ist:

$$\Delta = \begin{vmatrix} a_1\alpha_1 + a_2\alpha_2 + \ldots + a_n\alpha_n & a_1\beta_1 + a_2\beta_2 + \ldots + a_n\beta_n & \ldots \\ b_1\alpha_1 + b_2\alpha_2 + \ldots + b_n\alpha_n & b_1\beta_1 + b_2\beta_2 + \ldots + b_n\beta_n & \ldots \\ \ldots\ldots\ldots & \ldots\ldots\ldots & \end{vmatrix}.$$

Wir unterscheiden die beiden Fälle

$$m \leqq n \quad \text{und} \quad m > n.$$

Wir wählen der einfacheren Schreibung wegen im ersten Falle $m = 3$, im zweiten $n = 3$. Die Allgemeinheit der Beweisführung wird dadurch nicht eingeschränkt.

Im ersten Falle handelt es sich sonach um die beiden Matrizen

$$O = \begin{pmatrix} a_1 & a_2 & \ldots & a_n \\ b_1 & b_2 & \ldots & b_n \\ c_1 & c_2 & \ldots & c_n \end{pmatrix} \quad \text{und} \quad \Omega = \begin{pmatrix} \alpha_1 & \alpha_2 & \ldots & \alpha_n \\ \beta_1 & \beta_2 & \ldots & \beta_n \\ \gamma_1 & \gamma_2 & \ldots & \gamma_n \end{pmatrix},$$

wo nun aber $n \geqq 3$ ist. Die m-reihige Determinante Δ ist

$$\Delta = \begin{vmatrix} a_1\alpha_1+a_2\alpha_2+\ldots+a_n\alpha_n & a_1\beta_1+a_2\beta_2+\ldots+a_n\beta_n & a_1\gamma_1+a_2\gamma_2+\ldots+a_n\gamma_n \\ b_1\alpha_1+b_2\alpha_2+\ldots+b_n\alpha_n & b_1\beta_1+b_2\beta_2+\ldots+b_n\beta_n & b_1\gamma_1+b_2\gamma_2+\ldots+b_n\gamma_n \\ c_1\alpha_1+c_2\alpha_2+\ldots+c_n\alpha_n & c_1\beta_1+c_2\beta_2+\ldots+c_n\beta_n & c_1\gamma_1+c_2\gamma_2+\ldots+c_n\gamma_n \end{vmatrix}.$$

Da ihre Elemente sich durch Multiplikation der langen Reihen der Matrizen O und Ω ergeben, so nennen wir sie das Langprodukt der beiden Matrizen O und Ω. Allerdings können im Falle $n = m$ die Zeilen gegenüber den Spalten nicht mehr als lange Reihen bezeichnet werden; wir wollen aber auch in diesem Grenzfalle die Benennung Langprodukt beibehalten.

Wenden wir auf Δ den Additionssatz an, so entsteht

$$\Delta = \Sigma \begin{vmatrix} a_r\alpha_r & a_s\beta_s & a_t\gamma_t \\ b_r\alpha_r & b_s\beta_s & b_t\gamma_t \\ c_r\alpha_r & c_s\beta_s & c_t\gamma_t \end{vmatrix} = \Sigma\, \alpha_r\beta_s\gamma_t \begin{vmatrix} a_r & a_s & a_t \\ b_r & b_s & b_t \\ c_r & c_s & c_t \end{vmatrix},$$

wo die Summation sich auf alle Dritterklassevariationen r, s, t der n Elemente $1, 2, 3, \ldots, n$ mit Wiederholung erstreckt. In dieser Summe nun verschwinden alle Glieder, in denen zwei oder drei von den Zeigern r, s, t einander gleich sind, so daß wir uns nur um die Glieder zu kümmern brauchen, in denen die drei Zeiger r, s, t paarweise verschieden sind. Bedeuten ϱ, σ, τ die drei Zeiger r, s, t in steigender Folge ($\varrho < \sigma < \tau$), so ist nach dem Permutationssatze (§ 5)

$$\begin{vmatrix} a_r & a_s & a_t \\ b_r & b_s & b_t \\ c_r & c_s & c_t \end{vmatrix} = \overline{rst} \begin{vmatrix} a_\varrho & a_\sigma & a_\tau \\ b_\varrho & b_\sigma & b_\tau \\ c_\varrho & c_\sigma & c_\tau \end{vmatrix},$$

mithin

$$\varDelta = \Sigma \overline{r\,s\,t}\, \alpha_r \beta_s \gamma_t \begin{vmatrix} a_\varrho & a_\sigma & a_\tau \\ b_\varrho & b_\sigma & b_\tau \\ c_\varrho & c_\sigma & c_\tau \end{vmatrix}.$$

Wir fassen in dieser Summe zunächst alle Glieder zusammen, die — bei festgehaltenen ϱ, σ, τ — den Faktor

$$\begin{vmatrix} a_\varrho & a_\sigma & a_\tau \\ b_\varrho & b_\sigma & b_\tau \\ c_\varrho & c_\sigma & c_\tau \end{vmatrix}$$

enthalten. Die zu diesem — abgesonderten — Faktor gehörige Summe ist

$$\Sigma \overline{r\,s\,t}\, \alpha_r \beta_s \gamma_t,$$

wo die Summation sich auf alle Permutationen r, s, t der drei Elemente ϱ, σ, τ erstreckt. Diese Teilsumme ist aber nichts anderes als die Determinante

$$\begin{vmatrix} \alpha_\varrho & \alpha_\sigma & \alpha_\tau \\ \beta_\varrho & \beta_\sigma & \beta_\tau \\ \gamma_\varrho & \gamma_\sigma & \gamma_\tau \end{vmatrix}.$$

So entsteht

$$\varDelta = \Sigma \begin{vmatrix} a_\varrho & a_\sigma & a_\tau \\ b_\varrho & b_\sigma & b_\tau \\ c_\varrho & c_\sigma & c_\tau \end{vmatrix} \cdot \begin{vmatrix} \alpha_\varrho & \alpha_\sigma & \alpha_\tau \\ \beta_\varrho & \beta_\sigma & \beta_\tau \\ \gamma_\varrho & \gamma_\sigma & \gamma_\tau \end{vmatrix},$$

wo sich die Summation auf alle Dritterklassekombinationen ϱ, σ, τ der n Elemente 1, 2, ..., n erstreckt, für die $\varrho < \sigma < \tau$ ist.

Im Ausnahmefalle $n = 3$ besteht unsere Summe nur aus dem einen Gliede

$$\begin{vmatrix} a_1 & a_2 & a_3 \\ b_1 & b_2 & b_3 \\ c_1 & c_2 & c_3 \end{vmatrix} \cdot \begin{vmatrix} \alpha_1 & \alpha_2 & \alpha_3 \\ \beta_1 & \beta_2 & \beta_3 \\ \gamma_1 & \gamma_2 & \gamma_3 \end{vmatrix}.$$

Nun ist $\begin{vmatrix} a_\varrho & a_\sigma & a_\tau \\ b_\varrho & b_\sigma & b_\tau \\ c_\varrho & c_\sigma & c_\tau \end{vmatrix}$ ein beliebiger Maior der Matrix O,

$\begin{vmatrix} \alpha_\varrho & \alpha_\sigma & \alpha_\tau \\ \beta_\varrho & \beta_\sigma & \beta_\tau \\ \gamma_\varrho & \gamma_\sigma & \gamma_\tau \end{vmatrix}$ der homologe Maior der Matrix Ω.

Daher gilt der wichtige

Satz vom Langprodukt:

Das Langprodukt zweier Matrizen ist gleich der Summe aller möglichen Produkte homologer Maioren der beiden Matrizen.

Zum Beispiel bekommen wir für das Langprodukt der beiden Matrizen

$$\begin{pmatrix} a & b & c \\ a' & b' & c' \end{pmatrix} \quad \text{und} \quad \begin{pmatrix} \alpha & \beta & \gamma \\ \alpha' & \beta' & \gamma' \end{pmatrix}$$

den Wert

$$\begin{vmatrix} a\,\alpha + b\,\beta + c\,\gamma & a\,\alpha' + b\,\beta' + c\,\gamma' \\ a'\,\alpha + b'\,\beta + c'\,\gamma & a'\,\alpha' + b'\,\beta' + c'\,\gamma' \end{vmatrix} =$$

$$= \begin{vmatrix} b & c \\ b' & c' \end{vmatrix} \cdot \begin{vmatrix} \beta & \gamma \\ \beta' & \gamma' \end{vmatrix} + \begin{vmatrix} c & a \\ c' & a' \end{vmatrix} \cdot \begin{vmatrix} \gamma & \alpha \\ \gamma' & \alpha' \end{vmatrix} + \begin{vmatrix} a & b \\ a' & b' \end{vmatrix} \cdot \begin{vmatrix} \alpha & \beta \\ \alpha' & \beta' \end{vmatrix}.$$

Lagrange-Identität.

Ein besonders wichtiger und häufig vorkommender Fall des Satzes vom Langprodukt ist die sog. Lagrange-Identität. Sie entsteht durch Bildung des Langprodukts von zwei zweizeiligen gleichen Matrizen. Das Langprodukt wird dann gleich der Summe der Quadrate aller Maioren der Ausgangsmatrix

$$\begin{pmatrix} a & b & c & d & \dots \\ a' & b' & c' & d' & \dots \end{pmatrix},$$

und der Satz vom Langprodukt erhält die Form

$$\begin{vmatrix} a\,a + b\,b + c\,c + \dots & a\,a' + b\,b' + c\,c' + \dots \\ a'\,a + b'\,b + c'\,c + \dots & a'\,a' + b'\,b' + c'\,c' + \dots \end{vmatrix} = \Sigma \begin{vmatrix} x & y \\ x' & y' \end{vmatrix}^2,$$

wo das Buchstabenpaar (x, y) alle möglichen Kombinationen zur zweiten Klasse der Elemente $a, b, c, \dots$ durchläuft. Es gilt also die Formel

$$\boxed{(a^2+b^2+c^2+\dots)(a'^2+b'^2+c'^2+\dots) - (aa'+bb'+cc'+\dots)^2 = \Sigma(xy' - yx')^2},$$

wo sich die Summation rechts auf alle Zweiterklassekombinationen (x, y) der n Elemente $a, b, c, \dots$ erstreckt. Dies ist die Lagrangesche Identität.

Bei nur zwei Elementen a, b geht sie in die bekannte Eulersche Identität

$$\boxed{(a^2 + b^2)(a'^2 + b'^2) = (a\,a' + b\,b')^2 + (a\,b' - b\,a')^2}$$

über.

Bei drei Elementen a, b, c entsteht die in der analytischen Geometrie des Raumes oft angewandte Formel

$$\boxed{(a^2+b^2+c^2)(a'^2+b'^2+c'^2)-(aa'+bb'+cc')^2=(bc'-cb')^2+(ca'-ac')^2+(ab'-ba')^2}.$$

Im zweiten Falle, $m > n$, handelt es sich um die beiden Matrizen

$$O = \begin{pmatrix} a_1 & a_2 & a_3 \\ b_1 & b_2 & b_3 \\ c_1 & c_2 & c_3 \\ \vdots & \vdots & \vdots \end{pmatrix} \quad \text{und} \quad \Omega = \begin{pmatrix} \alpha_1 & \alpha_2 & \alpha_3 \\ \beta_1 & \beta_2 & \beta_3 \\ \gamma_1 & \gamma_2 & \gamma_3 \\ \vdots & \vdots & \vdots \end{pmatrix}$$

und die m-reihige Determinante

$$\Delta = \begin{vmatrix} a_1\alpha_1 + a_2\alpha_2 + a_3\alpha_3 & a_1\beta_1 + a_2\beta_2 + a_3\beta_3 & a_1\gamma_1 + a_2\gamma_2 + a_3\gamma_3 \cdots \\ b_1\alpha_1 + b_2\alpha_2 + b_3\alpha_3 & b_1\beta_1 + b_2\beta_2 + b_3\beta_3 & b_1\gamma_1 + b_2\gamma_2 + b_3\gamma_3 \cdots \\ c_1\alpha_1 + c_2\alpha_2 + c_3\alpha_3 & c_1\beta_1 + c_2\beta_2 + c_3\beta_3 & c_1\gamma_1 + c_2\gamma_2 + c_3\gamma_3 \cdots \\ \cdots & \cdots & \cdots \end{vmatrix}.$$

Da die Elemente von Δ durch Multiplikation der kurzen Reihen von O und Ω entstehen, nennen wir Δ das Kurzprodukt der beiden Matrizen O und Ω.

Wiederum ist nach dem Additionssatze $\Delta =$

$$\Sigma \begin{vmatrix} a_r\alpha_r & a_s\beta_s & a_t\gamma_t & a_u\delta_u \cdots \\ b_r\alpha_r & b_s\beta_s & b_t\gamma_t & b_u\delta_u \cdots \\ c_r\alpha_r & c_s\beta_s & c_t\gamma_t & c_u\delta_u \cdots \\ \cdots & \cdots & \cdots & \cdots \end{vmatrix} = \Sigma\, \alpha_r\beta_s\gamma_t\delta_u \cdots \begin{vmatrix} a_r & a_s & a_t \cdots \\ b_r & b_s & b_t \cdots \\ c_r & c_s & c_t \cdots \\ \cdots & \cdots & \cdots \end{vmatrix},$$

wobei sich die Summation auf alle Variationen $r, s, t, u, \ldots$ der n Elemente 1, 2, 3 zur m^{ten} Klasse mit Wiederholung erstreckt. Da die m-reihige Determinante neben dem Faktor $\alpha_r\beta_s\gamma_t\delta_u \ldots$ mehr als n $(= 3)$ Spalten enthält, so müssen mindestens zwei Spalten einander gleich sein, so daß diese Determinante verschwindet. Unsere Summe besteht demnach aus lauter Nullen, so daß

$$\Delta = 0$$

ist. Das gibt den wichtigen

Satz vom Kurzprodukt:

Das Kurzprodukt von zwei Matrizen hat stets den Wert Null.

Beispielsweise ist das Kurzprodukt der beiden Matrizen

$$\begin{pmatrix} a_1 & b_1 & c_1 \\ a_2 & b_2 & c_2 \\ a_3 & b_3 & c_3 \\ a_4 & b_4 & c_4 \end{pmatrix} \quad \text{und} \quad \begin{pmatrix} \alpha_1 & \beta_1 & \gamma_1 \\ \alpha_2 & \beta_2 & \gamma_2 \\ \alpha_3 & \beta_3 & \gamma_3 \\ \alpha_4 & \beta_4 & \gamma_4 \end{pmatrix}$$

die Determinante

$$\begin{vmatrix} a_1\alpha_1 + b_1\beta_1 + c_1\gamma_1 & a_1\alpha_2 + b_1\beta_2 + c_1\gamma_2 & a_1\alpha_3 + b_1\beta_3 + c_1\gamma_3 & a_1\alpha_4 + b_1\beta_4 + c_1\gamma_4 \\ a_2\alpha_1 + b_2\beta_1 + c_2\gamma_1 & a_2\alpha_2 + b_2\beta_2 + c_2\gamma_2 & a_2\alpha_3 + b_2\beta_3 + c_2\gamma_3 & a_2\alpha_4 + b_2\beta_4 + c_2\gamma_4 \\ a_3\alpha_1 + b_3\beta_1 + c_3\gamma_1 & a_3\alpha_2 + b_3\beta_2 + c_3\gamma_2 & a_3\alpha_3 + b_3\beta_3 + c_3\gamma_3 & a_3\alpha_4 + b_3\beta_4 + c_3\gamma_4 \\ a_4\alpha_1 + b_4\beta_1 + c_4\gamma_1 & a_4\alpha_2 + b_4\beta_2 + c_4\gamma_2 & a_4\alpha_3 + b_4\beta_3 + c_4\gamma_3 & a_4\alpha_4 + b_4\beta_4 + c_4\gamma_4 \end{vmatrix},$$

und der Satz vom Kurzprodukt sagt aus, daß diese Determinante Null ist.

Zusatz. Der Leser präge sich ein: Während das Produkt aus einer mz-Matrix und einer zn-Matrix eine Matrix (eine mn-Matrix) ist, sind das Lang- und Kurzprodukt von zwei mn-Matrizen keine Matrizen, sondern gewöhnliche Zahlen.

Die beiden Sätze dieses Paragraphen wurden von Cauchy 1815 im Journal de l'École polytechnique bekanntgemacht.

§ 11. Rang einer Matrix.

Man sagt: Eine Matrix hat den Rang oder die Charakteristik χ, wenn sie wenigstens eine nicht verschwindende χ-reihige Determinante enthält, während alle $(\chi + 1)$-reihigen Determinanten der Matrix verschwinden (womit auch alle Determinanten der Matrix verschwinden, deren Grad $\chi + 1$ übersteigt).

Die Matrix

$$\begin{pmatrix} 5 & 4 & 3 & 2 \\ 4 & 3 & 2 & 1 \\ 3 & 2 & 1 & 0 \end{pmatrix}$$

z. B. hat den Rang 2, da alle dreireihigen Determinanten der Matrix verschwinden, die zweireihige Determinante $\begin{vmatrix} 5 & 4 \\ 3 & 2 \end{vmatrix}$ z. B. dagegen nicht.

Der Rangbegriff überträgt sich auch auf Determinanten. Unter dem Range der Determinante

$$\begin{vmatrix} c_1^1 & c_1^2 & \ldots & c_1^n \\ c_2^1 & c_2^2 & \ldots & c_2^n \\ \cdot & \cdot & \cdot & \cdot \\ c_n^1 & c_n^2 & \ldots & c_n^n \end{vmatrix}$$

versteht man den Rang der Matrix

$$\begin{pmatrix} c_1^1 & c_1^2 & \ldots & c_1^n \\ c_2^1 & c_2^2 & \ldots & c_2^n \\ \cdot & \cdot & \cdot & \cdot \\ c_n^1 & c_n^2 & \ldots & c_n^n \end{pmatrix}$$

dieser Determinante.

Die Aufsuchung des Ranges einer vorgelegten Matrix wird durch zwei Sätze erleichtert, die wir im folgenden herleiten wollen.

Zum Verständnis des ersten dieser Sätze eine kurze Vorbemerkung. Unter einer Reihenwandlung einer Matrix versteht man eine der folgenden drei Umformungen:

1. Vertauschung zweier Parallelreihen der Matrix miteinander,
2. Multiplikation einer Matrixreihe mit einem nichtverschwindenden Zahlfaktor,

3. Vermehrung einer Matrixreihe um ein Vielfaches — etwa das μfache — einer Parallelreihe.

Der erste unserer Hilfssätze lautet nun:

Rangsatz I:

Durch Reihenwandlung ändert eine Matrix ihren Rang nicht.

Beweis. Für Reihenwandlungen der ersten und zweiten Art ist der Satz evident, da eine solche Reihenwandlung weder das Verschwinden noch das Nichtverschwinden einer Matrixdeterminante aufhebt. Es ist also nur nötig, den Satz für Reihenwandlungen dritter Art zu beweisen. Demgemäß seien $\mathfrak{A}$ und $\mathfrak{B}$ zwei Matrizen, von denen die zweite aus der ersten durch eine Reihenwandlung dritter Art hervorgeht. Dann ist zunächst klar, daß auch die erste aus der zweiten durch eine Reihenwandlung dritter Art hervorgeht. (Entsteht etwa die r^{te} Reihe von $\mathfrak{B}$ aus der r^{ten} Reihe von $\mathfrak{A}$ durch Hinzufügung der μfachen s^{ten} Parallelreihe von $\mathfrak{A}$, so entsteht die r^{te} Reihe von $\mathfrak{A}$ aus der r^{ten} Reihe von $\mathfrak{B}$ durch Hinzufügung der $-\mu$fachen s^{ten} Parallelreihe von $\mathfrak{B}$.)

Wir behaupten nun, daß das Verschwinden aller ν-reihigen Determinanten von $\mathfrak{A}$ auch das Verschwinden aller ν-reihigen Determinanten von $\mathfrak{B}$ nach sich zieht. Ist nämlich A eine ν-reihige Determinante von $\mathfrak{A}$, B die homologe aus $\mathfrak{B}$, so läßt sich B nach Jacobis Satz als Summe von A und dem μfachen einer andern ν-reihigen Determinante von $\mathfrak{A}$ darstellen und muß mithin verschwinden. Ebenso bewirkt das Verschwinden aller ν-reihigen Determinanten von $\mathfrak{B}$ das Verschwinden aller ν-reihigen Determinanten von $\mathfrak{A}$. Hat nun $\mathfrak{A}$ den Rang χ, so verschwinden alle $(\chi + 1)$-reihigen Determinanten von $\mathfrak{A}$, mithin auch alle $(\chi + 1)$-reihigen Determinanten von $\mathfrak{B}$. Es können aber nicht auch alle χ-reihigen Determinanten von $\mathfrak{B}$ verschwinden, da sonst auch alle χ-reihigen Determinanten von $\mathfrak{A}$ verschwinden müßten, gegen die Voraussetzung.

Von größerer Bedeutung ist

Rangsatz II:

Verschwindet jede Gesäumte einer von Null verschiedenen χ-reihigen Determinante einer Matrix, so verschwinden alle $(\chi + 1)$-reihigen Determinanten der Matrix, hat die Matrix m. a. W. den Rang χ.

Beweis. Wir kennzeichnen jede Spalte der Matrix durch einen lateinischen Buchstaben; ein angehängter Zeiger — bei Unbestimmtheit durch einen griechischen Buchstaben bezeichnet — diene zur Zeilenangabe. Für die Durchführung des Beweises nehmen wir im Interesse einer kurzen Schreibweise $\chi = 3$. Wir nennen die Elemente der nicht verschwindenden Determinante $a_\lambda, b_\lambda, c_\lambda; a_\mu, b_\mu, c_\mu; a_\nu, b_\nu, c_\nu$. Die Voraussetzung lautet dann

$$1. \quad D = \begin{vmatrix} a_\lambda & b_\lambda & c_\lambda \\ a_\mu & b_\mu & c_\mu \\ a_\nu & b_\nu & c_\nu \end{vmatrix} \neq 0$$

$$2. \quad \begin{vmatrix} a_\lambda & b_\lambda & c_\lambda & p_\lambda \\ a_\mu & b_\mu & c_\mu & p_\mu \\ a_\nu & b_\nu & c_\nu & p_\nu \\ a_\sigma & b_\sigma & c_\sigma & p_\sigma \end{vmatrix} = 0$$

für jeden Spaltenbuchstaben p und jeden Zeilenzeiger σ.

Wir entwickeln die zweite Determinante nach der letzten Spalte und erhalten

$$A\,p_\lambda + B\,p_\mu + C\,p_\nu + D\,p_\sigma = 0,$$

wo A, B, C, D die Adjunkten der Schlußspaltenelemente sind. Da D von Null verschieden ist, lösen wir nach p_σ auf und schreiben

$$p_\sigma = \sigma_1\,p_\lambda + \sigma_2\,p_\mu + \sigma_3\,p_\nu,$$

wo σ_1, σ_2, σ_3 rationale Funktionen der 12 Größen $a_\lambda, b_\lambda, c_\lambda; a_\mu, b_\mu, c_\mu; a_\nu, b_\nu, c_\nu; a_\sigma, b_\sigma, c_\sigma$ sind, die ungeändert bleiben, wenn der Buchstabe p (nicht der Zeiger σ) durch einen andern Spaltenbuchstaben ersetzt wird. Die gefundene Formel gilt für jeden Spaltenbuchstaben p und jeden Zeilenzeiger σ.

Nunmehr seien x, y, z, t $(\chi + 1)$ beliebige Spaltenbuchstaben, $\alpha, \beta, \gamma, \delta$ $(\chi + 1)$ beliebige Zeilenzeiger. Nach unserer Formel gestattet die $(\chi + 1)$-reihige Determinante

$$\begin{vmatrix} x_\alpha & y_\alpha & z_\alpha & t_\alpha \\ x_\beta & y_\beta & z_\beta & t_\beta \\ x_\gamma & y_\gamma & z_\gamma & t_\gamma \\ x_\delta & y_\delta & z_\delta & t_\delta \end{vmatrix}$$

die Schreibung

$$\begin{vmatrix} \alpha_1 x_\lambda + \alpha_2 x_\mu + \alpha_3 x_\nu & \alpha_1 y_\lambda + \alpha_2 y_\mu + \alpha_3 y_\nu & \alpha_1 z_\lambda + \alpha_2 z_\mu + \alpha_3 z_\nu & \alpha_1 t_\lambda + \alpha_2 t_\mu + \alpha_3 t_\nu \\ \beta_1 x_\lambda + \beta_2 x_\mu + \beta_3 x_\nu & \beta_1 y_\lambda + \beta_2 y_\mu + \beta_3 y_\nu & \beta_1 z_\lambda + \beta_2 z_\mu + \beta_3 z_\nu & \beta_1 t_\lambda + \beta_2 t_\mu + \beta_3 t_\nu \\ \gamma_1 x_\lambda + \gamma_2 x_\mu + \gamma_3 x_\nu & \gamma_1 y_\lambda + \gamma_2 y_\mu + \gamma_3 y_\nu & \gamma_1 z_\lambda + \gamma_2 z_\mu + \gamma_3 z_\nu & \gamma_1 t_\lambda + \gamma_2 t_\mu + \gamma_3 t_\nu \\ \delta_1 x_\lambda + \delta_2 x_\mu + \delta_3 x_\nu & \delta_1 y_\lambda + \delta_2 y_\mu + \delta_3 y_\nu & \delta_1 z_\lambda + \delta_2 z_\mu + \delta_3 z_\nu & \delta_1 t_\lambda + \delta_2 t_\mu + \delta_3 t_\nu \end{vmatrix}.$$

Diese Determinante ist aber nichts anderes als das Kurzprodukt der beiden Matrizen

$$\begin{pmatrix} \alpha_1 & \alpha_2 & \alpha_3 \\ \beta_1 & \beta_2 & \beta_3 \\ \gamma_1 & \gamma_2 & \gamma_3 \\ \delta_1 & \delta_2 & \delta_3 \end{pmatrix} \quad \text{und} \quad \begin{pmatrix} x_\lambda & x_\mu & x_\nu \\ y_\lambda & y_\mu & y_\nu \\ z_\lambda & z_\mu & z_\nu \\ t_\lambda & t_\mu & t_\nu \end{pmatrix}$$

und als solches (§ 10) gleich Null, womit unser Rangsatz bewiesen ist.

Der Satz bietet beim Aufsuchen des Ranges einer gegebenen Matrix folgenden Vorteil. Hat man eine nicht verschwindende etwa ν-reihige Determinante Δ der Matrix ermittelt, so braucht man nicht sämtliche $(\nu + 1)$-reihigen Determinanten der Matrix hinsichtlich ihres Verschwindens oder Nichtverschwindens zu prüfen; man kommt mit denen aus, die aus Δ durch Säumung hervorgehen. In der Matrix

$$\begin{pmatrix} 1 & 3 & 5 & 7 & 9 \\ 2 & 4 & 6 & 9 & 14 \\ 4 & 9 & 16 & 13 & 17 \\ 3 & 5 & 7 & 11 & 19 \end{pmatrix}$$

z. B. ist die dreireihige Determinante

$$\Delta = \begin{vmatrix} 1 & 3 & 5 \\ 2 & 4 & 6 \\ 4 & 9 & 16 \end{vmatrix} = -4,$$

so daß der Rang jedenfalls nicht kleiner als 3 ist. Um festzustellen, ob er größer als 3 ist, brauchen wir nach Rangsatz II nur die beiden Gesäumten

$$\begin{vmatrix} 1 & 3 & 5 & 7 \\ 2 & 4 & 6 & 9 \\ 4 & 9 & 16 & 13 \\ 3 & 5 & 7 & 11 \end{vmatrix} \quad \text{und} \quad \begin{vmatrix} 1 & 3 & 5 & 9 \\ 2 & 4 & 6 & 14 \\ 4 & 9 & 16 & 17 \\ 3 & 5 & 7 & 19 \end{vmatrix}$$

von Δ zu prüfen; eine Prüfung der anderen vierreihigen Determinanten

$$\begin{vmatrix} 1 & 3 & 7 & 9 \\ 2 & 4 & 9 & 14 \\ 4 & 9 & 13 & 17 \\ 3 & 5 & 11 & 19 \end{vmatrix}, \quad \begin{vmatrix} 1 & 5 & 7 & 9 \\ 2 & 6 & 9 & 14 \\ 4 & 16 & 13 & 17 \\ 3 & 7 & 11 & 19 \end{vmatrix}, \quad \begin{vmatrix} 3 & 5 & 7 & 9 \\ 4 & 6 & 9 & 14 \\ 9 & 16 & 13 & 17 \\ 5 & 7 & 11 & 19 \end{vmatrix}$$

unserer Matrix ist nicht nötig. Die beiden Gesäumten verschwinden, folglich auch die andern drei Determinanten. Der Rang ist 3.

Wir entwickeln noch zwei wichtige Sätze über den Rang eines Produkts zweier Matrizen.

Wir betrachten das Produkt P aus der mz-Matrix L und der zn-Matrix Λ. Das in Zeile r und Spalte s stehende Element von L bzw. Λ sei l_r^s bzw. λ_r^s.

Der Rang eines Faktors sei $\chi = 3$, der Rang des andern sei unbestimmt. Wir bilden irgendeinen $(\chi + 1)$-reihigen Minor von P:

$$M = \begin{vmatrix} \overline{a\alpha} & \overline{a\beta} & \overline{a\gamma} & \overline{a\delta} \\ \overline{b\alpha} & \overline{b\beta} & \overline{b\gamma} & \overline{b\delta} \\ \overline{c\alpha} & \overline{c\beta} & \overline{c\gamma} & \overline{c\delta} \\ \overline{d\alpha} & \overline{d\beta} & \overline{d\gamma} & \overline{d\delta} \end{vmatrix}.$$

Hierbei ist etwa $\overline{b\gamma}$ das Produkt aus der b^{ten} Zeile von L und der γ^{ten} Spalte von Λ, also

$$\overline{b\gamma} = l_b^1 \lambda_1^\gamma + l_b^2 \lambda_2^\gamma + \dots + l_b^z \lambda_z^\gamma.$$

Wir erkennen, daß M das Kurz- oder Langprodukt der beiden $(\chi + 1)$ z-Matrizen

$$\begin{pmatrix} l_a^1 \, l_a^2 \dots l_a^z \\ l_b^1 \, l_b^2 \dots l_b^z \\ l_c^1 \, l_c^2 \dots l_c^z \\ l_d^1 \, l_d^2 \dots l_d^z \end{pmatrix} \quad \text{und} \quad \begin{pmatrix} \lambda_1^\alpha \, \lambda_2^\alpha \dots \lambda_z^\alpha \\ \lambda_1^\beta \, \lambda_2^\beta \dots \lambda_z^\beta \\ \lambda_1^\gamma \, \lambda_2^\gamma \dots \lambda_z^\gamma \\ \lambda_1^\delta \, \lambda_2^\delta \dots \lambda_z^\delta \end{pmatrix}$$

ist, je nachdem $z < \chi + 1$ oder $z \geq \chi + 1$ ist.

Im ersten Falle ist M als Kurzprodukt Null.

Im zweiten Falle ist M nach dem Satze vom Langprodukt (§ 10) gleich der Summe aller Produkte homologer Maioren dieser beiden Matrizen. Zwei homologe Maioren sind etwa

$$\begin{vmatrix} l_a^r & l_a^s & l_a^t & l_a^u \\ l_b^r & l_b^s & l_b^t & l_b^u \\ l_c^r & l_c^s & l_c^t & l_c^u \\ l_d^r & l_d^s & l_d^t & l_d^u \end{vmatrix} \quad \text{und} \quad \begin{vmatrix} \lambda_r^\alpha & \lambda_s^\alpha & \lambda_t^\alpha & \lambda_u^\alpha \\ \lambda_r^\beta & \lambda_s^\beta & \lambda_t^\beta & \lambda_u^\beta \\ \lambda_r^\gamma & \lambda_s^\gamma & \lambda_t^\gamma & \lambda_u^\gamma \\ \lambda_r^\delta & \lambda_s^\delta & \lambda_t^\delta & \lambda_u^\delta \end{vmatrix}.$$

Die erste dieser Determinanten ist aber ein $(\chi + 1)$-reihiger Minor der Matrix L, die Transponierte der zweiten Determinante ein $(\chi + 1)$-reihiger Minor der Matrix Λ. Da eine der beiden Matrizen L und Λ den Rang χ hatte, muß *eine* der beiden Determinanten verschwinden. Unser Produkt homologer Maioren ist also Null. Mithin ist auch die Summe der Produkte homologer Maioren m. a. W. unser Langprodukt Null. Folglich ist auch im zweiten Falle $M = 0$. Da sonach alle $(\chi + 1)$-reihigen Minoren von P verschwinden, kann der Rang der Matrix $P = L\Lambda$ höchstens χ sein, und wir haben den

Satz vom Produktrang:

Der Rang eines Matrizenprodukts kann den Rang keines Faktors übersteigen.

Wir haben den Satz für Produkte von *zwei* Matrizen bewiesen; man sieht aber ohne weiteres, daß er für Produkte von beliebig vielen Matrizen gilt.

Der Satz liefert zwar nur eine obere Schranke für den *Rang* eines Produkts, gestattet aber trotzdem manchmal, den Rang des Produkts zu ermitteln. Um das zu zeigen, beweisen wir zunächst den

Satz von der Normalmatrix:

Multiplikation mit einer Normalmatrix bewirkt keine Rangänderung.

Der Satz besagt, daß die drei Matrizen

$$\mathfrak{X}, \quad \mathfrak{N}\mathfrak{X}, \quad \mathfrak{X}\mathfrak{N},$$

falls $\mathfrak{N}$ eine Normalmatrix ist, denselben Rang haben. Bezeichnen wir den Rang kurz durch einen Querstrich, so lautet die Behauptung

$$\overline{\mathfrak{X}} = \overline{\mathfrak{N}\mathfrak{X}} = \overline{\mathfrak{X}\mathfrak{N}}.$$

Beweis. Nach dem Satz vom Produktrang ist

$$\overline{\mathfrak{N}\mathfrak{X}} \leqq \overline{\mathfrak{X}} \qquad \text{sowie wegen } \mathfrak{X} = \mathfrak{N}^{-1} \cdot \mathfrak{N}\mathfrak{X}$$
$$\overline{\mathfrak{X}} \leqq \overline{\mathfrak{N}\mathfrak{X}}.$$

Aus diesen beiden Ungleichungen folgt

$$\overline{\mathfrak{N}\mathfrak{X}} = \overline{\mathfrak{X}}.$$

Ähnlich ist

$$\overline{\mathfrak{X}\mathfrak{N}} \leqq \overline{\mathfrak{X}} \qquad \text{und wegen } \mathfrak{X} = \mathfrak{X}\mathfrak{N} \cdot \mathfrak{N}^{-1}$$
$$\overline{\mathfrak{X}} \leqq \overline{\mathfrak{X}\mathfrak{N}}.$$

Folglich

$$\overline{\mathfrak{X}\mathfrak{N}} = \overline{\mathfrak{X}}.$$

Aus dem Satze von der Normalmatrix ergibt sich nun aber sofort: Das Produkt aus einer Matrix vom Range χ und einer Normalmatrix hat den Rang χ.

§ 12. Cramers Regel.

Eines der wichtigsten Probleme der Mathematik ist die

Fundamentalaufgabe: Ein System von n linearen Gleichungen mit n Unbekannten zu lösen.

Die Aufgabe wurde zuerst von Leibniz — in einem Briefe vom 28. April 1693 an de L'Hospital — gelöst. Über 50 Jahre später wurde die Lösung auch von dem Schweizer Mathematiker Gabriel Cramer (1704—1752) in seiner 1750 erschienenen Introduction à l'analyse des lignes courbes algébriques gegeben.

Das vorgelegte System heiße

$$\left\{\begin{array}{l} c_1^1\, x_1 + c_1^2\, x_2 + \ldots + c_1^n\, x_n = k_1, \\ c_2^1\, x_1 + c_2^2\, x_2 + \ldots + c_2^n\, x_n = k_2, \\ \ldots\ldots\ldots\ldots\ldots\ldots \\ c_n^1\, x_1 + c_n^2\, x_2 + \ldots + c_n^n\, x_n = k_n. \end{array}\right.$$

Hierin sind die Koeffizienten c_r^s und die Freiglieder k_r gegeben, während die n Größen $x_1, x_2, \ldots, x_n$ gesucht sind.

Um die Unbekannte x_s zu finden, multiplizieren wir die erste, zweite, dritte ... Gleichung mit bzw. $C_1^s, C_2^s, C_3^s, \ldots$, wo C_r^s die Adjunkte von c_r^s in der »Koeffizientendeterminante«

$$\Delta = \begin{vmatrix} c_1^1 & c_1^2 & \ldots & c_1^n \\ c_2^1 & c_2^2 & \ldots & c_2^n \\ \cdot & \cdot & \cdot & \cdot \\ c_n^1 & c_n^2 & \ldots & c_n^n \end{vmatrix}$$

bedeutet. Durch Addition der entstehenden n Gleichungen ergibt sich

$$(1) \qquad P_1 x_1 + P_2 x_2 + \ldots + P_n x_n = Q_s,$$

wo der Koeffizient P_r von x_r

$$(2) \qquad P_r = c_1^r C_1^s + c_2^r C_2^s + \ldots + c_n^r C_n^s$$

und die rechte Seite

$$(3) \qquad Q_s = k_1 C_1^s + k_2 C_2^s + \ldots + k_n C_n^s$$

ist.

Nach der Entwicklungsformel (§ 5) ist die rechte Seite von (2) $\Delta \cdot |_r^s$, mithin

$$P_r = \Delta \cdot |_r^s.$$

Da aber $|_r^s$ für $r \neq s$ verschwindet, für $r = s$ den Wert 1 hat, so sind sämtliche Koeffizienten P_r Null mit Ausnahme von P_s, welches gleich Δ ist. Die linke Seite von (1) reduziert sich also auf $\Delta\, x_s$.

Was die rechte Seite von (1) und damit von (3) anbetrifft, so erkennen wir auf Grund des Entwicklungssatzes, daß sie den Wert Δ_s hat, wo Δ_s die Determinante ist, die aus der Determinante Δ hervorgeht, wenn man in dieser die s^{te} Spalte durch die Freiglieder $k_1, k_2, \ldots, k_n$ ersetzt.

Damit verwandelt sich die gefundene Formel (1) in

$$\Delta\, x_s = \Delta_s.$$

Wir machen die Voraussetzung, daß die Koeffizientendeterminante Δ des vorgelegten Systems nicht verschwindet, und haben die Leibniz-Cramersche Formel

$$\boxed{x_s = \frac{\Delta_s}{\Delta}},$$

ausführlicher geschrieben

$$x_s = \begin{vmatrix} c_1^1 & \ldots & c_1^{s-1} & k_1 & c_1^{s+1} & \ldots & c_1^n \\ c_2^1 & \ldots & c_2^{s-1} & k_2 & c_2^{s+1} & \ldots & c_2^n \\ \cdot & \cdot & \cdot & \cdot & \cdot & \cdot & \cdot \\ c_n^1 & \ldots & c_n^{s-1} & k_n & c_n^{s+1} & \ldots & c_n^n \end{vmatrix} : \Delta.$$

Ihr Anblick liefert uns folgende

Regel:

In einem System von n linearen Gleichungen mit n Unbekannten, in dem die Unbekannten auf den linken Seiten, die Freiglieder auf den rechten stehen, ist jede Unbekannte gleich einem Bruche, dessen Nenner die aus den Koeffizienten der Unbekannten gebildete Determinante ist, dessen Zähler der Wert ist, den diese Determinante annimmt, wenn man in ihr die Koeffizienten dieser Unbekannte durch die Freiglieder ersetzt.

Sie wird gewöhnlich als Cramers Regel bezeichnet. Die stillschweigende Voraussetzung ihrer Anwendbarkeit ist das Nichtverschwinden der Koeffizientendeterminante.

Beispiel.

$$\begin{cases} 5x + 4y - 8z = 1, \\ 2x - 9y + 7z = 5, \\ 6x - 11y + 5z = -1. \end{cases}$$

Die Koeffizientendeterminante ist

$$\Delta = \begin{vmatrix} 5 & 4 & -8 \\ 2 & -9 & 7 \\ 6 & -11 & 5 \end{vmatrix} = 32,$$

die drei Determinanten Δ_1, Δ_2, Δ_3 sind

$$\Delta_1 = \begin{vmatrix} 1 & 4 & -8 \\ 5 & -9 & 7 \\ -1 & -11 & 5 \end{vmatrix} = 416, \quad \Delta_2 = \begin{vmatrix} 5 & 1 & -8 \\ 2 & 5 & 7 \\ 6 & -1 & 6 \end{vmatrix} = 448,$$

$$\Delta_3 = \begin{vmatrix} 5 & 4 & 1 \\ 2 & -9 & 5 \\ 6 & -11 & -1 \end{vmatrix} = 480.$$

Folglich ist

$$x = \frac{\Delta_1}{\Delta} = 13, \quad y = \frac{\Delta_2}{\Delta} = 14, \quad z = \frac{\Delta_3}{\Delta} = 15.$$

§ 13. Der Satz von Rouché-Capelli.

So wichtig die Cramersche Regel ist, in so zahlreichen Fällen sie die Lösung eines Systems linearer Gleichungen liefert, die Frage nach der Lösung eines beliebigen Systems linearer Gleichungen beantwortet sie nicht. Ist sie doch auf Systeme beschränkt, in denen die Anzahl der Gleichungen mit der Anzahl der Unbekannten übereinstimmt, und in denen außerdem noch die Koeffizientendeterminante von Null verschieden sein muß.

Die Frage nach der Lösung eines ganz beliebigen Systems linearer Gleichungen ist erst durch neuere Arbeiten des Franzosen Rouché und des Italieners Capelli beantwortet worden.

Zur Ableitung der Ergebnisse dieser Arbeiten benötigen wir zwei Hilfssätze, die wir der eigentlichen Untersuchung vorausschicken.

Lemma I. Ist ein Eckminor einer Nulldeterminante nicht Null, so ist die Ecke Linearkompositum der Elemente ihrer Spalte, dessen Koeffizienten rational von den Elementen der andern Spalten abhängen.

Beweis. Wir führen den Beweis an der vierreihigen Determinante

$$\begin{vmatrix} a_1 & b_1 & c_1 & d_1 \\ a_2 & b_2 & c_2 & d_2 \\ a_3 & b_3 & c_3 & d_3 \\ a_4 & b_4 & c_4 & d_4 \end{vmatrix},$$

die selbst Null ist, deren Eckminor D_4 von Null verschieden ist. Wir entwickeln nach der Eckspalte (§ 3) und bekommen

$$D_1 d_1 + D_2 d_2 + D_3 d_3 + D_4 d_4 = 0.$$

Bezeichnen wir den Bruch $D_\nu : D_4$ mit $- K_\nu$, so erhalten wir die behauptete Darstellung:

$$d_4 = K_1 d_1 + K_2 d_2 + K_3 d_3.$$

Da die Adjunkten D_ν der letzten Spalte nur von den Elementen der andern Spalten abhängen, so sind die Koeffizienten K_ν des gefundenen Linearkompositums rationale Funktionen der nicht zur Eckspalte gehörigen Determinantenelemente.

Lemma II. Verschwindet jede Gesäumte einer von Null verschiedenen n-gradigen Determinante einer Matrix, so verschwinden alle $(n+1)$-gradigen Determinanten der Matrix.

Der Beweis findet sich § 11, p. 51 ff.

Nun zur Entwicklung des Rouché-Capellischen Satzes!

Das vorgelegte Gleichungssystem heiße etwa

$$(1) \qquad \begin{cases} a_1 x + b_1 y + c_1 z + d_1 u + e_1 v = f_1, \\ a_2 x + b_2 y + c_2 z + d_2 u + e_2 v = f_2, \\ \dots\dots\dots\dots\dots \\ \dots\dots\dots\dots\dots \end{cases}$$

Die Größen $a_\nu, b_\nu, c_\nu, d_\nu, e_\nu, f_\nu$ nennen wir die Daten oder Konstanten des Systems, speziell die neben den Unbekannten x, y, z, u, v stehenden Daten die Koeffizienten, die auf der rechten Seite stehenden Daten $f_1, f_2, \dots$ die Freiglieder.

Die aus den Koeffizienten aufgebaute Matrix

$$\begin{pmatrix} a_1 & b_1 & c_1 & d_1 & e_1 \\ a_2 & b_2 & c_2 & d_2 & e_2 \\ \cdot & \cdot & \cdot & \cdot & \cdot \end{pmatrix}$$

heiße kurz Koeffizientenmatrix. Sie habe den Rang χ, und es sei etwa $\chi = 3$. Entsprechend sei

$$\Delta = \begin{vmatrix} a_1 & b_1 & c_1 \\ a_2 & b_2 & c_2 \\ a_3 & b_3 & c_3 \end{vmatrix}$$

eine von Null verschiedene Determinante, kurz die Rangdeterminante genannt, und jede $(\chi + 1)$-reihige Determinante — und damit jede Determinante von noch höherem Grade — der Koeffizientenmatrix verschwinde, so daß für jeden Koeffizientenbuchstaben p und jeden Zeilenzeiger ν

$$\begin{vmatrix} a_1 & b_1 & c_1 & p_1 \\ a_2 & b_2 & c_2 & p_2 \\ a_3 & b_3 & c_3 & p_3 \\ a_\nu & b_\nu & c_\nu & p_\nu \end{vmatrix} = 0 \tag{2}$$

ist.

Dabei setzen wir voraus, daß die Anzahl der Gleichungen des vorgelegten Systems (1) größer als χ ist. In dem Ausnahmefalle, wo sie gleich χ ist, bedarf es keiner besonderen Untersuchung. Man wählt u und v willkürlich und ermittelt die übrigen χ Unbekannten x, y, z nach Cramers Regel. Im übrigen wird sich zeigen, daß auch dieser Ausnahmefall in dem allgemeinen Satze von Rouché-Capelli enthalten ist.

Wir nennen x, y, z die zur Rangdeterminante gehörigen oder gebundenen Unbekannten, die andern Unbekannten u, v die nicht zur Rangdeterminante gehörigen oder freien Unbekannten. Die χ Gleichungen, deren Koeffizientenmatrix die Rangdeterminante als Maior enthält, nennen wir kurz die Ranggleichungen.

Angenommen, es sei bereits eine Lösung x, y, z, u, v des Systems (1) gefunden. Wir betrachten die sogenannten

Rouché-Determinanten:

$$R_\nu = \begin{vmatrix} a_1 & b_1 & c_1 & f_1 \\ a_2 & b_2 & c_2 & f_2 \\ a_3 & b_3 & c_3 & f_3 \\ a_\nu & b_\nu & c_\nu & f_\nu \end{vmatrix},$$

die dadurch entstehen, daß wir die Rangdeterminante Δ mit Freigliedern und Elementen einer beliebigen Koeffizientenzeile säumen. Ersetzen wir in R_ν jedes Freiglied f_r gemäß (1) durch $a_r x + b_r y + c_r z + d_r u + e_r v$, so können wir R_ν nach dem Additionssatze (§ 6) in soviel $(\chi + 1)$-reihige Determinanten zerlegen wie Unbekannte vorhanden sind. Ziehen wir aus der letzten Spalte jeder dieser Einzeldeterminanten die Unbekannte als Faktor heraus, so verschwindet nach (2) jede entstehende Determinante, so daß

(3) $$R_\nu = 0$$

wird. Folglich:

Damit das vorgelegte Gleichungssystem lösbar ist, müssen alle Rouché-Determinanten verschwinden.

Wir setzen diese Bedingung jetzt als erfüllt voraus. Durch Zusammenfassung von (2) und (3) entsteht dann die Gleichung

(4) $$\begin{vmatrix} a_1 & b_1 & c_1 & p_1 \\ a_2 & b_2 & c_2 & p_2 \\ a_3 & b_3 & c_3 & p_3 \\ a_\nu & b_\nu & c_\nu & p_\nu \end{vmatrix} = 0,$$

in der p_r das r^{te} Glied irgendeiner Datenspalte des vorgelegten Systems bedeutet.

Wenden wir auf (4) das Lemma I an, so ergibt sich die für jeden Datenbuchstaben p gültige Formel

(5) $$p_\nu = \nu_1 p_1 + \nu_2 p_2 + \nu_3 p_3.$$

In ihr bedeuten ν_1, ν_2, ν_3 rationale Funktionen der Größen a_1, b_1, c_1; a_2, b_2, c_2; a_3, b_3, c_3; a_ν, b_ν, c_ν, die ungeändert bleiben, wenn der Buchstabe p durch einen andern Datenbuchstaben ersetzt wird.

Wir wählen jetzt für die freien Unbekannten beliebige Werte u, v und lösen dann die χ Ranggleichungen

(1a) $$\begin{cases} a_1 x + b_1 y + c_1 z + d_1 u + e_1 v = f_1, \\ a_2 x + b_2 y + c_2 z + d_2 u + e_2 v = f_2, \\ a_3 x + b_3 y + c_3 z + d_3 u + e_3 v = f_3 \end{cases}$$

vermöge Cramers Regel nach den gebundenen Unbekannten (x, y, z) auf. Die sich für diese ergebenden Werte sind Linearfunktionen der freien Unbekannten (u, v).

Wir behaupten nun:

Die so bestimmten Werte der (freien und gebundenen) Unbekannten befriedigen außer (1a) sämtliche anderen Gleichungen des vorgelegten Systems (1).

In der Tat, multiplizieren wir die erste, zweite, dritte Gleichung von (1a) mit ν_1, ν_2, ν_3 und addieren die entstehenden Gleichungen, so ergibt sich laut (5) die ν^{te} Systemgleichung.

Das Resultat unserer Betrachtung ist der

Satz von Rouché:

Ein System linearer Gleichungen ist dann und nur dann lösbar, wenn seine Rouché-Determinanten verschwinden.
Die freien Unbekannten sind beliebig gewählte Größen, die gebundenen lineare Funktionen jener.

Falls keine freien Unbekannten vorhanden sind, erfolgt die Ermittlung aller Unbekannten nach Cramers Regel.

(Rouché, Comptes rendus de l'Académie des Sciences de Paris, 1875.)

Zu einer noch etwas einfacheren Aussage gelangte der Italiener Capelli (Rivista di matematica, 1892).

Wir setzen an die Koeffizientenmatrix unseres Systems noch eine Spalte, die aus den Freigliedern des Systems besteht, und nennen die entstehende Matrix

$$\begin{pmatrix} a_1 & b_1 & c_1 & d_1 & e_1 & f_1 \\ a_2 & b_2 & c_2 & d_2 & e_2 & f_2 \\ \cdots & \cdots & \cdots & \cdots & \cdots & \cdots \\ \cdots & \cdots & \cdots & \cdots & \cdots & \cdots \end{pmatrix}$$

Erweiterte Matrix oder auch Systemmatrix.

Wir behaupten: Verschwinden die Rouché-Determinanten, so hat die Systemmatrix denselben Rang wie die Koeffizientenmatrix.

In der Tat, das Erfülltsein der Gleichungen (4) bedeutet: alle Gesäumten der nicht verschwindenden χ-reihigen Determinante Δ der Systemmatrix sind Null. Nach Lemma II sind dann aber alle $(\chi + 1)$-reihigen Determinanten der erweiterten Matrix Null. Folglich hat auch die erweiterte Matrix den Rang χ.

Umgekehrt folgt aus der Ranggleichheit von Systemmatrix und Koeffizientenmatrix das Verschwinden der Rouché-Determinanten. Ist nämlich Δ die gemeinsame Rangdeterminante beider Matrizen, so gelten ohne weiteres die Gleichungen (4) und damit auch (3).

Das Verschwinden der Rouché-Determinanten ist also gleichbedeutend mit der Ranggleichheit von Koeffizienten- und Systemmatrix.

Sonach gilt der

Satz von Rouché-Capelli:

Ein System linearer Gleichungen ist dann, und nur dann lösbar, wenn Koeffizientenmatrix und Systemmatrix denselben Rang haben.

Die freien (nicht zur Rangdeterminante gehörigen) Unbekannten sind willkürlich wählbar, die gebundenen (zur Rangdeterminante gehörigen) Unbekannten sind nach Cramers Regel angebbare Linearfunktionen der freien Unbekannten.

Cramers Regel liefert die Unbekannten natürlich auch in dem Falle, wo keine freien Unbekannten vorhanden sind.

§ 14. Homogensysteme.

Von besonderer Wichtigkeit sind homogene Gleichungssysteme, d. h. solche, deren Freiglieder verschwinden.

Das einfachste Homogensystem ist das vollständige, bei dem die Anzahl der Gleichungen mit der Anzahl der Unbekannten übereinstimmt. Ist n diese Anzahl, so heißt das System

$$(H)\quad \begin{cases} c_1^1 x_1 + c_1^2 x_2 + \dots + c_1^n x_n = 0, \\ c_2^1 x_1 + c_2^2 x_2 + \dots + c_2^n x_n = 0, \\ \dots\dots\dots\dots\dots\dots\dots \\ c_n^1 x_1 + c_n^2 x_2 + \dots + c_n^n x_n = 0. \end{cases}$$

Wie man sofort sieht, stellt

$$x_1 = 0,\ x_2 = 0,\ \dots,\ x_n = 0$$

eine Lösung dieses Systems dar, eine sog. Nullösung oder uneigentliche Lösung. Außer dieser uneigentlichen Lösung kann das System aber auch eigentliche Lösungen haben, d. h. Lösungen, bei denen wenigstens eine der Unbekannten von Null verschieden ist.

Das vollständige System (H) hat eigentliche Lösungen oder nicht, je nachdem seine Determinante Null ist oder nicht.

NB. Unter der Determinante des Systems (H) versteht man die aus seinen Koeffizienten aufgebaute Determinante

$$\Delta = \begin{vmatrix} c_1^1 & c_1^2 & \dots & c_1^n \\ c_2^1 & c_2^2 & \dots & c_2^n \\ \dots & \dots & \dots & \dots \\ c_n^1 & c_n^2 & \dots & c_n^n \end{vmatrix}.$$

Beweis. Am schnellsten erledigt sich der zweite Fall. Ist $\Delta \neq 0$, so liefert Cramers Regel unmittelbar

$$x_1 = 0,\ x_2 = 0,\ \dots,\ x_n = 0$$

als einzige Lösung.

Aus der Nichtexistenz einer eigentlichen Lösung im Falle $\Delta \neq 0$ folgt zugleich der

Satz von Bézout:

Besitzt ein vollständiges homogenes System linearer Gleichungen eine eigentliche Lösung, so muß seine Determinante verschwinden.

Dieser harmlos klingende Satz, der uns hier so mühelos in den Schoß gefallen ist, gehört gleichwohl zu den fruchtbarsten Sätzen der Mathematik. Er findet sich erstmalig in der Bézoutschen Abhandlung »Sur le degré des équations résultantes de l'évanouissement des inconnues« (Histoire de l'Académie royale des Sciences, 1764).

Wir zeigen nun, daß bei verschwindender Systemdeterminante auch stets eigentliche Lösungen vorhanden sind.

Wir nehmen zunächst an, daß die Adjunkten

$$C_n^1, C_n^2, \ldots, C_n^n$$

der letzten Zeile von $\varDelta$ nicht alle verschwinden. Die Unbekannten seien so angeordnet, daß etwa $C_n^n \neq 0$, d. h. daß, mit $n-1=\nu$,

$$C_n^n = \delta = \begin{vmatrix} c_1^1 & c_1^2 & \ldots & c_1^\nu \\ c_2^1 & c_2^2 & \ldots & c_2^\nu \\ \cdot & \cdot & \cdot & \cdot \\ c_\nu^1 & c_\nu^2 & \ldots & c_\nu^\nu \end{vmatrix} \neq 0$$

ist.

Der Rang der Koeffizientenmatrix und damit auch der der Systemmatrix von (H) ist also $\chi = n-1$, und δ ist die Rangdeterminante. Die einzige freie Unbekannte ist x_n, die andern ν Unbekannten sind gebunden. Wenden wir Cramers Regel auf die Ranggleichungen

$$\begin{cases} c_1^1 x_1 + c_1^2 x_2 + \ldots + c_1^\nu x_\nu = -c_1^n x_n, \\ c_2^1 x_1 + c_2^2 x_2 + \ldots + c_2^\nu x_\nu = -c_2^n x_n, \\ \cdot\;\cdot\;\cdot\;\cdot\;\cdot\;\cdot\;\cdot\;\cdot\;\cdot\;\cdot\;\cdot\;\cdot\;\cdot\;\cdot\;\cdot\;\cdot \\ c_\nu^1 x_1 + c_\nu^2 x_2 + \ldots + c_\nu^\nu x_\nu = -c_\nu^n x_n \end{cases}$$

an, so erhalten wir für die Unbekannte x_s $(s < n)$, wenn wir $s-1=\sigma$, $s+1=\tau$ und $-c_r^n x_n = c_r$ setzen,

$$\delta x_s = \begin{vmatrix} c_1^1 & c_1^2 & \ldots & c_1^\sigma & c_1 & c_1^\tau & \ldots & c_1^\nu \\ c_2^1 & c_2^2 & \ldots & c_2^\sigma & c_2 & c_2^\tau & \ldots & c_2^\nu \\ \cdot & \cdot & \cdot & \cdot & \cdot & \cdot & \cdot & \cdot \\ c_\nu^1 & c_\nu^2 & \ldots & c_\nu^\sigma & c_\nu & c_\nu^\tau & \ldots & c_\nu^\nu \end{vmatrix}.$$

Schaffen wir in dieser Determinante die Elemente der s^{ten} Spalte ganz nach rechts, was durch $(\nu - s)$ Verschiebungen um je eine Spalte bewirkt wird, und ziehen dann aus der Endspalte den gemeinsamen Faktor $-x_n$ heraus, so kommt

$$\delta x_s = -\iota^{\nu-s} x_n \begin{vmatrix} c_1^1 & c_1^2 & \ldots & c_1^\sigma & c_1^\tau & \ldots & c_1^n \\ c_2^1 & c_2^2 & \ldots & c_2^\sigma & c_2^\tau & \ldots & c_2^n \\ \cdot & \cdot & \cdot & \cdot & \cdot & \cdot & \cdot \\ c_\nu^1 & c_\nu^2 & \ldots & c_\nu^\sigma & c_\nu^\tau & \ldots & c_\nu^n \end{vmatrix}.$$

Die rechts stehende Determinante ist aber nichts anderes als der Minor von c_n^s in der Determinante Δ, nichts anderes also als $\iota^{n+s}\, C_n^s$, so daß

$$\delta\, x_s = -\iota^{n+\nu}\, x_n\, C_n^s = x_n\, C_n^s$$

oder

$$x_s = \frac{C_n^s}{C_n^n}\, x_n$$

ist. Wir schreiben

$$x_s : x_n = C_n^s : C_n^n,$$

ausführlich

$$\boxed{x_1 : x_2 : \ldots : x_n = C_n^1 : C_n^2 : \ldots : C_n^n}$$

und haben den

Satz I:

Die eigentlichen Unbekannten eines vollständigen Homogensystems mit nicht verschwindender Determinante verhalten sich wie die Adjunkten der letzten Zeile der Systemdeterminante.

Im Ausnahmefalle, wo alle Adjunkten der Schlußzeile verschwinden, machen wir eine andere Zeile von (H) zur letzten und verfahren wie eben.

Sollten aber sämtliche $(n-1)$-reihigen Minoren von Δ verschwinden, so kann der Rang χ von Koeffizienten- und Systemmatrix höchstens $n-2$ sein. Im Falle $\chi = n-2$ sind zwei Unbekannte, etwa x_{n-1} und x_n willkürlich wählbar. Wir wählen sie $\neq 0$ und bestimmen dann aus den $(n-2)$ Ranggleichungen des Systems (H) nach Cramers Regel die gebundenen Unbekannten $x_1, x_2, \ldots, x_{n-2}$ als Linearkomposita von x_{n-1} und x_n, womit die behauptete eigentliche Lösung gefunden ist usf.

Als zweites Beispiel betrachten wir das fast vollständige Homogensystem, d. h. ein System, in dem die Anzahl der Gleichungen um 1 kleiner ist als die Anzahl der Unbekannten, also mit $\nu = n-1$, das System

$$(h)\quad \begin{cases} c_1^1\, x_1 + c_1^2\, x_2 + \ldots + c_1^n\, x_n = 0, \\ c_2^1\, x_1 + c_2^2\, x_2 + \ldots + c_2^n\, x_n = 0, \\ \ldots\ldots\ldots\ldots\ldots\ldots \\ c_\nu^1\, x_1 + c_\nu^2\, x_2 + \ldots + c_\nu^n\, x_n = 0. \end{cases}$$

Wir führen diesen Fall auf den soeben erörterten dadurch zurück, daß wir das vorgelegte System (h) durch Hinzufügung der Zusatzzeile

$$c_n^1\, x_1 + c_n^2\, x_2 + \ldots + c_n^n\, x_n = 0,$$

in der alle Koeffizienten gleich Null gewählt werden, zu einem vollständigen System erweitern.

Die n-reihige Determinante

$$\Delta = \begin{vmatrix} c_1^1 \, c_1^2 \, \ldots \, c_1^n \\ c_2^1 \, c_2^2 \, \ldots \, c_2^n \\ \cdot \quad \cdot \quad \cdot \quad \cdot \\ c_n^1 \, c_n^2 \, \ldots \, c_n^n \end{vmatrix}$$

nennen wir die Determinante des Systems (h).

Wenn nun auch die Elemente der letzten Zeile dieser Determinante verschwinden, so werden doch ihre Adjunkten

$$C_n^1, \quad C_n^2, \quad \ldots, \quad C_n^n$$

im allgemeinen nicht alle verschwinden. Jedenfalls machen wir diese Voraussetzung. Auf Grund der obigen Untersuchung haben wir dann den

Satz II:

Die eigentlichen Unbekannten eines fast vollständigen Homogensystems verhalten sich wie die Adjunkten der Zusatzzeile der Systemdeterminante.

Für den oft vorkommenden Sonderfall des Systems

$$\begin{cases} a\,x + b\,y + c\,z = 0 \\ a'\,x + b'\,y + c'\,z = 0 \end{cases}$$

mit drei Unbekannten x, y, z ist es ratsam, sich die Lösung

$$\boxed{x : y : z = (b\,c' - c\,b') : (c\,a' - a\,c') : (a\,b' - b\,a')}$$

zu merken.

§ 15. Lösungssysteme.

Bei dem im vorigen Paragraphen erörterten vollständigen und fast vollständigen homogenen Gleichungssystem mit n Unbekannten, dessen Determinante den Rang $n - 1$ hat, gibt es — von einem sämtlichen Unbekannten gemeinsamen Proportionalitätsfaktor abgesehen — nur eine Lösung. Ist aber der Rang $< n - 1$, so gibt es mehrere Lösungen, gibt es sog. Lösungssysteme. Aufgabe dieses Paragraphen ist es, uns mit den Lösungssystemen homogener Gleichungen vertraut zu machen. Die folgende Vorbetrachtung hat den Zweck, uns die Auffassung der Lösungssysteme und ihrer Eigenschaften zu erleichtern und die Ergebnisse bequem auszusprechen.

Schon in § 2 und § 5 begegneten uns in den Reihen einer Determinante n^{ten} Grades n-gliedrige geordnete Systeme, die in gewisser Weise miteinander verknüpft wurden. In § 2 z. B. wurde die Reihe $(\mu a_1, \mu a_2, \ldots, \mu a_n)$ als das μ-fache der Reihe $(a_1, a_2, \ldots, a_n)$, in § 5 die Reihe $(a_1 + b_1, a_2 + b_2, \ldots, a_n + b_n)$ als Summe der Reihen $(a_1, a_2, \ldots, a_n)$ und $(b_1, b_2, \ldots, b_n)$ bezeichnet.

Diese Erscheinung findet sich in der Mathematik häufig.

Ein geordnetes System von n Zahlen (d. h. ein System, bei dem diese Zahlen in einer bestimmten Reihenfolge stehen) kann selbst als eine Größe — als eine »komplexe« Größe — aufgefaßt werden. Man denke z. B. daran, daß das System (x, y, z) der drei Zahlen x, y, z in der Analytischen Geometrie des Raumes den Punkt mit den Koordinaten x, y, z bedeutet.

Eine alle derartigen Fälle umfassende, zugleich kurze und bequeme Ausdrucksweise gewinnt man durch die Einführung des Vektorbegriffs.

Definition:

Vektoren sind geordnete Systeme von je n Zahlen, die den drei Vorschriften der Unterscheidung, Verteilung und Addition unterworfen sind (s. u.). Ein Vektor wird gewöhnlich durch einen deutschen Buchstaben bezeichnet, der Vektor $(v_1, v_2, \ldots, v_n)$ z. B. zweckmäßig durch den Buchstaben $\mathfrak{v}$, so daß

$$\mathfrak{v} = (v_1, v_2, \ldots, v_n).$$

Die n Zahlen $v_1, v_2, \ldots, v_n$ sind die Glieder oder Komponenten des Vektors $\mathfrak{v}$.

I. Unterscheidungsvorschrift: Zwei Vektoren

$$\mathfrak{a} = (a_1, a_2, \ldots, a_n) \qquad \text{und} \qquad \mathfrak{b} = (b_1, b_2, \ldots, b_n)$$

heißen gleich, in Zeichen:

$$\mathfrak{a} = \mathfrak{b},$$

wenn gleichzeitig

$$a_1 = b_1, \qquad a_2 = b_2, \qquad \ldots, \qquad a_n = b_n$$

ist. Nennt man zwei Komponenten mit gleichen Zeigern, etwa a_ν und b_ν, homolog, so kann man auch sagen: Zwei Vektoren sind gleich, wenn je zwei homologe Komponenten gleich sind.

II. Verteilungsvorschrift: Die Multiplikation eines Vektors mit einer Zahl wird auf sämtliche Komponenten des Vektors verteilt; d. h.: unter dem μ-fachen des Vektors

$$\mathfrak{a} = (a_1, a_2 \ldots, a_n)$$

versteht man den Vektor

$$\mu\mathfrak{a} = (\mu a_1, \mu a_2, \ldots, \mu a_n).$$

III. Additionsvorschrift: Zwei Vektoren werden addiert, indem man je zwei homologe Komponenten addiert. Genauer gesagt: Die Summe der beiden Vektoren

$$\mathfrak{a} = (a_1, a_2, \ldots, a_n) \qquad \text{und} \qquad \mathfrak{b} = (b_1, b_2, \ldots, b_n)$$

ist der Vektor

$$\mathfrak{s} = (s_1, s_2, \ldots, s_n) \qquad \text{mit } s_\nu = a_\nu + b_\nu \text{ für jeden Zeiger } \nu.$$

Man schreibt dann

$$\mathfrak{a} + \mathfrak{b} = \mathfrak{s}.$$

Ebenso ist die Differenz der Vektoren $\mathfrak{a}$ und $\mathfrak{b}$ der Vektor

$$\mathfrak{d} = (d_1, d_2, \ldots, d_n) \qquad \text{mit } d_\nu = a_\nu - b_\nu \text{ für jeden Zeiger } \nu,$$

und man schreibt

$$\mathfrak{a} - \mathfrak{b} = \mathfrak{d}.$$

Ist hier zufällig $\mathfrak{b} = \mathfrak{a}$, so entsteht als Differenz $\mathfrak{d}$ der Vektor

$$\mathfrak{n} = (0, 0, \ldots, 0)$$

der sog. Nullvektor, der gewöhnlich kurz mit 0 bezeichnet wird.

Auf Grund dieser Vorschriften ist z. B. das lineare Kompositum

$$\alpha\mathfrak{a} + \beta\mathfrak{b} + \gamma\mathfrak{c}$$

der drei Vektoren

$$\mathfrak{a} = (a_1, a_2, \ldots, a_n), \quad \mathfrak{b} = (b_1, b_2, \ldots, b_n), \quad \mathfrak{c} = (c_1. c_2, \ldots c_n)$$

der Vektor

$$\mathfrak{q} = (q_1, q_2, \ldots, q_n) \qquad \text{mit } q_\nu = \alpha a_\nu + \beta b_\nu + \gamma c_\nu \text{ für jeden Zeiger } \nu.$$

Lineare Abhängigkeit und Unabhängigkeit.

Mehrere Vektoren $\mathfrak{a}, \mathfrak{b}, \mathfrak{c}, \ldots$ heißen linear abhängig, wenn eine lineare Relation zwischen ihnen besteht, d. h. wenn es ebensoviele nicht sämtlich verschwindende Zahlen $\alpha, \beta, \gamma, \ldots$ gibt derart, daß

$$\alpha\mathfrak{a} + \beta\mathfrak{b} + \gamma\mathfrak{c} + \ldots = 0$$

ist. Existieren solche Zahlen nicht, so heißen die Vektoren linear unabhängig.

Die Frage nach der Abhängigkeit bzw. Unabhängigkeit wird durch den Rang der Vektoren entschieden.

Unter dem Range mehrerer Vektoren, etwa der Vektoren $\mathfrak{a}$, $\mathfrak{b}$, $\mathfrak{c}$, $\mathfrak{d}$, $\mathfrak{e}$ versteht man den Rang der aus den Vektorkomponenten gebildeten Matrix, in unserem Falle also den Rang der Matrix

$$\begin{pmatrix} a_1, & a_2, & \ldots, & a_n \\ b_1, & b_2, & \ldots, & b_n \\ \ldots & \ldots & \ldots & \ldots \\ e_1, & e_2, & \ldots, & e_n \end{pmatrix}.$$

Es gilt nun folgender

Fundamentalsatz:

Mehrere Vektoren sind linear abhängig oder nicht, je nachdem ihr Rang ihre Anzahl unterschreitet oder nicht.

Beweis. Ist der Rang der obigen Matrix kleiner als die Vektorenzahl (5), etwa gleich 3, und ist demgemäß etwa die Determinante

$$\delta = \begin{vmatrix} a_r & a_s & a_t \\ b_r & b_s & b_t \\ c_r & c_s & c_t \end{vmatrix} \neq 0,$$

dagegen die Determinante

$$\begin{vmatrix} a_r & a_s & a_t & a_u \\ b_r & b_s & b_t & b_u \\ c_r & c_s & c_t & c_u \\ d_r & d_s & d_t & d_u \end{vmatrix} = 0 \quad \text{für beliebiges } u,$$

so wird bei Entwicklung der zweiten Determinante nach der letzten Spalte

$$\alpha\, a_u + \beta\, b_u + \gamma\, c_u + \delta\, d_u = 0,$$

wo α, β, γ, δ die Adjunkten der Spaltenelemente sind. Diese Adjunkten hängen nur von den Elementen der vorhergehenden Spalten, nicht aber von u ab, haben daher für alle n Zeiger 1, 2, 3, ... n denselben Wert. Außerdem ist δ von Null verschieden. Wir haben also die Gleichung

$$\alpha\, \mathfrak{a} + \beta\, \mathfrak{b} + \gamma\, \mathfrak{c} + \delta\, \mathfrak{d} = 0,$$

und in ihr sind nicht alle Koeffizienten (α, β, γ, δ) Null. Daher besteht zwischen unseren Vektoren die lineare Relation

$$\alpha\, \mathfrak{a} + \beta\, \mathfrak{b} + \gamma\, \mathfrak{c} + \delta\, \mathfrak{d} + \varepsilon\, \mathfrak{e} = 0,$$

in der wohl ε, aber nicht sämtliche Koeffizienten verschwinden: die Vektoren sind linear abhängig.

Ist der Rang unserer Matrix gleich der Vektorenzahl, hier gleich 5, so kann es eine derartige lineare Relation nicht geben. Wäre nämlich

$$\alpha\, \mathfrak{a} + \beta\, \mathfrak{b} + \gamma\, \mathfrak{c} + \delta\, \mathfrak{d} + \varepsilon\, \mathfrak{e} = 0$$

mit nicht sämtlich verschwindenden Koeffizienten, so hätte man die n Gleichungen

$$\alpha\, a_\nu + \beta\, b_\nu + \gamma\, c_\nu + \delta\, d_\nu + \varepsilon\, e_\nu = 0 \qquad (\nu = 1, 2, \ldots n),$$

wäre also, wenn

$$\begin{vmatrix} a_p & b_p & c_p & d_p & e_p \\ a_q & b_q & c_q & d_q & e_q \\ a_r & b_r & c_r & d_r & e_r \\ a_s & b_s & c_s & d_s & e_s \\ a_t & b_t & c_t & d_t & e_t \end{vmatrix}$$

die nicht verschwindende Rangdeterminante unserer Matrix ist, diesen Gleichungen zufolge

$$\begin{cases} a_p\, \alpha + b_p\, \beta + c_p\, \gamma + d_p\, \delta + e_p\, \varepsilon = 0, \\ a_q\, \alpha + b_q\, \beta + c_q\, \gamma + d_q\, \delta + e_q\, \varepsilon = 0, \\ a_r\, \alpha + b_r\, \beta + c_r\, \gamma + d_r\, \delta + e_r\, \varepsilon = 0, \\ a_s\, \alpha + b_s\, \beta + c_s\, \gamma + d_s\, \delta + e_s\, \varepsilon = 0, \\ a_t\, \alpha + b_t\, \beta + c_t\, \gamma + d_t\, \delta + e_t\, \varepsilon = 0. \end{cases}$$

Dieses Gleichungssystem für die »Unbekannten« $\alpha, \beta, \gamma, \delta, \varepsilon$ besitzt aber nach Cramers Regel nur die Lösung $\alpha = 0, \beta = 0, \gamma = 0, \delta = 0, \varepsilon = 0$, während doch unsere Koeffizienten nicht alle verschwinden sollten. Jene Relation

$$\alpha \mathfrak{a} + \beta \mathfrak{b} + \gamma \mathfrak{c} + \delta \mathfrak{d} + \varepsilon \mathfrak{e} = 0$$

ist sonach nicht möglich, w. z. b. w.

Aus dem Fundamentalsatz folgt z. B. der Sonderfall:

Mehr als n n-gliedrige Vektoren sind stets linear abhängig.

Nun zu den Lösungsystemen homogener Gleichungen!

Das System heiße

$$\begin{cases} a_1^1 x_1 + a_2^1 x_2 + \ldots + a_n^1 x_n = 0, \\ a_1^2 x_1 + a_2^2 x_2 + \ldots + a_n^2 x_n = 0, \\ \ldots\ldots\ldots\ldots\ldots\ldots \\ a_1^m x_1 + a_2^m x_2 + \ldots + x_n^m x_n = 0, \end{cases}$$

umfasse also m Gleichungen mit n Unbekannten. Wenn das System überhaupt eigentliche Lösungen haben soll, so muß die Anzahl n der Unbekannten den Rang χ der Matrix

$$\begin{pmatrix} a_1^1 & a_2^1 & \ldots & a_n^1 \\ a_1^2 & a_2^2 & \ldots & a_n^2 \\ \ldots & \ldots & \ldots & \ldots \\ a_1^m & a_2^m & \ldots & a_n^m \end{pmatrix}$$

oder, wie wir kürzer sagen wollen, den Rang des Systems überschreiten. Wäre nämlich $\chi = n$, so hätten etwa die n Gleichungen

$$\begin{aligned} a_1^p x_1 + a_2^p x_2 + \ldots + a_n^p x_n &= 0, \\ a_1^q x_1 + a_2^q x_2 + \ldots + a_n^q x_n &= 0, \\ \ldots\ldots\ldots\ldots\ldots\ldots \\ a_1^t x_1 + a_2^t x_2 + \ldots + a_n^t x_n &= 0 \end{aligned}$$

eine von Null verschiedene Determinante, so daß nach Cramers Regel nur die uneigentliche Lösung $x_1 = 0, x_2 = 0, \ldots, x_n = 0$ in Frage käme. Wir nennen den Überschuß e der Unbekanntenzahl n über den Rang χ den Exzeß des Systems:

$$e = n - \chi.$$

Ist $e > 0$ und etwa die nicht verschwindende Determinante

$$\begin{vmatrix} a_1^1 & a_2^1 & \ldots & a_\chi^1 \\ a_1^2 & a_2^2 & \ldots & a_\chi^2 \\ \ldots & \ldots & \ldots & \ldots \\ a_1^\chi & a_2^\chi & \ldots & a_\chi^\chi \end{vmatrix}$$

die Rangdeterminante, so sind $x_1, x_2, \ldots, x_\chi$ die gebundenen, $y_1 = x_{\chi+1}$, $y_2 = x_{\chi+2}, \ldots y_e = x_n$ die freien Unbekannten. Wie wir schon wissen (§ 13), sind diese letzteren beliebig wählbar, die ersteren Linearkomposita von ihnen. Unser erstes Ergebnis lautet:

Ein lineares homogenes Gleichungssystem hat nur dann eigentliche Lösungen, wenn sein Exzeß positiv ist.

Wie betrachten im folgenden demnach nur Systeme mit positivem Exzeß. Aus jeder eigentlichen Lösung $x_1, x_2, \ldots, x_n$ bilden wir uns den zugehörigen »Lösungsvektor«

$$\mathfrak{x} = (x_1, x_2, \ldots x_n),$$

so daß wir auch sagen können: die Komponenten eines Lösungsvektors bilden eine Lösung des Systems.

Wir bestätigen zunächst die drei einfachen Sätze:

Jedes Vielfache eines Lösungsvektors ist auch ein Lösungsvektor.

Die Summe zweier Lösungsvektoren ist wieder ein Lösungsvektor.

Jedes Linearkompositum mehrerer Lösungsvektoren ist ebenfalls ein Lösungsvektor.

Mehrere Lösungen eines linearen Gleichungssystems heißen abhängig oder unabhängig, je nachdem ihre Vektoren linear abhängig oder unabhängig sind. Unter dem Range dieser Lösungen versteht man den Rang ihrer Vektoren. Auf Grund des obigen Fundamentalsatzes gilt ohne weiteres

Satz 1: Lösungen sind abhängig oder unabhängig, je nachdem ihr Rang ihre Anzahl unterschreitet oder nicht.

Ein System unabhängiger Lösungen bzw. der Vektoren dieser Lösungen wird Grundsystem genannt, wenn jeder Lösungsvektor ein lineares Kompositum der Lösungsvektoren des Grundsystems ist.

Satz 2: Ein Grundsystem, das »Ursystem«, mit den e Lösungsvektoren

$$\mathfrak{x}_s = (x_1^s, x_2^s, \ldots, x_\chi^s; y_1^s, y_2^s, \ldots y_e^s) \qquad (s = 1, 2, \ldots, e)$$

bekommt man, indem man als freie Unbekannten

$$y_r^s = |_r^s$$

wählt und die jeweils zu $y_1^s, y_2^s, \ldots, y_e^s$ gehörigen gebundenen Unbekannten nach Cramers Regel bestimmt.

Beweis. Wir müssen zuerst zeigen, daß die genannten e Lösungsvektoren linear unabhängig sind. Wären sie aber abhängig, so gäbe es e nicht sämtlich verschwindende Größen $\lambda_1, \lambda_2, \ldots, \lambda_e$ derart, daß

$$\lambda_1 \mathfrak{x}_1 + \lambda_2 \mathfrak{x}_2 + \ldots + \lambda_e \mathfrak{x}_e = 0$$

wird. Im besondern müßte dann auch

$$\lambda_1 y_r^1 + \lambda_2 y_r^2 + \dots + \lambda_e y_r^e$$

für $r = 1, 2, \dots, e$ verschwinden. Da diese Summe aber $\lambda_r y_r^r = \lambda_r$ ist, müßte gegen die Voraussetzung jedes λ_r verschwinden, q. e. d.

Hierauf zeigen wir, daß jeder Lösungsvektor, z. B.

$$\mathfrak{x} = (x_1, x_2, \dots, x_\chi; y_1, y_2, \dots, y_e)$$

Linearkompositum der e Vektoren $\mathfrak{x}_s$ ist. Zu dem Zwecke substituieren wir die e Lösungen des Ursystems der Reihe nach in das Gleichungssystem, multiplizieren jeweils die entstehende ν^{te} Zeile mit $y_1, y_2, \dots, y_e$ und addieren die so multiplizierten ν^{ten} Zeilen. Wegen der Bedingung

(1) $$y_r = y_1 y_r^1 + y_2 y_r^2 + \dots + y_e y_r^e$$

erhält die entstehende Gleichung — ν^{te} Gleichung eines neuen Systems — die Form

$$a_1^\nu X_1 + a_2^\nu X_2 + \dots + a_\chi^\nu X_\chi + a_{\chi+1}^\nu y_1 + a_{\chi+2}^\nu y_2 + \dots + a_n^\nu y_e = 0,$$

wobei

$$X_r = y_1 x_r^1 + y_2 x_r^2 + \dots + y_e x_r^e$$

ist.

Da aber die gebundenen Unbekannten Cramers Regel gemäß eindeutig durch die freien Unbekannten $y_1, y_2, \dots, y_e$ festgelegt sind, so ist

$$x_r = X_r \qquad (r = 1, 2, 3, \dots, \chi),$$

mithin auch

(2) $$x_r = y_1 x_r^1 + y_2 x_r^2 + \dots + y_e x_r^e.$$

Aus (1) und (2) folgt

$$\mathfrak{x} = y_1 \mathfrak{x}_1 + y_2 \mathfrak{x}_2 + \dots + y_e \mathfrak{x}_e,$$

w. z. b. w.

Satz 3: *e unabhängige Lösungen bilden stets ein Grundsystem.*

Beweis. Die e Lösungsvektoren $\mathfrak{X}_1, \mathfrak{X}_2, \dots, \mathfrak{X}_e$ seien linear unabhängig. Da jeder Lösungsvektor Linearkompositum der Ursystemvektoren $\mathfrak{x}_1, \mathfrak{x}_2, \dots, \mathfrak{x}_e$ ist, so gelten die e Gleichungen

$$\mathfrak{X}_\nu = l_1^\nu \mathfrak{x}_1 + l_2^\nu \mathfrak{x}_2 + \dots + l_e^\nu \mathfrak{x}_e \qquad (\nu = 1, 2, \dots, e).$$

Wir behaupten, daß die Determinante

$$l = |l_1^1 \; l_2^2 \dots l_e^e|$$

dieses Gleichungssystems nicht verschwindet.

Ist nämlich $l = 0$, so ist der Rang χ der Determinante kleiner als e. Wir nehmen etwa $\chi = 3$ an und

$$\begin{vmatrix} l_a^\alpha & l_b^\alpha & l_c^\alpha \\ l_a^\beta & l_b^\beta & l_c^\beta \\ l_a^\gamma & l_b^\gamma & l_c^\gamma \end{vmatrix}$$

als nicht verschwindende Rangdeterminante, so daß für alle Zeiger s und δ die Determinante

$$H_s = \begin{vmatrix} l_a^\alpha & l_b^\alpha & l_c^\alpha & l_s^\alpha \\ l_a^\beta & l_b^\beta & l_c^\beta & l_s^\beta \\ l_a^\gamma & l_b^\gamma & l_c^\gamma & l_s^\gamma \\ l_a^\delta & l_b^\delta & l_c^\delta & l_s^\delta \end{vmatrix}$$

verschwindet. Wir entwickeln diese Determinante nach der letzten Spalte und bekommen

$$H_s = A\, l_s^\alpha + B\, l_s^\beta + C\, l_s^\gamma + D\, l_s^\delta = 0,$$

wo A, B, C, D die Adjunkten der Spaltenelemente sind, die sicher nicht alle verschwinden (z. B. $D \neq 0$). Und zwar gilt diese Gleichung für alle Zeiger $s = 1, 2, 3, \ldots, e$. Hieraus ergibt sich

$$A\, \mathfrak{X}_\alpha + B\, \mathfrak{X}_\beta + C\, \mathfrak{X}_\gamma + D\, \mathfrak{X}_\delta = H_1\, \mathfrak{x}_1 + H_2\, \mathfrak{x}_2 + \ldots + H_e\, \mathfrak{x}_e = 0.$$

Diese Gleichung ist aber unmöglich, da die Vektoren $\mathfrak{X}_\alpha$, $\mathfrak{X}_\beta$, $\mathfrak{X}_\gamma$, $\mathfrak{X}_\delta$ nach Voraussetzung linear unabhängig sind.

Die Annahme $l = 0$ ist sonach falsch, unsere Behauptung ist erwiesen.

Deshalb gestattet das Gleichungssystem

$$\begin{cases} l_1^1\, \mathfrak{x}_1 + l_2^1\, \mathfrak{x}_2 + \ldots + l_e^1\, \mathfrak{x}_e = \mathfrak{X}_1, \\ l_1^2\, \mathfrak{x}_1 + l_2^2\, \mathfrak{x}_2 + \ldots + l_e^2\, \mathfrak{x}_e = \mathfrak{X}_2, \\ \quad \cdots\cdots\cdots\cdots\cdots \\ l_1^e\, \mathfrak{x}_1 + l_2^e\, \mathfrak{x}_2 + \ldots + l_e^e\, \mathfrak{x}_e = \mathfrak{X}_e \end{cases}$$

die einzige Lösung

$$l\, \mathfrak{x}_\nu = L_\nu^1\, \mathfrak{X}_1 + L_\nu^2\, \mathfrak{X}_2 + \ldots + L_\nu^e\, \mathfrak{X}_e \qquad (\nu = 1, 2, \ldots, e)$$

für die »Unbekannten« $\mathfrak{x}_\nu$, wobei L_ν^μ die Adjunkte von l_ν^μ in der Determinante $l_1^1\, l_2^2 \ldots l_e^e$ bedeutet. Jeder der Vektoren $\mathfrak{x}_1, \mathfrak{x}_2, \ldots, \mathfrak{x}_e$ ist also Linearkompositum der Vektoren $\mathfrak{X}_1, \mathfrak{X}_2, \ldots, \mathfrak{X}_e$. Da aber jeder Lösungsvektor ein lineares Kompositum der Vektoren $\mathfrak{x}_1, \mathfrak{x}_2, \ldots, \mathfrak{x}_e$ ist, läßt er sich auf Grund der letzten Gleichung auch als Linearkompositum der Vektoren $\mathfrak{X}_1, \mathfrak{X}_2, \ldots, \mathfrak{X}_e$ darstellen, womit unser Satz bewiesen ist.

Satz 4: Grundsysteme mit weniger als e Lösungen gibt es nicht.

Beweis. Angenommen, es gäbe ein Grundsystem mit etwa 3 Lösungen, wobei e also größer als 3 vorausgesetzt ist. Die letzten e Komponenten der zugehörigen Lösungsvektoren seien bzw.

$$\xi_1, \xi_2, \ldots, \xi_e; \qquad \eta_1, \eta_2, \ldots, \eta_e; \qquad \zeta_1, \zeta_2, \ldots \zeta_e.$$

Da jeder Lösungsvektor ein Linearkompositum der Lösungsvektoren unseres Grundsystems sein muß, so im besonderen auch jeder Lösungsvektor des Ursystems: Für die letzten e Komponenten jedes Lösungsvektors $\mathfrak{x}_s$ des Ursystems gelten daher Gleichungen von der Form

$$y_r^s = \lambda_s \xi_r + \mu_s \eta_r + \nu_s \zeta_r \qquad (r = 1, 2, \ldots, e).$$

Hieraus folgt, daß das Kurzprodukt der beiden Matrizen

$$\begin{pmatrix} \xi_1 & \eta_1 & \zeta_1 \\ \xi_2 & \eta_2 & \zeta_2 \\ \cdot & \cdot & \cdot \\ \xi_e & \eta_e & \zeta_e \end{pmatrix} \quad \text{und} \quad \begin{pmatrix} \lambda_1 & \mu_1 & \nu_1 \\ \lambda_2 & \mu_2 & \nu_2 \\ \cdot & \cdot & \cdot \\ \lambda_e & \mu_e & \nu_e \end{pmatrix}$$

gleich der Determinante

$$\begin{vmatrix} y_1^1 & y_1^2 & \cdots & y_1^e \\ y_2^1 & y_2^2 & \cdots & y_2^e \\ \cdot & \cdot & \cdot & \cdot \\ y_e^1 & y_e^2 & \cdots & y_e^e \end{vmatrix}$$

wird. Das ist aber ein Widerspruch, da das Kurzprodukt Null, die Determinante Eins ist.

Satz 5: $(e + 1)$ Lösungen sind stets abhängig.

Beweis. $\mathfrak{X}_1, \mathfrak{X}_2, \ldots, \mathfrak{X}_E$ seien $E = e + 1$ beliebige Lösungsvektoren. Jeder von ihnen ist Linearkompositum der Vektoren $\mathfrak{x}_1, \mathfrak{x}_2, \ldots, \mathfrak{x}_e$ des obigen Ursystems. Sonach gelten die Gleichungen

$$\mathfrak{X}_R = l_1^R \mathfrak{x}_1 + l_2^R \mathfrak{x}_2 + \ldots + l_e^R \mathfrak{x}_e \qquad (R = 1, 2, \ldots, E).$$

Wir multiplizieren sie der Reihe nach mit den vorerst noch unbekannten Faktoren $C_1, C_2, \ldots, C_E$ und addieren sie dann. Das gibt

$$C_1 \mathfrak{X}_1 + C_2 \mathfrak{X}_2 + \ldots + C_E \mathfrak{X}_E = K_1 \mathfrak{x}_1 + K_2 \mathfrak{x}_2 + \ldots + K_e \mathfrak{x}_e$$

mit

$$K_\nu = l_\nu^1 C_1 + l_\nu^2 C_2 + \ldots + l_\nu^E C_E \qquad (\nu = 1, 2, \ldots, e).$$

Das Gleichungssystem

$$\left\{\begin{array}{l} l_1^1 C_1 + l_1^2 C_2 + \ldots + l_1^E C_E = 0, \\ l_2^1 C_1 + l_2^2 C_2 + \ldots + l_2^E C_E = 0, \\ \cdot\;\cdot\;\cdot\;\cdot\;\cdot\;\cdot\;\cdot\;\cdot\;\cdot\;\cdot\;\cdot\;\cdot \\ l_e^1 C_1 + l_e^2 C_2 + \ldots + l_e^E C_E = 0 \end{array}\right.$$

mit den E Unbekannten $C_1, C_2, \ldots, C_E$ enthält weniger Gleichungen als Unbekannte, hat also sicher mindestens eine eigentliche Lösung $C_1, C_2, \ldots, C_E$ (§ 14). Für diese C-Werte ist jedes $K_\nu = 0$, also auch

$$C_1 \mathfrak{X}_1 + C_2 \mathfrak{X}_2 + \ldots + C_E \mathfrak{X}_E = 0.$$

Die E Vektoren $\mathfrak{X}_R$ sind demnach linear abhängig.

Satz 6: Aus jedem Grundsystem entsteht durch lineare Komposition seiner Vektoren mit nicht verschwindender Determinante ein neues Grundsystem.

Beweis. Besteht das vorgelegte Grundsystem aus den Vektoren $\mathfrak{p}_1, \mathfrak{p}_2, \ldots, \mathfrak{p}_e$, so ist das System der e Vektoren

$$\begin{cases} \mathfrak{q}_1 = k_1^1 \mathfrak{p}_1 + k_2^1 \mathfrak{p}_2 + \ldots + k_e^1 \mathfrak{p}_e, \\ \mathfrak{q}_2 = k_1^2 \mathfrak{p}_1 + k_2^2 \mathfrak{p}_2 + \ldots + k_e^2 \mathfrak{p}_e, \\ \ldots\ldots\ldots\ldots\ldots\ldots \\ \mathfrak{q}_e = k_1^e \mathfrak{p}_1 + k_2^e \mathfrak{p}_2 + \ldots + k_e^e \mathfrak{p}_e \end{cases}$$

bei nicht verschwindender Determinante $k = |k_1^1 k_2^2 \ldots k_e^e|$ ebenfalls ein Grundsystem, weil die Vektoren $\mathfrak{q}_1, \mathfrak{q}_2, \ldots, \mathfrak{q}_e$ linear unabhängig sind (Satz 3).

Wären sie nämlich linear abhängig, so gäbe es e nicht sämtlich verschwindende Faktoren $\lambda_1, \lambda_2, \ldots, \lambda_e$, für die

$$\lambda_1 \mathfrak{q}_1 + \lambda_2 \mathfrak{q}_2 + \ldots + \lambda_e \mathfrak{q}_e = 0$$

wäre. Aus dieser Gleichung würde aber

$$\Lambda_1 \mathfrak{p}_1 + \Lambda_2 \mathfrak{p}_2 + \ldots + \Lambda_e \mathfrak{p}_e = 0$$

mit

$$\Lambda_\nu = k_\nu^1 \lambda_1 + k_\nu^2 \lambda_2 + \ldots + k_\nu^e \lambda_e \qquad (\nu = 1, 2, \ldots, e)$$

folgen. Und da die $\mathfrak{p}_r$ nach Voraussetzung linear unabhängig sind, müßten alle Λ_ν verschwinden. Die e linearen Gleichungen

$$\begin{cases} k_1^1 \lambda_1 + k_1^2 \lambda_2 + \ldots + k_1^e \lambda_e = 0, \\ k_2^1 \lambda_1 + k_2^2 \lambda_2 + \ldots + k_2^e \lambda_e = 0, \\ \ldots\ldots\ldots\ldots\ldots\ldots \\ k_e^1 \lambda_1 + k_e^2 \lambda_2 + \ldots + k_e^e \lambda_e = 0 \end{cases}$$

haben aber nach Cramers Regel keine eigentliche Lösung $\lambda_1, \lambda_2, \ldots, \lambda_e$, da ihre Determinante k von Null verschieden ist. Dieser Widerspruch verschwindet nur, wenn man die Unabhängigkeit der Vektoren zugibt.

Zusatz. Bei verschwindender Determinante k hat das letzte Gleichungssystem eine eigentliche Lösung $\lambda_1, \lambda_2, \ldots, \lambda_e$, so daß die Vektoren $\mathfrak{q}$ wegen der Relation

$$\lambda_1 \mathfrak{q}_1 + \lambda_2 \mathfrak{q}_2 + \ldots + \lambda_e \mathfrak{q}_e = 0$$

linear abhängig sind und deshalb kein Grundsystem bilden können.

§ 16. Der Verhältnissatz.

In einer Determinante χ^{ten} Ranges verhalten sich zwei Maioren eines χ-reihigen Streifens wie die Homologen eines beliebigen χ-reihigen Parallelstreifens.

Beweis. Der Rang der vorgelegten Determinante sei etwa $\chi = 3$;

$$\begin{vmatrix} \mathfrak{a} & \mathfrak{b} & \mathfrak{c} \\ \mathfrak{a}' & \mathfrak{b}' & \mathfrak{c}' \\ \mathfrak{a}'' & \mathfrak{b}'' & \mathfrak{c}'' \end{vmatrix} \quad \text{sei die Rangdeterminante,}$$

und der durch sie bestimmte waagrechte Streifen sei

$$\begin{array}{l} \dots\ \mathfrak{a}\ \mathfrak{b}\ \mathfrak{c}\ \dots\ \mathfrak{l}\ \mathfrak{p}\ \mathfrak{s}\ \dots\ \mathfrak{L}\ \mathfrak{P}\ \mathfrak{S}\ \dots \\ \dots\ \mathfrak{a}'\ \mathfrak{b}'\ \mathfrak{c}'\ \dots\ \mathfrak{l}'\ \mathfrak{p}'\ \mathfrak{s}'\ \dots\ \mathfrak{L}'\ \mathfrak{P}'\ \mathfrak{S}'\ \dots \\ \dots\ \mathfrak{a}''\mathfrak{b}''\mathfrak{c}''\ \dots\ \mathfrak{l}''\mathfrak{p}''\mathfrak{s}''\ \dots\ \mathfrak{L}''\mathfrak{P}''\mathfrak{S}''\ \dots. \end{array}$$

Wir greifen aus der Determinante zwei beliebige χ-reihige waagrechte Streifen

$$\begin{array}{l} \dots\ a\ b\ c\ \dots\ l\ p\ s\ \dots\ L\ P\ S\ \dots \\ \dots\ a'\ b'\ c'\ \dots\ l'\ p'\ s'\ \dots\ L'\ P'\ S'\ \dots \\ \dots\ a''b''c''\ \dots\ l''p''s''\ \dots\ L''P''S''\ \dots \end{array}$$

und

$$\begin{array}{l} \dots\ \alpha\ \beta\ \gamma\ \dots\ \lambda\ \pi\ \sigma\ \dots\ \Lambda\ \Pi\ \Sigma\ \dots \\ \dots\ \alpha'\ \beta'\ \gamma'\ \dots\ \lambda'\ \pi'\ \sigma'\ \dots\ \Lambda'\ \Pi'\ \Sigma'\ \dots \\ \dots\ \alpha''\beta''\gamma''\ \dots\ \lambda''\pi''\sigma''\ \dots\ \Lambda''\Pi''\Sigma''\ \dots \end{array}$$

heraus und achten auf die Determinanten

$$d = \begin{vmatrix} l & p & s \\ l' & p' & s' \\ l'' & p'' & s'' \end{vmatrix}, \qquad D = \begin{vmatrix} L & P & S \\ L' & P' & S' \\ L'' & P'' & S'' \end{vmatrix}$$

des ersten Streifens und ihre Homologen

$$\delta = \begin{vmatrix} \lambda & \pi & \sigma \\ \lambda' & \pi' & \sigma' \\ \lambda'' & \pi'' & \sigma'' \end{vmatrix}, \qquad \Delta = \begin{vmatrix} \Lambda & \Pi & \Sigma \\ \Lambda' & \Pi' & \Sigma' \\ \Lambda'' & \Pi'' & \Sigma'' \end{vmatrix}$$

im zweiten Streifen.

Unsere Behauptung lautet dann

$$d : D = \delta : \Delta.$$

Zum Beweise bilden wir das System der 3 χ linearen Gleichungen

$$\left\{ \begin{array}{l} \mathfrak{a}\ x + \mathfrak{b}\ y + \mathfrak{c}\ z = \mathfrak{l} \\ \mathfrak{a}'\ x + \mathfrak{b}'\ y + \mathfrak{c}'\ z = \mathfrak{l}' \\ \mathfrak{a}''x + \mathfrak{b}''y + \mathfrak{c}''z = \mathfrak{l}'' \\ a\ x + b\ y + c\ z = l \\ a'\ x + b'\ y + c'\ z = l' \\ a''x + b''y + c''z = l'' \\ \alpha\ x + \beta\ y + \gamma\ z = \lambda \\ \alpha'\ x + \beta'\ y + \gamma'\ z = \lambda' \\ \alpha''x + \beta''y + \gamma''z = \lambda''. \end{array} \right.$$

Da Koeffizientenmatrix und Systemmatrix denselben Rang (χ) haben, besitzt das System eine Lösung x, y, z.

Ebenso gibt es χ Größen x', y', z', die die 3 χ Gleichungen

$$\begin{cases} \mathfrak{a}\ x' + \mathfrak{b}\ y' + \mathfrak{c}\ z' = \mathfrak{p} \\ \mathfrak{a}'\ x' + \mathfrak{b}'\ y' + \mathfrak{c}'\ z' = \mathfrak{p}' \\ \mathfrak{a}''x' + \mathfrak{b}''y' + \mathfrak{c}''z' = \mathfrak{p}'' \\ a\ x' + b\ y' + c\ z' = p \\ a'\ x' + b'\ y' + c'\ z' = p' \\ a''x' + b''y' + c''z' = p'' \\ \alpha\ x' + \beta\ y' + \gamma\ z' = \pi \\ \alpha'\ x' + \beta'\ y' + \gamma'\ z' = \pi' \\ \alpha''x' + \beta''y' + \gamma''z' = \pi''. \end{cases}$$

befriedigen, und χ weitere Größen x'', y'', z'', die die 3 χ Gleichungen befriedigen, die hieraus entstehen, wenn wir die Freiglieder durch $\mathfrak{s}$, $\mathfrak{s}'$, $\mathfrak{s}''$, s, s', s'', σ, σ', σ'' ersetzen. Substituieren wir die unseren linearen Gleichungen entsprechenden Werte der Freiglieder in den Minoren d und δ, so erhalten wir nach dem Multiplikationssatze für Determinanten, wenn wir die Abkürzungen

$$k = \begin{vmatrix} a & b & c \\ a' & b' & c' \\ a'' & b'' & c'' \end{vmatrix}, \quad \varkappa = \begin{vmatrix} \alpha & \beta & \gamma \\ \alpha' & \beta' & \gamma' \\ \alpha'' & \beta'' & \gamma'' \end{vmatrix}, \quad u = \begin{vmatrix} x & y & z \\ x' & y' & z' \\ x'' & y'' & z'' \end{vmatrix}$$

benutzen,

(1) $$d = k\,u, \qquad \delta = \varkappa\,u.$$

Auch das System

$$\begin{cases} \mathfrak{a}\ X + \mathfrak{b}\ Y + \mathfrak{c}\ Z = \mathfrak{L} \\ \mathfrak{a}'\ X + \mathfrak{b}'\ Y + \mathfrak{c}'\ Z = \mathfrak{L}' \\ \mathfrak{a}''X + \mathfrak{b}''Y + \mathfrak{c}''Z = \mathfrak{L}'' \\ a\ X + b\ Y + c\ Z = L \\ a'\ X + b'\ Y + c'\ Z = L' \\ a''X + b''Y + c''Z = L'' \\ \alpha\ X + \beta\ Y + \gamma\ Z = \Lambda \\ \alpha'\ X + \beta'\ Y + \gamma'\ Z = \Lambda' \\ \alpha''X + \beta''Y + \gamma''Z = \Lambda'' \end{cases}$$

besitzt eine Lösung X, Y, Z. Ebenso haben die Systeme, die hieraus durch Ersatz der Freiglieder einmal durch $\mathfrak{P}$, $\mathfrak{P}'$, $\mathfrak{P}''$, P, P', P'', Π, Π', Π'', dann durch $\mathfrak{S}$, $\mathfrak{S}'$, $\mathfrak{S}''$, S, S', S'', Σ, Σ', Σ'' entstehen, Lösungen X', Y', Z' bzw. X'', Y'', Z''. So erhalten wir unter Benutzung der Abkürzung

$$U = \begin{vmatrix} X & Y & Z \\ X' & Y' & Z' \\ X'' & Y'' & Z'' \end{vmatrix}$$

ähnlich wie oben

(2) $$D = k\,U, \qquad \Delta = \varkappa\,U.$$

Aus den Gleichungen (1) und (2) folgt die behauptete Proportion

$$d : D = \delta : \Delta.$$

Ein wichtiger Sonderfall des bewiesenen Satzes ist folgender

Nullsatz:

In Nulldeterminanten sind die Adjunkten der Elemente einer Reihe den Adjunkten der entsprechenden Elemente einer beliebigen Parallelreihe proportional.

In der Tat,

$$\Delta = \begin{vmatrix} c_1^1 & c_1^2 & \dots & c_1^n \\ c_2^1 & c_2^2 & \dots & c_2^n \\ \cdot & \cdot & \cdot & \cdot \\ c_n^1 & c_n^2 & \dots & c_n^n \end{vmatrix}$$

sei eine verschwindende Determinante. Wir setzen zunächst voraus, daß ihr Rang χ nur um 1 niedriger als ihr Grad ist:

$$\chi = n - 1.$$

Nach dem Proportionalitätssatze sind die Maioren eines χ-reihigen Streifens den homologen Maioren eines beliebigen andern χ-reihigen Parallelstreifens proportional. Nehmen wir z. B. als ersten bzw. zweiten Streifen den, der die r^{te} bzw. ϱ^{te} Zeile von Δ nicht enthält, so sind die Maioren der beiden Streifen

$$\iota^{r+1}\,C_r^1, \qquad \iota^{r+2}\,C_r^2, \qquad \dots, \qquad \iota^{r+n}\,C_r^n$$
$$\iota^{\varrho+1}\,C_\varrho^1, \qquad \iota^{\varrho+2}\,C_\varrho^2, \qquad \dots, \qquad \iota^{\varrho+n}\,C_\varrho^n,$$

und unsere Proportion schreibt sich nach Unterdrückung des Faktors $\iota^r : \iota^\varrho$

$$\frac{C_r^1}{C_\varrho^1} = \frac{C_r^2}{C_\varrho^2} = \dots = \frac{C_r^n}{C_\varrho^n},$$

womit der Nullsatz für den Fall $\chi = n - 1$ bewiesen ist.

Für den Fall $\chi < n - 1$ aber ist er nur eine Trivialität, da in diesem Falle ja jeder Minor $(n-1)^{\text{ten}}$ Grades verschwindet, somit alle Glieder der obigen Proportion Null sind.

§ 17. Ableitung einer Determinante.

Wir stellen uns die Aufgabe, den Differentialquotienten einer Determinante zu berechnen, deren Elemente Funktionen des Arguments x sind.

Die Determinante heiße

$$\Delta = \begin{vmatrix} u_{11} & u_{12} & \dots & u_{1n} \\ u_{21} & u_{22} & \dots & u_{2n} \\ \cdot & \cdot & \cdot & \cdot \\ u_{n1} & u_{n2} & \dots & u_{nn} \end{vmatrix},$$

und u'_{rs} bedeute die Ableitung von u_{rs} nach x.

Nach der Kettenregel ist die Ableitung von Δ nach x

$$\Delta' = \Sigma \frac{\partial \Delta}{\partial u_{rs}} \cdot u'_{rs},$$

wo die Summation über alle Zeigerpaare (r, s) zu erstrecken ist, für die $1 \leq r \leq n$ und $1 \leq s \leq n$ ist.

Um $\frac{\partial \Delta}{\partial u_{rs}}$ zu ermitteln, entwickeln wir Δ nach der r^{ten} Zeile:

$$\Delta = u_{r1} U_{r1} + u_{r2} U_{r2} + \dots + u_{rs} U_{rs} + \dots + u_{rn} U_{rn}.$$

Hier kommt rechts u_{rs} nur im s^{ten} Gliede vor, und zwar mit dem von u_{rs} unabhängigen Faktor U_{rs}, der Adjunkte von u_{rs} in Δ. Daher ist

$$\frac{\partial \Delta}{\partial u_{rs}} = U_{rs}$$

und folglich

$$\Delta' = \Sigma U_{rs} u'_{rs}.$$

Bei der Summation halten wir zunächst den Zeiger r fest und bekommen als Summe der mit ihm behafteten Glieder

$$U_{r1} u'_{r1} + U_{r2} u'_{r2} + \dots + U_{rn} u'_{rn}.$$

Diese Summe ist das (skalare) Produkt der beiden Reihen

$$U_{r1}, \; U_{r2}, \; \dots, \; U_{rn}$$

und

$$u'_{r1}, \; u'_{r2}, \; \dots, \; u'_{rn},$$

deren zweite wir die Ableitung der Reihe

$$u_{r1}, \; u_{r2}, \; \dots, \; u_{rn}$$

nennen. Die Summe ist also der Wert, der aus Δ hervorgeht, wenn man die r^{te} Zeile durch ihre Ableitung ersetzt. Nennen wir die so gebildete Determinante Δ_r, so ergibt sich

$$\Delta' = \sum_{r}^{1,n} \Delta_r.$$

Diese Formel enthält folgende

Regel für die Ableitung einer Determinante:

Die Ableitung einer n-reihigen Determinante ist die Summe der n Determinanten, die man erhält, wenn man jeweils die erste, zweite, dritte, ... Zeile der vorgelegten Determinante durch ihre Ableitung ersetzt.

Für

$$\Delta = \begin{vmatrix} u_1 & v_1 & w_1 \\ u_2 & v_2 & w_2 \\ u_3 & v_3 & w_3 \end{vmatrix}$$

ist z. B.

$$\Delta' = \begin{vmatrix} u_1' & v_1' & w_1' \\ u_2 & v_2 & w_2 \\ u_3 & v_3 & w_3 \end{vmatrix} + \begin{vmatrix} u_1 & v_1 & w_1 \\ u_2' & v_2' & w_2' \\ u_3 & v_3 & w_3 \end{vmatrix} + \begin{vmatrix} u_1 & v_1 & w_1 \\ u_2 & v_2 & w_2 \\ u_3' & v_3' & w_3' \end{vmatrix}.$$

Anwendung der Regel auf Wronski-Determinanten.

Unter der Wronski-Determinante[1]) der n Funktionen $u_1, u_2 \ldots, u_n$ des Arguments x versteht man die Determinante

$$W = \begin{vmatrix} u_1 & u_2 & \ldots & u_n \\ u_1' & u_2' & \ldots & u_n' \\ u_1'' & u_2'' & \ldots & u_n'' \\ \cdot & \cdot & \cdot & \cdot \\ u_1^{n-1} & u_2^{n-1} & \ldots & u_n^{n-1} \end{vmatrix},$$

deren zweite, dritte, ..., n^{te} Zeile die Ableitung der bzw. ersten, zweiten, ..., $(n-1)^{\text{ten}}$ Zeile ist. Anders ausgedrückt: die Wronski-Determinante der n Funktionen $u_1, u_2, \ldots, u_n$ ist die Determinante, deren r^{te} Zeile die $(r-1)^{\text{te}}$ Ableitung der ersten Zeile $u_1, u_2, \ldots, u_n$ ist. Dabei wird man der Kürze wegen die ν^{te} Ableitung von u_r u_r^ν schreiben.

Bilden wir nach der obigen Regel die Ableitung der Determinante W, so verschwinden alle entstehenden Determinanten bis auf die letzte, da in jeder der $(n-1)$ ersten Determinanten zwei gleiche Zeilen vorkommen, in der vierten Determinante z. B. die beiden gleichen Zeilen $u_1^4, u_2^4, \ldots, u_n^4$ (als Ableitung der vierten Zeile) und $u_1^4, u_2^4, \ldots, u_n^4$ (als fünfte Zeile). Es bleibt daher nur

$$\Delta' = \begin{vmatrix} u_1 & u_2 & \ldots & u_n \\ u_1^1 & u_2^1 & \ldots & u_n^1 \\ u_1^2 & u_2^2 & \ldots & u_n^2 \\ \cdot & \cdot & \cdot & \cdot \\ u_1^{n-2} & u_2^{n-2} & \ldots & u_n^{n-2} \\ u_1^n & u_2^n & \ldots & u_n^n \end{vmatrix}.$$

Das gibt die einfache Sonderregel:

Die Ableitung einer Wronski-Determinante wird gefunden, indem man ihre letzte Zeile differenziert und die übrigen Zeilen unverändert läßt.

[1]) So genannt nach dem polnischen Mathematiker Wronski (1778—1853).

Zusatz. Aus der eingangs dieses Paragraphen gemachten Feststellung ergibt sich, daß die Adjunkte $P_{a\alpha}$ des Elements $p_{a\alpha}$ der Determinante $\Delta = |p_{11}\, p_{22} \ldots p_{nn}|$ die Schreibung $\frac{\partial \Delta}{\partial p_{a\alpha}}$ gestattet. Faßt man also in der Entwicklung von Δ alle Glieder zusammen, die den Faktor $p_{a\alpha}$ haben, so ist der Koeffizient von $p_{a\alpha}$ die partielle Ableitung $\frac{\partial \Delta}{\partial p_{a\alpha}}$. Ebenso ist der Koeffizient von $p_{a\alpha}\, p_{b\beta}$ in der Polynomialentwicklung von Δ die partielle Derivierte $\frac{\partial^2 \Delta}{\partial p_{a\alpha}\, \partial p_{b\beta}}$. Greifen wir eine beliebige Anzahl von Elementen, etwa die vier Elemente $p_{a\alpha}$, $p_{b\beta}$, $p_{c\gamma}$, $p_{d\delta}$ heraus, so ist der Koeffizient des Produkts $p_{a\alpha}\, p_{b\beta}\, p_{c\gamma}\, p_{d\delta}$ in der Entwicklung von Δ

$$K = \frac{\partial^4 \Delta}{\partial p_{a\alpha}\, \partial p_{b\beta}\, \partial p_{c\gamma}\, \partial p_{d\delta}}.$$

Es wird nützlich sein, diesen Koeffizienten auch als Determinante zu schreiben. Er geht offenbar aus Δ durch Streichung der Zeilen und Spalten hervor, die die Elemente $p_{a\alpha}$, $p_{b\beta}$, $p_{c\gamma}$, $p_{d\delta}$ enthalten. Wir nennen den entstehenden Minor M_4 und haben

$$K = \frac{\partial^4 \Delta}{\partial p_{a\alpha}\, \partial p_{b\beta}\, \partial p_{c\gamma}\, \partial p_{d\delta}} = \varepsilon\, M_4,$$

wo ε den uns noch fehlenden Zeichenfaktor bedeutet. Um diesen zu bekommen, vollziehen wir den Übergang von Δ zu M_4 allmählich:

Wir streichen zuerst die Zeile sowie Spalte, die $p_{a\alpha}$ enthält, nennen den entstandenen Minor M_1, den zugehörigen Zeichenfaktor ε_1 und haben

$$\frac{\partial \Delta}{\partial p_{a\alpha}} = \varepsilon_1\, M_1 \quad (\text{mit } \varepsilon_1 = \iota^{a+\alpha}).$$

Dann streichen wir in M_1 die Zeile sowie Spalte, die $p_{b\beta}$ enthält, nennen den verbleibenden Minor M_2, den zugehörigen Zeichenfaktor ε_2 und haben

$$\frac{\partial M_1}{\partial p_{b\beta}} = \frac{\partial^2 \Delta}{\partial p_{a\alpha}\, \partial p_{b\beta}} = \varepsilon_2\, M_2.$$

So fahren wir fort und erhalten noch die beiden Gleichungen

$$\frac{\partial M_2}{\partial p_{c\gamma}} = \varepsilon_3\, M_3 \qquad \text{und} \qquad \frac{\partial M_3}{\partial p_{d\delta}} = \varepsilon_4\, M_4.$$

Wir bestimmen zuerst ε_4. Dieser Zeichenfaktor ist $\iota^m \cdot \iota^\mu$, wo m bzw. μ die Nummer der Zeile bzw. Spalte von $p_{d\delta}$ in M_3 bedeutet.

Um eine bequeme Ausdrucksweise zu haben, nennen wir die Folge $x\, y$ von zwei verschiedenen Zahlen x und y einen Anstieg oder Abstieg, je nachdem $y > x$ oder $y < x$ ist (Abstieg ist also dasselbe wie Inversion); und unter der Anstiegszahl (Abstiegszahl) der Kombination $x\,y\,z\,t$ z. B. verstehen wir die Anzahl der Anstiege (Abstiege), die sich in der Reihe der Folgen xy, xz, xt, yz, yt, zt vorfinden (die Abstiegszahl ist unsere frühere Inversionszahl).

Wir bekommen nun m, indem wir von d soviel Einsen abziehen wie es unter den Folgen ad, bd, cd Anstiege gibt. Wir bezeichnen die Anzahl dieser Anstiege mit abc/d. Dann ist also $m = d - abc/d$ und ebenso $\mu = \delta - \alpha\beta\gamma/\delta$. Daher wird

$$\varepsilon_4 = \iota^{m+\mu} = \iota^{d+\delta} \cdot \iota^{a\,b\,c/d} \cdot \iota^{\alpha\,\beta\,\gamma/\delta}.$$

Ähnlich ist

$$\varepsilon_3 = \iota^{c+\gamma} \cdot \iota^{a\,b/c} \cdot \iota^{\alpha\,\beta/\gamma} \qquad \text{und} \qquad \varepsilon_2 = \iota^{b+\beta} \cdot \iota^{a/b} \cdot \iota^{\alpha/\beta}.$$

Wegen

$$K = \varepsilon_1\,\varepsilon_2\,\varepsilon_3\,\varepsilon_4\,M_4$$

ergibt sich jetzt

$$\varepsilon = \iota^{a+b+c+d+\alpha+\beta+\gamma+\delta} \cdot \iota^{s+\sigma},$$

wo

$$s = a/b + a\,b/c + a\,b\,c/d \qquad \text{und} \qquad \sigma = \alpha/\beta + \alpha\,\beta/\gamma + \alpha\,\beta\,\gamma/\delta$$

die Anstiegszahlen der Kombinationen $abcd$ und $\alpha\beta\gamma\delta$ sind. Nun ist die Summe aus Anstiegszahl s und Abstiegszahl t der Kombination $abcd$ ebenso groß wie die Summe aus Anstiegszahl σ und Abstiegszahl τ der Kombination $\alpha\beta\gamma\delta$. Daher ist $s + \sigma + t + \tau$ eine gerade Zahl und

$$\iota^{s+\sigma} = \iota^{t+\tau} = \frac{a\,b\,c\,d}{\alpha\,\beta\,\gamma\,\delta} \quad (\S\ 1).$$

Damit ist ε gefunden:

$$\varepsilon = \iota^{a+b+c+d+\alpha+\beta+\gamma+\delta} \cdot \frac{a\,b\,c\,d}{\alpha\,\beta\,\gamma\,\delta}.$$

Ergebnis:

Um aus

$$\Delta = \begin{vmatrix} p_{11} & p_{12} & \cdots & p_{1n} \\ p_{21} & p_{22} & \cdots & p_{2n} \\ \cdot & \cdot & \cdot & \cdot \\ p_{n1} & p_{n2} & \cdots & p_{nn} \end{vmatrix}$$

die partielle Derivierte

$$\Delta^* = \frac{\partial^\nu \Delta}{\partial p_{r_1 s_1} \partial p_{r_2 s_2} \cdots \partial p_{r_\nu s_\nu}}$$

zu bekommen, streiche man aus Δ alle Zeilen und Spalten, die die Elemente $p_{r_1 s_1}$, $p_{r_2 s_2}$, …, $p_{r_\nu s_\nu}$ enthalten und behafte den entstehenden Minor M noch mit dem Zeichenfaktor

$$\varepsilon = \iota^{r_1+r_2+\dots+r_\nu} \cdot \iota^{s_1+s_2+\dots+s_\nu} \cdot \frac{r_1 r_2 \dots r_\nu}{s_1 s_2 \dots s_\nu}.$$

Es ist

$$\Delta^* = \varepsilon M.$$

Die gefundene Regel gestattet noch eine andere Ausdrucksweise durch Einführung der Determinante

$$D = \begin{vmatrix} P_{r_1 s_1} & P_{r_1 s_2} & \dots & P_{r_1 s_\nu} \\ P_{r_2 s_1} & P_{r_2 s_2} & \dots & P_{r_2 s_\nu} \\ \cdot & \cdot & \cdot & \cdot \\ P_{r_\nu s_1} & P_{r_\nu s_2} & \dots & P_{r_\nu s_\nu} \end{vmatrix},$$

in der P_{rs} die Adjunkte von p_{rs} bedeutet. Sind $\varrho_1, \varrho_2, \dots, \varrho_\nu$ bzw. $\sigma_1, \sigma_2, \dots, \sigma_\nu$ die Zeiger $r_1, r_2, \dots, r_\nu$ bzw. $s_1, s_2, \dots, s_\nu$ in steigender Folge, so ist nach dem Permutationssatze (§ 5)

$$D = \frac{r_1 r_2 \dots r_\nu}{s_1 s_2 \dots s_\nu} \begin{vmatrix} P_{\varrho_1 \sigma_1} & P_{\varrho_1 \sigma_2} & \dots & P_{\varrho_1 \sigma_\nu} \\ P_{\varrho_2 \sigma_1} & P_{\varrho_2 \sigma_2} & \dots & P_{\varrho_2 \sigma_\nu} \\ \cdot & \cdot & \cdot & \cdot \\ P_{\varrho_\nu \sigma_1} & P_{\varrho_\nu \sigma_2} & \dots & P_{\varrho_\nu \sigma_\nu} \end{vmatrix}.$$

Die hier rechts stehende Determinante ist nach dem Satz vom Reziprokenminor (§ 18) das $\Delta^{\nu-1}$fache der Adjunkte von

$$\begin{vmatrix} p_{\varrho_1 \sigma_1} & p_{\varrho_1 \sigma_2} & \dots & p_{\varrho_1 \sigma_\nu} \\ p_{\varrho_2 \sigma_1} & p_{\varrho_2 \sigma_2} & \dots & p_{\varrho_2 \sigma_\nu} \\ \cdot & \cdot & \cdot & \cdot \\ p_{\varrho_\nu \sigma_1} & p_{\varrho_\nu \sigma_2} & \dots & p_{\varrho_\nu \sigma_\nu} \end{vmatrix}$$

in Δ. Diese Adjunkte ist aber definitionsgemäß

$$\iota^{r_1+r_2+\dots+r_\nu} \cdot \iota^{s_1+s_2+\dots+s_\nu} \cdot M.$$

Damit ergibt sich

$$D = \frac{r_1 r_2 \dots r_\nu}{s_1 s_2 \dots s_\nu} \cdot \Delta^{\nu-1} \cdot \iota^{r_1+r_2+\dots+r_\nu} \cdot \iota^{s_1+s_2+\dots+s_\nu} \cdot M$$

$$= \Delta^{\nu-1} \cdot \frac{\partial^\nu \Delta}{\partial p_{r_1 s_1} \partial p_{r_2 s_2} \dots \partial p_{r_\nu s_\nu}};$$

und wir bekommen die leicht zu merkende Formel

$$\Delta^* = \frac{\partial^\nu \Delta}{\partial p_{r_1 s_1} \partial p_{r_2 s_2} \dots \partial p_{r_\nu s_\nu}} = \begin{vmatrix} P_{r_1 s_1} & P_{r_1 s_2} & \dots & P_{r_1 s_\nu} \\ P_{r_2 s_1} & P_{r_2 s_2} & \dots & P_{r_2 s_\nu} \\ \cdot & \cdot & \cdot & \cdot \\ P_{r_\nu s_1} & P_{r_\nu s_2} & \dots & P_{r_\nu s_\nu} \end{vmatrix} : \Delta^{\nu-1}$$

für die partielle Derivierte Δ^*.

§ 18. Die Reziproke.

Bestimmt man zu jedem Element p_r^s der Determinante

$$d = \begin{vmatrix} p_1^1 & p_1^2 & \dots & p_1^n \\ p_2^1 & p_2^2 & \dots & p_2^n \\ \dots & \dots & \dots & \dots \\ p_n^1 & p_n^2 & \dots & p_n^n \end{vmatrix}$$

die Adjunkte P_r^s, so läßt sich aus diesen Adjunkten als Elementen eine neue Determinante

$$D = \begin{vmatrix} P_1^1 & P_1^2 & \dots & P_1^n \\ P_2^1 & P_2^2 & \dots & P_2^n \\ \dots & \dots & \dots & \dots \\ P_n^1 & P_n^2 & \dots & P_n^n \end{vmatrix}$$

bilden, die die Reziproke der Ausgangsdeterminante genannt wird. Der Name ist nicht gerade glücklich gewählt, da D keineswegs der reziproke Wert von d ist; vielmehr ist

$$D\,d = d^n.$$

Es gilt nämlich der

Reziprokensatz:

Die Reziproke einer n-reihigen Determinante ist gleich der $(n-1)^{\text{ten}}$ Potenz der Determinante.

Hier ist demgemäß

$$\underline{\underline{D = d^{n-1}}}.$$

Zum Beweise dieser fundamentalen Formel bilden wir, etwa zeilenweise, das Produkt der beiden Determinanten d und D:

$$d\,D = \begin{vmatrix} \Pi_1^1 & \Pi_1^2 & \dots & \Pi_1^n \\ \Pi_2^1 & \Pi_2^2 & \dots & \Pi_2^n \\ \dots & \dots & \dots & \dots \\ \Pi_n^1 & \Pi_n^2 & \dots & \Pi_n^n \end{vmatrix},$$

wobei

$$\Pi_r^s = p_r^1\,P_s^1 + p_r^2\,P_s^2 + \dots + p_r^n\,P_s^n$$

ist.

Nach der Entwicklungsformel (§ 5) ist die rechte Seite der letzten Gleichung $d \cdot |_r^s$, d. h. bei gleichen Zeigern r und s gleich der Determinante d, bei ungleichen Zeigern r und s dagegen gleich Null. Daher wird

$$d\,D = \begin{vmatrix} d & 0 & 0 & \dots & 0 \\ 0 & d & 0 & \dots & 0 \\ 0 & 0 & d & \dots & 0 \\ \dots & \dots & \dots & \dots & \dots \\ 0 & 0 & 0 & \dots & d \end{vmatrix},$$

wobei jedes Element der Hauptdiagonale d, jedes andere Element der rechts stehenden Determinante 0 ist, diese Determinante demnach den Wert d^n hat. Daher ist $dD = d^n$ oder

$$D = d^{n-1},$$

w. z. b. w.

Der letzte Schluß versagt zwar, wenn d Null ist; die Formel $D = d^{n-1}$ gilt aber auch in diesem Falle. In der Tat, da das Produkt $d\,[D - d^{n-1}]$ Null ist, so verschwindet das Polynom $D - d^{n-1}$ der n^2 Argumente p_r^s für alle die unendlich vielen Argumentwerte, für die $d \neq 0$ ist; es verschwindet daher identisch.

Eine ähnliche Formel gilt auch für die Minoren von D. Wir können uns ohne Einschränkung der Allgemeinheit unserer Darlegung auf einen dreireihigen Minor, etwa

$$M = \begin{vmatrix} P_a^\alpha & P_a^\beta & P_a^\gamma \\ P_b^\alpha & P_b^\beta & P_b^\gamma \\ P_c^\alpha & P_c^\beta & P_c^\gamma \end{vmatrix}$$

beschränken. Der zu ihm Homologe von d ist

$$m = \begin{vmatrix} p_a^\alpha & p_a^\beta & p_a^\gamma \\ p_b^\alpha & p_b^\beta & p_b^\gamma \\ p_c^\alpha & p_c^\beta & p_c^\gamma \end{vmatrix}.$$

Wir rücken in d die a^{te}, b^{te}, c^{te} Zeile sukzessive in die 1., 2., 3. Zeile, die α^{te}, β^{te}, γ^{te} Spalte in die 1., 2., 3. Spalte, ohne sonst die Reihenfolge der andern Elemente zu ändern. So entsteht aus d die neue Determinante

$$\mathfrak{d} = \begin{vmatrix} p_a^\alpha & p_a^\beta & p_a^\gamma & p_a^\varrho & p_a^\sigma & \cdots \\ p_b^\alpha & p_b^\beta & p_b^\gamma & p_b^\varrho & p_b^\sigma & \cdots \\ p_c^\alpha & p_c^\beta & p_c^\gamma & p_c^\varrho & p_c^\sigma & \cdots \\ p_r^\alpha & p_r^\beta & p_r^\gamma & p_r^\varrho & p_r^\sigma & \cdots \\ p_s^\alpha & p_s^\beta & p_s^\gamma & p_s^\varrho & p_s^\sigma & \cdots \\ \cdots & \cdots & \cdots & \cdots & \cdots & \cdots \end{vmatrix}.$$

Infolge der erwähnten Verrückungen ist (nach dem Transpositionssatze, § 5)

$$\mathfrak{d} = d \cdot \iota^{(a-1)+(b-1)+(c-1)+(\alpha-1)+(\beta-1)+(\gamma-1)} = d \cdot \iota^{a+b+c+\alpha+\beta+\gamma}.$$

Nun bilden wir das Produkt

$$\Pi = \begin{vmatrix} p_a^\alpha & p_a^\beta & p_a^\gamma & p_a^\varrho & p_a^\sigma & \cdots \\ p_b^\alpha & p_b^\beta & p_b^\gamma & p_b^\varrho & p_b^\sigma & \cdots \\ p_c^\alpha & p_c^\beta & p_c^\gamma & p_c^\varrho & p_c^\sigma & \cdots \\ p_r^\alpha & p_r^\beta & p_r^\gamma & p_r^\varrho & p_r^\sigma & \cdots \\ p_s^\alpha & p_s^\beta & p_s^\gamma & p_s^\varrho & p_s^\sigma & \cdots \\ \cdots & \cdots & \cdots & \cdots & \cdots & \cdots \end{vmatrix} \cdot \begin{vmatrix} P_a^\alpha & P_a^\beta & P_a^\gamma & P_a^\varrho & P_a^\sigma & \cdots \\ P_b^\alpha & P_b^\beta & P_b^\gamma & P_b^\varrho & P_b^\sigma & \cdots \\ P_c^\alpha & P_c^\beta & P_c^\gamma & P_c^\varrho & P_c^\sigma & \cdots \\ 0 & 0 & 0 & 1 & 0 & \cdots \\ 0 & 0 & 0 & 0 & 1 & \cdots \\ \cdots & \cdots & \cdots & \cdots & \cdots & \cdots \end{vmatrix}$$

aus $\mathfrak{d}$ und einer Determinante H, deren erste drei Zeilen die Homologen der ersten drei Zeilen von $\mathfrak{d}$ in D sind, deren andere Zeilen — mit Ausnahme der Hauptdiagonalplätze, wo Einsen stehen — nur Nullen enthalten, und die mithin nach dem Satze von Laplace nichts anderes als M darstellt.

Wir führen die Multiplikation aus, indem wir, um die ν^{te} Zeile der Produktdeterminante zu erhalten, die ν^{te} Zeile von $\mathfrak{d}$ sukzessive mit den Zeilen von H multiplizieren. Das gibt $\Pi =$

$$\mathfrak{d} \cdot M = \begin{vmatrix} d & 0 & 0 & p_{\mathfrak{a}}^{\varrho} & p_{\mathfrak{a}}^{\sigma} & \cdots \\ 0 & d & 0 & p_{\mathfrak{b}}^{\varrho} & p_{\mathfrak{b}}^{\sigma} & \cdots \\ 0 & 0 & d & p_{\mathfrak{c}}^{\varrho} & p_{\mathfrak{c}}^{\sigma} & \cdots \\ 0 & 0 & 0 & p_{\mathfrak{r}}^{\varrho} & p_{\mathfrak{r}}^{\sigma} & \cdots \\ 0 & 0 & 0 & p_{\mathfrak{s}}^{\varrho} & p_{\mathfrak{s}}^{\sigma} & \cdots \\ \cdot & \cdot & \cdot & \cdot & \cdot & \cdots \end{vmatrix}.$$

Nach Laplaces Satz ist die rechte Seite dieser Gleichung

$$\begin{vmatrix} d & 0 & 0 \\ 0 & d & 0 \\ 0 & 0 & d \end{vmatrix} \cdot \begin{vmatrix} p_{\mathfrak{r}}^{\varrho} & p_{\mathfrak{r}}^{\sigma} & \cdots \\ p_{\mathfrak{s}}^{\varrho} & p_{\mathfrak{s}}^{\sigma} & \cdots \\ \cdot & \cdot & \cdots \end{vmatrix},$$

d. h. das d^3fache des Komplements $\overline{m}$ des Minors m (in d). So entsteht die Formel

$$\mathfrak{d} \cdot M = d^3 \cdot \overline{m}$$

oder

$$d \cdot M = d^3 \cdot \iota^{\mathfrak{a}+\mathfrak{b}+\mathfrak{c}+\alpha+\beta+\gamma}\, \overline{m}.$$

Nun ist aber der zweite Faktor rechts das algebraische Komplement oder die Adjunkte m' des Minors m. Daher ergibt sich

$$d \cdot M = d^3 \cdot m'$$

und, wenn der Minor m nicht drei, sondern ν Reihen hat,

$$d \cdot M = d^{\nu} \cdot m'$$

oder

$$\underline{M = d^{\nu-1} \cdot m'.}$$

In Worten:

Satz vom Reziprokenminor:

Ein ν-reihiger Minor der Reziproke einer Determinante ist das Produkt aus der $(\nu - 1)^{\text{ten}}$ Potenz der Determinante und der Adjunkte des homologen Minors der Determinante.

§ 19. Symmetrie.

Eine Determinante heißt symmetrisch, wenn je zwei zur Hauptdiagonale symmetrisch gelegene Elemente gleich sind.

In der Determinante

$$\varDelta = \begin{vmatrix} c_1^1 & c_1^2 & \dots & c_1^n \\ c_2^1 & c_2^2 & \dots & c_2^n \\ \dots & \dots & \dots & \dots \\ c_n^1 & c_n^2 & \dots & c_n^n \end{vmatrix}$$

sind z. B. c_r^s und c_s^r Elemente, die zur Hauptdiagonale symmetrisch (spiegelbildlich) liegen. Die Plätze dieser Elemente haben nämlich in einem Koordinatensystem, dessen x-Achse nach unten, dessen y-Achse nach rechts läuft, und in dem das Element c_1^1 die Koordinaten $1|1$ besitzt, die Koordinaten $r|s$ und $s|r$. Diese beiden Punkte liegen aber zur Hauptdiagonale symmetrisch.

Die Determinante $\varDelta$ heißt also **symmetrisch**, wenn für jedes Zeigerpaar (r, s) die Bedingung

$$\underline{c_r^s = c_s^r}$$

erfüllt ist.

Wir stellen zunächst fest, daß in einer symmetrischen Determinante $\varDelta$ auch die den gleichen Elementen c_r^s und c_s^r entsprechenden Adjunkten gleich sind:

$$\underline{C_r^s = C_s^r}.$$

Schreibt man nämlich die Minoren von c_r^s und c_s^r auf, so sieht man, daß der eine die Transponierte des andern ist. Wir können diese Gleichheit auch folgendermaßen aussprechen:

Die Reziproke einer symmetrischen Determinante ist gleichfalls symmetrisch.

Sodann betrachten wir einige Eigenschaften der Hauptminoren[1]) einer symmetrischen Determinante.

Die obige Determinante $\varDelta$ sei symmetrisch und habe den Rang χ. Es sei etwa $\chi = 3$. Wir fassen die beiden χ-reihigen Hauptminoren

$$m = \begin{vmatrix} c_r^r & c_r^s & c_r^t \\ c_s^r & c_s^s & c_s^t \\ c_t^r & c_t^s & c_t^t \end{vmatrix} \quad \text{und} \quad \mu = \begin{vmatrix} c_\varrho^\varrho & c_\varrho^\sigma & c_\varrho^\tau \\ c_\sigma^\varrho & c_\sigma^\sigma & c_\sigma^\tau \\ c_\tau^\varrho & c_\tau^\sigma & c_\tau^\tau \end{vmatrix}$$

ins Auge und bilden die »zugehörigen Nebenminoren«

$$M = \begin{vmatrix} c_r^\varrho & c_r^\sigma & c_r^\tau \\ c_s^\varrho & c_s^\sigma & c_s^\tau \\ c_t^\varrho & c_t^\sigma & c_t^\tau \end{vmatrix} \quad \text{und} \quad M' = \begin{vmatrix} c_\varrho^r & c_\varrho^s & c_\varrho^t \\ c_\sigma^r & c_\sigma^s & c_\sigma^t \\ c_\tau^r & c_\tau^s & c_\tau^t \end{vmatrix},$$

indem wir die Spaltenzeiger der beiden Hauptminoren miteinander vertauschen.

[1]) Ein Hauptminor einer Determinante ist ein Minor, dessen Hauptdiagonalelemente Hauptdiagonalelemente der Determinante sind.

Aus der Symmetriebedingung folgt sofort, daß M' die Transponierte von M ist, mithin

$$M' = M$$

ist. Es genügt daher, von dem zu den beiden Hauptminoren m und μ gehörigen Nebenminor zu sprechen und darunter nach Belieben M oder M' zu verstehen.

Umgekehrt führt jeder Nebenminor wie z. B. M zur Bildung der zwei zugehörigen Hauptminoren m (indem man die Spaltenzeiger von M durch die Zeilenzeiger von M ersetzt) und μ.

Es gilt nun der wichtige

Hauptminorensatz:

Das Produkt von zwei χ-reihigen Hauptminoren einer symmetrischen Determinante χ^{ten} Ranges ist gleich dem Quadrat des zugehörigen Nebenminors. Alle χ-reihigen Hauptminoren der Determinante haben dasselbe Vorzeichen und können nicht zugleich verschwinden.

Der Beweis ergibt sich aus dem Verhältnissatz (§ 16). Die Minoren m und M z. B. gehören dem aus der r^{ten}, s^{ten} und t^{ten} Zeile von Δ gebildeten Waagrechtstreifen an, die Minoren M' und μ sind die zu jenen Homologen des aus der ϱ^{ten}, σ^{ten} und τ^{ten} Zeile gebildeten Parallelstreifens. Nach dem Verhältnissatz ist daher $m : M = M' : \mu$ oder

$$m \mu = M^2,$$

w. z. b. w.

Aus dieser Formel folgt weiter, daß die Hauptminoren m und μ gleiche Vorzeichen haben.

Wenn nun alle χ-reihigen Hauptminoren verschwänden, so wären beispielsweise die zu dem beliebigen χ-reihigen Nebenminor M gehörigen Hauptminoren m und μ Null, mithin der Formel gemäß auch M gleich Null. Es verschwänden dann also auch sämtliche χ-reihigen Nebenminoren. Das kann aber nicht sein, da doch wegen des Ranges χ mindestens ein χ-reihiger Minor von Null verschieden ist.

Eine Folge des Hauptminorensatzes ist der

Satz von der gesäumten symmetrischen Nulldeterminante:

Verschwindet die symmetrische Determinante

$$\Delta = \begin{vmatrix} c_1^1 & \cdot & \cdot & \cdot & c_1^n \\ \cdot & \cdot & \cdot & \cdot & \cdot \\ c_n^1 & \cdot & \cdot & \cdot & c_n^n \end{vmatrix},$$

so ist die gesäumte Determinante

$$\mathfrak{D} = \begin{vmatrix} c_1^1 & c_1^2 & \dots & c_1^n & x_1 \\ c_2^1 & c_2^2 & \dots & c_2^n & x_2 \\ \dots & \dots & \dots & \dots & \dots \\ c_n^1 & c_n^2 & \dots & c_n^n & x_n \\ x_1 & x_2 & \dots & x_n & 0 \end{vmatrix}$$

das Quadrat einer Linearform

$$L = k_1 x_1 + k_2 x_2 + \dots + k_n x_n$$

oder das Entgegengesetzte dieses Quadrats, je nachdem die Adjunkten der Hauptdiagonalelemente von $\varDelta$ negativ oder positiv sind.

Damit unser Satz einen Sinn hat, müssen wir voraussetzen, daß der Rang von $\varDelta$ gleich $n - 1$, nicht etwa kleiner als $n - 1$ ist. Wäre er nämlich kleiner, so wären die Adjunkten aller Elemente von $\varDelta$ Null, und wegen der Formel

$$\mathfrak{D} = \Sigma - C_r^s x_r x_s$$

aus § 4 wäre $\mathfrak{D}$ identisch Null, so daß unser Satz in die Trivialität $0 = (0x_1 + 0x_2 + \dots + 0x_n)^2$ ausarten würde.

Beweis. Wir erinnern uns zunächst daran, daß die Adjunkten C_s^s nach dem Hauptminorensatze alle dasselbe Vorzeichen haben. Wir setzen demgemäß

$$C_s^s = \varepsilon \Gamma_s,$$

wo Γ_s den Betrag von C_s^s und ε die positive oder negative Einheit bedeutet, je nachdem jenes Vorzeichen + oder — ist.

Darauf stellen wir fest, daß mindestens eine unserer Adjunkten, etwa C_ν^ν, von Null verschieden ist, da sonst die Summe ΣC_s^s dieser Adjunkten Null wäre, was dem Hauptminorensatze widerstreitet. Wir setzen den Betrag von $\sqrt{C_\nu^\nu}$ gleich $\varkappa$ und haben

$$C_\nu^\nu = \varepsilon \varkappa^2 \qquad \text{mit } \varkappa \neq 0.$$

Weiter ist nach dem Nullsatze von § 16

$$C_r^s : C_r^\nu = C_\nu^s : C_\nu^\nu$$

oder wegen $C_\nu^s = C_s^\nu$

$$C_r^s = \varepsilon\, C_r^\nu\, C_s^\nu : \varkappa^2.$$

Wir bilden nunmehr die Linearform

$$L = k_1 x_1 + k_2 x_2 + \dots + k_n x_n \qquad \text{mit } k_s = C_s^\nu : \varkappa.$$

Ihr Quadrat hat den Wert

$$L^2 = \Sigma\, k_r\, k_s\, x_r\, x_s = \varepsilon\, \Sigma\, C_r^s\, x_r\, x_s,$$

wo die Summation über alle Zeigerpaare (r, s) zu erstrecken ist, deren Komponenten r und s Zahlen der Folge 1, 2, 3, ..., n sind.

Nach dem Säumungssatze von § 4 ist nun

$$\mathfrak{D} = -\Sigma C_r^s x_r x_s.$$

Aus den beiden letzten Gleichungen folgt

$$\underline{\mathfrak{D} = -\varepsilon L^2.}$$

Dies ist aber die Behauptung, insofern

$$L = k_1 x_1 + k_2 x_2 + \ldots + k_n x_n$$

eine Linearform und die Einheit ε $+1$ oder -1 ist, je nachdem die Adjunkten der Hauptdiagonalelemente von $\varDelta$ positiv oder negativ sind.

§ 20. Schiefe Symmetrie und Schiefe.

Eine Determinante $\varDelta = |c_1^1 c_2^2 \ldots c_n^n|$ heißt schiefsymmetrisch oder antisymmetrisch, wenn für jedes Zeigerpaar (r, s)

$$\underline{c_r^s + c_s^r = 0}$$

ist. Aus dieser Bedingung folgt zunächst, daß die Hauptdiagonale nur Nullen enthält ($c_r^r + c_r^r = 0$ gibt $c_r^r = 0$). Für die Adjunkten von c_r^s und c_s^r erhalten wir die Beziehung

$$\underline{C_r^s = \iota^{n-1} C_s^r.}$$

Die Richtigkeit dieser Gleichung erhellt aus dem Anblick der zu c_r^s und c_s^r gehörigen Minoren: die Zeilen des zweiten sind die mit ι multiplizierten Spalten des ersten. Da die Minoren aber $(n-1)$ reihig sind, ist jeder von ihnen das ι^{n-1}fache des andern.

Jede schiefsymmetrische Determinante von ungerader Ordnung ist Null.

Man bekommt nämlich die Transponierte der Determinante, indem man jede Zeile mit ι multipliziert. Das bedeutet aber zugleich Multiplikation von $\varDelta$ mit ι^n. Daher ist

$$\varDelta = \iota^n \varDelta,$$

woraus für ungerades n

$$\varDelta = 0$$

folgt.

Jede schiefsymmetrische Determinante gerader Ordnung ist das Quadrat einer Linearform der Elemente ihrer letzten Spalte.

Beweis. Die Determinante heiße

$$\mathfrak{D} = \begin{vmatrix} c_1^1 & c_1^2 & \ldots & c_1^n & c_1^m \\ c_2^1 & c_2^2 & \ldots & c_2^n & c_2^m \\ \cdot & \cdot & \cdot & \cdot & \cdot \\ c_n^1 & c_n^2 & \ldots & c_n^n & c_n^m \\ c_m^1 & c_m^2 & \ldots & c_m^n & c_m^m \end{vmatrix},$$

wo $m = n + 1$ eine gerade, n also eine ungerade Zahl ist. Die Subdeterminante

$$\varDelta = \begin{vmatrix} c_1^1 & c_1^2 & \dots & c_1^n \\ c_2^1 & c_2^2 & \dots & c_2^n \\ \cdot & \cdot & \cdot & \cdot \\ c_n^1 & c_n^2 & \dots & c_n^n \end{vmatrix}$$

hat dann als schiefsymmetrische Determinante ungerader Ordnung den Wert Null.

Nennen wir die Adjunkte von c_r^s in $\varDelta$ C_r^s, so gilt nach dem Säumungssatze von § 4 die Entwicklung

$$\mathfrak{D} = \Sigma\, C_r^s\, x_r\, x_s \qquad \text{mit } x_r = c_r^m$$

(da ja hier $c_m^r = -c_r^m = -x_r$ ist).

Da n ungerade ist, so wird wegen der obigen Formel

$$C_r^s = \iota^{n-1}\, C_s^r$$

hier, wie bei symmetrischen Determinanten,

$$C_r^s = C_s^r.$$

Nach dem Nullsatz von § 16 ist ferner

$$C_r^s \cdot C_s^r = C_r^r \cdot C_s^s.$$

Aus den beiden letzten Gleichungen ergibt sich dann

$$C_r^r\, C_s^s = (C_r^s)^2$$

und hieraus, daß zwei beliebige Hauptminoren C_r^r und C_s^s dasselbe Vorzeichen haben, falls nicht zufällig einer verschwindet.

Sind ausnahmsweise alle Hauptminoren C_r^r Null, so verschwinden nach der letzten Formel auch alle Nebenminoren C_r^s. Dann verschwindet nach obiger Säumungsformel aber auch $\mathfrak{D}$, ein Ausnahmefall, der kein Interesse bietet.

Wir setzen daher voraus, daß mindestens ein Hauptminor, etwa $C_{r'}^{r'}$, von Null abweicht. Wir schreiben

$$C_{r'}^{r'} = \varepsilon\, \varkappa^2 \qquad \text{mit } \varepsilon^2 = 1 \text{ und } \varkappa > 0.$$

Wieder nach dem Nullsatz ist

$$\frac{C_{r'}^{r'}}{C_r^{r'}} = \frac{C_{r'}^s}{C_r^s}$$

oder

$$C_r^s = \varepsilon\, C_r^{r'}\, C_s^{r'} : \varkappa^2.$$

Bei Einführung der Linearform

$$L = k_1\, x_1 + k_2\, x_2 + \dots + k_n\, x_n$$

mit den Koeffizienten

$$k_s = C_s^{r'} : \varkappa$$

wird nunmehr

$$\mathfrak{D} = \varepsilon L^2,$$

da

$$k_r \cdot k_s = C_r^{\nu} C_s^{\nu} : \varkappa^2 = \varepsilon C_r^s .$$

Es kommt nur noch darauf an, das Vorzeichen von $\mathfrak{D}$ zu ermitteln. Dieses Vorzeichen ist aber das von ε, d. h. das von C_{ν}^{ν}. C_{ν}^{ν} aber ist eine schiefsymmetrische Determinante, deren Grad um 2 kleiner ist als der von $\mathfrak{D}$. Folgender Schluß kann also verbürgt werden: Sind alle nicht verschwindenden schiefsymmetrischen Determinanten g^{ten} Grades positiv, so sind auch alle nicht verschwindenden schiefsymmetrischen Determinanten $(g + 2)^{\text{ten}}$ Grades positiv. Nun sind alle 2reihigen nicht verschwindenden schiefsymmetrischen Determinanten positiv, da sie die Form

$$\begin{vmatrix} 0 & a \\ -a & 0 \end{vmatrix}$$

mithin den Wert a^2 haben. Folglich sind auch alle 4reihigen nicht verschwindenden schiefsymmetrischen Determinanten positiv, folglich auch alle 6reihigen usw. D. h. ε ist positiv, die gewonnene Formel muß heißen

$$\underline{\mathfrak{D} = + L^2,}$$

w. z. b. w.

Beispiel.
$$\begin{vmatrix} 0 & c & -b & x \\ -c & 0 & a & y \\ b & -a & 0 & z \\ -x & -y & -z & 0 \end{vmatrix} = (ax + by + cz)^2.$$

Schiefe Determinanten.

Eine Determinante $\Delta = |c_1^1\, c_2^2 \ldots c_n^n|$ heißt schief, wenn für ungleiche Zeiger r und s die Bedingung

$$c_r^s + c_s^r = 0$$

erfüllt ist. Bei schiefen Determinanten sind also im Gegensatz zu schiefsymmetrischen Determinanten die Hauptdiagonalelemente nicht Null.

Wir betrachten hier nur den wichtigen Fall, wo die Hauptdiagonalelemente alle denselben Wert x haben und stellen uns die Aufgabe, die Determinante nach Potenzen von x zu entwickeln. Wir lösen aber gleich die allgemeinere

Aufgabe: Die Determinante

$$\mathfrak{D} = \begin{vmatrix} c_1^1 + x & c_1^2 & c_1^3 & \ldots & c_1^n \\ c_2^1 & c_2^2 + x & c_2^3 & \ldots & c_2^n \\ c_3^1 & c_3^2 & c_3^3 + x & \ldots & c_3^n \\ \cdot & \cdot & \cdot & \cdot & \cdot \\ c_n^1 & c_n^2 & c_n^3 & \ldots & c_n^n + x \end{vmatrix}$$

nach Potenzen von x zu entwickeln.

Wir nennen die Determinante, die aus D durch Weglassung von x entsteht, Δ. Um die Aufgabe zu lösen, denken wir uns jedes Element von D aus zwei Teilen, einem Hauptteil und einem Nebenteil zusammengesetzt. Der Hauptteil des in Zeile r und Spalte s stehenden Elements ist c_r^s, der Nebenteil $x|_r^s$, d. h. x bei den Hauptdiagonalelementen, 0 bei den andern. Dadurch gehen die ursprünglichen Spalten in Doppelspalten über, die je aus einer Hauptkolonne und einer Nebenkolonne bestehen. Die so geschriebene Determinante D entwickeln wir nun nach dem Additionssatze. Sie zerfällt dann in eine Summe von 2^n n-reihigen Einzeldeterminanten, deren Spalten keine Doppelspalten mehr sind, sondern teils Haupt-, teils Nebenkolonnen sind.

Wir beachten zunächst, daß jedes in einer solchen Einzeldeterminante d vorkommende x stets in der Hauptdiagonale auftritt. Steht also x in der r^{ten} Zeile nicht, so steht es auch nicht in der r^{ten} Spalte. Kommt x in d im ganzen $(n-\nu)$mal vor, so steht es in ν Zeilen nicht, etwa nicht in den Zeilen $n_1, n_2, \ldots, n_\nu$, also auch nicht in den Spalten $n_1, n_2, \ldots, n_\nu$. Der Faktor von $x^{n-\nu}$ in d ist daher die ν-reihige Determinante

$$h_\nu = \begin{vmatrix} c_{n_1}^{n_1} & c_{n_1}^{n_2} & \ldots & c_{n_1}^{n_\nu} \\ c_{n_2}^{n_1} & c_{n_2}^{n_2} & \ldots & c_{n_2}^{n_\nu} \\ \cdot & \cdot & \cdot & \cdot \\ c_{n_\nu}^{n_1} & c_{n_\nu}^{n_2} & \ldots & c_{n_\nu}^{n_\nu} \end{vmatrix}$$

ist sonach ein Hauptminor ν^{ten} Grades von Δ. Da es im ganzen $\binom{n}{\nu}$ Hauptminoren ν^{ten} Grades gibt, so ist der Faktor von $x^{n-\nu}$ in D die Summe aller $\binom{n}{\nu}$ Hauptminoren (von Δ) ν^{ten} Grades.

Die gesuchte Entwicklung lautet daher

$$\underline{D = x^n + H_1 x^{n-1} + H_2 x^{n-2} + \ldots + H_n,}$$

wo der Koeffizient H_ν die Summe aller ν-reihigen Hauptminoren von Δ bedeutet, deren letzter, H_n, Δ selbst ist.

Ist im besonderen für jedes Zeigerpaar (r, s)

$$c_r^s + c_s^r = 0,$$

so stellt D die schiefe Determinante dar, die nach Potenzen von x entwickelt werden sollte. In der Entwicklung ist der Koeffizient H_ν die Summe aller ν-reihigen Hauptminoren der schiefsymmetrischen Determinante

$$\begin{vmatrix} c_1^1 & c_1^2 & \ldots & c_1^n \\ \cdot & \cdot & \cdot & \cdot \\ c_n^1 & c_n^2 & \ldots & c_n^n \end{vmatrix},$$

die als ebenfalls schiefsymmetrische Determinanten bei ungeradem ν Null, bei geradem ν positiv sind. Mithin ist auch ihre Summe H_ν bei ungeradem ν Null, bei geradem ν positiv. Die gesuchte Entwicklung erhält schließlich die Form

$$D = x^n + H_2 x^{n-2} + H_4 x^{n-4} + \dots$$

mit nur positiven Koeffizienten. Wir erkennen noch:

Eine schiefe Determinante mit gleichen positiven Hauptdiagonalelementen ist stets positiv (kann also nie Null werden).

§ 21. Der Satz von Hadamard.

Im Jahre 1893 stellte der französische Mathematiker Jacques Hadamard im XVII. Bande (2. Serie) des Bulletin des Sciences mathématiques eine obere Schranke für den Betrag einer Determinante auf.

Da eine n-reihige Determinante D aus $n!$ Gliedern besteht, von denen jedes ein Produkt von n Determinantenelementen ist, mithin kein Faktor eines derartigen Produkts, absolut genommen, den Betrag g des absolut größten Elements übersteigen kann, so ist

$$|D| \leq n!\, g^n,$$

womit natürlich schon eine obere Schranke für $|D|$ angegeben ist. Hadamard hat das Verdienst, diese Schranke tiefer gelegt zu haben: er senkte sie von $n!\, g^n$ auf $\sqrt{n^n}\, g^n$ herab, wobei er sich vermutlich von der bekannten Ungleichung

$$\sqrt{n^n} < n!$$

inspirieren ließ.

[Diese Ungleichung, die für jedes ganzzahlige $n > 2$ gilt, entsteht so: Es ist

$$\begin{aligned} 1.\ n &= n \\ 2.\ (n-1) &> n \\ 3.\ (n-2) &> n \\ &\vdots \\ (n-1).\ 2 &> n \\ n.\ 1 &= n. \end{aligned}$$

Die Multiplikation dieser n Zeilen gibt

$$n!^2 > n^n.]$$

Hadamards Satz lautet also:

Bedeutet g den Betrag des absolut größten Elements einer n-reihigen Determinante D, so ist

$$|D| \leq \sqrt{n^n}\, g^n.$$

Beweis.

$$D = \begin{vmatrix} e_1^1 & e_1^2 & \dots & e_1^n \\ e_2^1 & e_2^2 & \dots & e_2^n \\ \cdot & \cdot & \cdot & \cdot \\ e_n^1 & e_n^2 & \dots & e_n^n \end{vmatrix}$$

sei die gegebene Determinante, deren Elemente der Allgemeinheit wegen als beliebige komplexe Zahlen vorausgesetzt werden. Die zu e_r^s konjugiert komplexe Zahl sei ε_r^s, die zu D konjugiert komplexe $\varDelta$, so daß

$$\varDelta = \begin{vmatrix} \varepsilon_1^1 & \varepsilon_1^2 & \dots & \varepsilon_1^n \\ \varepsilon_2^1 & \varepsilon_2^2 & \dots & \varepsilon_2^n \\ \cdot & \cdot & \cdot & \cdot \\ \varepsilon_n^1 & \varepsilon_n^2 & \dots & \varepsilon_n^n \end{vmatrix}.$$

Wir bilden das Langprodukt der beiden Matrizen

$$\begin{pmatrix} e_1^1 & e_1^2 & \dots & e_1^n \\ e_2^1 & e_2^2 & \dots & e_2^n \\ \cdot & \cdot & \cdot & \cdot \\ e_\nu^1 & e_\nu^2 & \dots & e_\nu^n \end{pmatrix} \quad \text{und} \quad \begin{pmatrix} \varepsilon_1^1 & \varepsilon_1^2 & \dots & \varepsilon_1^n \\ \varepsilon_2^1 & \varepsilon_2^2 & \dots & \varepsilon_2^n \\ \cdot & \cdot & \cdot & \cdot \\ \varepsilon_\nu^1 & \varepsilon_\nu^2 & \dots & \varepsilon_\nu^n \end{pmatrix}$$

d. h. die Determinante

$$d_\nu = \begin{vmatrix} l_1^1 & l_1^2 & \dots & l_1^\nu \\ l_2^1 & l_2^2 & \dots & l_2^\nu \\ \cdot & \cdot & \cdot & \cdot \\ l_\nu^1 & l_\nu^2 & \dots & l_\nu^\nu \end{vmatrix}, \qquad \nu < n,$$

deren Element l_r^s den Wert

$$l_r^s = e_r^1 \varepsilon_s^1 + e_r^2 \varepsilon_s^2 + \dots + e_r^n \varepsilon_s^n$$

hat. Aus dem Anblick von l_r^s folgt, daß

l_r^s zu l_s^r konjugiert und l_r^r positiv ist.

Nach dem Satze vom Langprodukt (§ 10) ist d_ν die Summe aller Produkte homologer Maioren der beiden Matrizen:

$$d_\nu = \Sigma \begin{vmatrix} e_1^{r_1} & e_1^{r_2} & \dots & e_1^{r_\nu} \\ e_2^{r_1} & e_2^{r_2} & \dots & e_2^{r_\nu} \\ \cdot & \cdot & \cdot & \cdot \\ e_\nu^{r_1} & e_\nu^{r_2} & \dots & e_\nu^{r_\nu} \end{vmatrix} \cdot \begin{vmatrix} \varepsilon_1^{r_1} & \varepsilon_1^{r_2} & \dots & \varepsilon_1^{r_\nu} \\ \varepsilon_2^{r_1} & \varepsilon_2^{r_2} & \dots & \varepsilon_2^{r_\nu} \\ \cdot & \cdot & \cdot & \cdot \\ \varepsilon_\nu^{r_1} & \varepsilon_\nu^{r_2} & \dots & \varepsilon_\nu^{r_\nu} \end{vmatrix},$$

wo $r_1 r_2 \dots r_\nu$ alle möglichen Kombinationen der n Elemente $1, 2, \dots, n$ zur ν^{ten} Klasse durchläuft, für die $r_1 < r_2 < \dots < r_\nu$ ist. Da jeder Summand der Summe Σ das Produkt von zwei konjugiert komplexen Zahlen ist, so hat d_ν einen positiven Wert. [d_ν kann nicht verschwinden, da sonst jeder Summand der Summe Σ verschwinden muß. In diesem Falle verschwindet dann auch jeder Faktor eines Summanden, verschwindet also z. B. jeder den ν ersten Zeilen von D entnommene Maior. Nach Laplaces Satz verschwindet dann auch D selbst, während wir selbstverständlich $D \neq 0$ voraussetzen.]

Außer d_ν betrachten wir die Determinante

$$d_\nu^\mu = \begin{vmatrix} l_1^1 & l_1^2 & \dots & l_1^\nu & l_1^\mu \\ l_2^1 & l_2^2 & \dots & l_2^\nu & l_2^\mu \\ \cdot & \cdot & \cdot & \cdot & \cdot \\ l_\nu^1 & l_\nu^2 & \dots & l_\nu^\nu & l_\nu^\mu \\ l_\mu^1 & l_\mu^2 & \dots & l_\mu^\nu & 0 \end{vmatrix},$$

welche entsteht, wenn wir d_ν mit der aus den Elementen $l_1^\mu, l_2^\mu, \dots, l_\nu^\mu, 0$ bestehenden Spalte und der aus den Elementen $l_\mu^1, l_\mu^2, \dots, l_\mu^\nu, 0$ bestehenden Zeile säumen. Da die Transponierte dieser Determinante konjugiert komplex zu d_ν^μ ist, so hat d_ν^μ einen reellen Wert. Wir werden zeigen, daß dieser nie positiv sein kann.

Wir führen zu diesem Zwecke zunächst noch die Reziproke R von d_ν^μ ein, in der also das in Zeile r und Spalte s stehende Element L_r^s die Adjunkte des homologen Elements von d_ν^μ ist. Schreiben wir L_r^s ausführlich als Determinante und verwandeln jedes ihrer Elemente ins Konjugiertkomplexe, so entsteht die Transponierte von L_s^r. Mithin sind L_r^s und L_s^r konjugiertkomplex, woraus noch folgt, daß die Reziproke R reell ist.

Nach dem auf die Determinante d_ν^μ und ihre Reziproke R angewandten Satze vom Reziprokenminor (§ 18) ist nun

$$\begin{vmatrix} L_\nu^\nu & L_\nu^{\nu+1} \\ L_{\nu+1}^\nu & L_{\nu+1}^{\nu+1} \end{vmatrix} = d_\nu^\mu \cdot \begin{vmatrix} l_1^1 & \dots & l_1^{\nu-1} \\ \cdot & \cdot & \cdot \\ l_{\nu-1}^1 & \dots & l_{\nu-1}^{\nu-1} \end{vmatrix}$$

oder, da die rechts von d_ν^μ stehende Determinante $d_{\nu-1}$ ist, ferner

$$L_\nu^\nu = d_{\nu-1}^\mu \qquad \text{und} \qquad L_{\nu+1}^{\nu+1} = d_\nu$$

ist,

$$d_\nu\, d_{\nu-1}^\mu - L_\nu^{\nu+1}\, L_{\nu+1}^\nu = d_{\nu-1}\, d_\nu^\mu.$$

Hier ist der Subtrahend der linken Seite als Produkt zweier konjugiertkomplexen Zahlen > 0. Daher kann die rechte Seite den Minuenden der linken nicht übersteigen, und wir gewinnen die Ungleichung

$$d_{\nu-1}\, d_\nu^\mu \leq d_\nu\, d_{\nu-1}^\mu$$

oder, wenn wir die positive Größe $d_\nu : d_{\nu-1}$ kurz p_ν nennen,

(1) $$d_\nu^\mu \leq p_\nu\, d_{\nu-1}^\mu.$$

Nun ist

$$d_1^\mu = \begin{vmatrix} l_1^1 & l_1^\mu \\ l_\mu^1 & 0 \end{vmatrix} = -\, l_\mu^1\, l_1^\mu < 0.$$

Da aber nach (1)

$$d_2^\mu \leq p_2\, d_1^\mu$$

ist, so folgt

$$d_2'' \leq 0.$$

Aus (1) nun wieder:

$$d_3'' < p_3 d_2'',$$

folglich wegen

$$d_2'' \leq 0$$

auch

$$d_3'' \leq 0$$

usw. Alle Determinanten d_ν'' sind negativ oder Null.

Nunmehr wenden wir unsere Aufmerksamkeit wieder der Determinante d_ν zu. In ihrer letzten Spalte schreiben wir das letzte Element $l_\nu^\nu + 0$, jedes andere Element l_r^ν $0 + l_r^\nu$ und entwickeln dann nach dem Additionssatze. Das gibt

$$d_\nu = l_\nu^\nu d_{\nu-1} + d_{\nu-1}^\nu.$$

Da der zweite Summand der rechten Seite dieser Gleichung nach dem oben Bewiesenen nicht positiv sein kann, entsteht die Ungleichung

$$d_\nu \leq l_\nu^\nu d_{\nu-1}.$$

In ihr setzen wir sukzessive $\nu = 2, 3, 4, \ldots, n$ und bekommen

$$d_2 \leq l_2^2 d_1,$$
$$d_3 \leq l_3^3 d_2,$$
$$\vdots$$
$$d_n \leq l_n^n d_{n-1}.$$

Die Multiplikation dieser $(n-1)$ Ungleichungen ergibt, wenn wir noch bedenken, daß

$$d_1 = l_1^1$$

ist,

$$d_n \leq l_1^1 l_2^2 l_3^3 \ldots l_n^n.$$

Nun ist

$$l_r^r = e_r^1 \varepsilon_r^1 + e_r^2 \varepsilon_r^2 + \ldots + e_r^n \varepsilon_r^n.$$

Bedeutet also g den Betrag des absolut größten Elements von D, so folgt

$$l_r^r \leq n g^2.$$

Durch Anwendung dieser Ungleichung auf die für d_n gefundene entsteht schließlich

$$d_n \leq n^n g^{2n}$$

oder, wenn wir noch berücksichtigen, daß

$$d_n = D \Delta$$

ist,

$$|D| \leq \sqrt{n^n} g^n,$$

w. z. b. w.

Anwendungen.

Arithmetische Anwendungen.

§ 22. Kubische und biquadratische Gleichungen.

Die folgende Lösung der kubischen Gleichung beruht auf der Betrachtung der Determinante

$$\Delta = \begin{vmatrix} x & h & k \\ k & x & h \\ h & k & x \end{vmatrix},$$

deren erste Zeile aus der Unbekannten x und zwei Konstanten h und k besteht, deren andere Zeilen aus dieser durch zyklische Vertauschung hervorgehen, wobei aber x stets in der Hauptdiagonale stehen soll.

Die einfachste aller kubischen Gleichungen

$$x^3 = 1$$

hat bekanntlich die drei Wurzeln

$$x_1 = J, \quad x_2 = J^2, \quad x_3 = J^3 = 1 \qquad \text{mit } J = \frac{-1 + i\sqrt{3}}{2}.$$

ε sei eine von ihnen. Wir addieren zur ersten Spalte von Δ das ε-fache der zweiten sowie das ε^2-fache der dritten und bekommen

$$\Delta = \begin{vmatrix} x + h\varepsilon + k\varepsilon^2 & h & k \\ k + x\varepsilon + h\varepsilon^2 & x & h \\ h + k\varepsilon + x\varepsilon^2 & k & x \end{vmatrix}.$$

Multiplizieren wir hier die zweite Zeile mit ε^2, die dritte mit ε — wodurch die Determinante, weil mit $\varepsilon^3 = 1$ multipliziert, ihren Wert nicht ändert — so erhält Δ die Form

$$\Delta = \begin{vmatrix} x + h\varepsilon + k\varepsilon^2 & h & k \\ x + h\varepsilon + k\varepsilon^2 & x\varepsilon^2 & h\varepsilon^2 \\ x + h\varepsilon + k\varepsilon^2 & k\varepsilon & x\varepsilon \end{vmatrix} = (x + h\varepsilon + k\varepsilon^2) \begin{vmatrix} 1 & h & k \\ 1 & x\varepsilon^2 & h\varepsilon^2 \\ 1 & k\varepsilon & x\varepsilon \end{vmatrix}.$$

Das Polynom Δ ist also durch $x + h\varepsilon + k\varepsilon^2$ ohne Rest teilbar. Es ist sonach 1. durch $x + hJ + kJ^2$, 2. durch $x + hJ^2 + kJ$, 3. durch $x + h + k$ teilbar. Da nun der Koeffizient von x^3 in der Entwicklung von Δ den Wert 1 hat, so ist identisch

$$\Delta = (x + h + k)\,(x + hJ + kJ^2)\,(x + hJ^2 + kJ).$$

Die Gleichung

$$\Delta = 0 \qquad \text{oder} \qquad x^3 - 3hkx + h^3 + k^3 = 0$$

hat demnach die drei Wurzeln

$$\alpha = -h - k, \qquad \beta = -hJ - kJ^2, \qquad \gamma = -hJ^2 - kJ.$$

Um eine beliebige kubische Gleichung

$$X^3 + AX^2 + BX + C = 0$$

auf die betrachtete Form zu bringen, führen wir zunächst die neue Unbekannte

$$x = X + \frac{A}{3}$$

ein und bringen die vorgelegte Gleichung mit ihrer Hilfe auf die reduzierte Form

$$x^3 = px - q.$$

Bestimmen wir dann zwei Hilfsgrößen h und k nach der Vorschrift

$$3hk = p, \qquad h^3 + k^3 = q,$$

so sind α, β, γ die Wurzeln der reduzierten Gleichung.

[Die Bestimmung der Hilfsgrößen h und k ist einfach:

$$(h^3 - k^3)^2 = (h^3 + k^3)^2 - 4h^3k^3 = D = q^2 - \frac{4}{27}p^3;$$

$$h^3 - k^3 = \sqrt{D}; \quad h^3 = \frac{q + \sqrt{D}}{2}, \quad k^3 = \frac{q - \sqrt{D}}{2}.\Big]$$

Biquadratische Gleichungen.

Die folgende Lösung der biquadratischen Gleichung beruht auf der Betrachtung der symmetrischen Determinante

$$\Delta = \begin{vmatrix} x & a & b & c \\ a & x & c & b \\ b & c & x & a \\ c & b & a & x \end{vmatrix},$$

in der wieder die Unbekannte x die Plätze der Hauptdiagonale einnimmt.

Wir addieren zur vierten Spalte die erste, zweite und dritte und bekommen

$$\Delta = \begin{vmatrix} x & a & b & t \\ a & x & c & t \\ b & c & x & t \\ c & b & a & t \end{vmatrix} \qquad \text{mit } t = x + a + b + c.$$

Wir addieren zur vierten Spalte der Ausgangsdeterminante die erste und subtrahieren die zweite und dritte. Das gibt

$$\Delta = \begin{vmatrix} x & a & b & w \\ a & x & c & -w \\ b & c & x & -w \\ c & b & a & w \end{vmatrix} \qquad \text{mit } w = x + c - a - b.$$

Wir addieren zur vierten Spalte die zweite und subtrahieren die dritte und erste; das gibt

$$\Delta = \begin{vmatrix} x & a & b & -v \\ a & x & c & v \\ b & c & x & -v \\ c & b & a & v \end{vmatrix} \qquad \text{mit } v = x + b - c - a.$$

Schließlich addieren wir zur vierten Spalte die dritte, subtrahieren die erste und zweite und erhalten

$$\Delta = \begin{vmatrix} x & a & b & -u \\ a & x & c & -u \\ b & c & x & u \\ c & b & a & u \end{vmatrix} \qquad \text{mit } u = x + a - b - c.$$

Die gefundenen Ausdrücke für Δ zeigen, daß das Polynom Δ durch jeden der vier Linearfaktoren

$$t = x + a + b + c,\quad u = x + a - b - c,\quad v = x + b - c - a,\quad w = x + c - a - b$$

ohne Rest teilbar ist. Da zudem der Koeffizient von x^4 in der Entwicklung von Δ nach fallenden Potenzen von x den Wert 1 hat, so ist Δ das Produkt dieser vier Linearfaktoren:

$$\Delta = (x + a + b + c)\ (x + a - b - c)\ (x + b - c - a)\ (x + c - a - b).$$

Führen wir die angedeutete Entwicklung durch, so entsteht

$$\Delta = x^4 - 2\,(A + B + C)\,x^2 + 8\,a\,b\,c\,x - D,$$

wobei A, B, C Abkürzungen für die Quadrate a^2, b^2, c^2 sind und

$$D = 2\,B\,C + 2\,C\,A + 2\,A\,B - A^2 - B^2 - C^2$$

ist.

Aus unserer Betrachtung ergibt sich nun folgende Lösung der allgemeinen biquadratischen Gleichung

$$X^4 + H\,X^3 + K\,X^2 + L\,X + M = 0.$$

Man bringe die Gleichung zunächst durch die Substitution

$$X = x - \frac{H}{4}$$

auf die reduzierte Form

$$x^4 - h\,x^2 + k\,x - l = 0.$$

Darauf wähle man drei Größen a, b, c so, daß diese Gleichung mit der Gleichung

$$x^4 - 2(A + B + C)x^2 + 8abcx - D = 0.$$

oder $\Delta = 0$ übereinstimmt.

Dann sind

$$x_0 = -a - b - c, \quad x_1 = b + c - a, \quad x_2 = c + a - b, \quad x_3 = a + b - c$$

die vier Wurzeln der reduzierten Gleichung

$$x^4 - hx^2 + kx - l = 0.$$

Die geforderte Übereinstimmung führt auf folgende drei Bedingungsgleichungen

$$(1) \quad A + B + C = \frac{h}{2}, \qquad (2) \quad abc = \frac{k}{8}, \qquad (3) \quad D = l.$$

Da

$$D = 4(BC + CA + AB) - (A + B + C)^2$$

ist, schreibt sich die dritte Bedingung

$$(3) \quad BC + CA + AB = \frac{l}{4} + \frac{h^2}{16}.$$

Die unbekannten Größen A, B, C sind also die Wurzeln der kubischen Hilfsgleichung

$$y^3 - \frac{h}{2}y^2 + \left(\frac{l}{4} + \frac{h^2}{16}\right)y - \frac{k^2}{64} = 0,$$

da diese Wurzeln, α, β, γ, die drei Bedingungen

$$\alpha + \beta + \gamma = \frac{h}{2}, \qquad \beta\gamma + \gamma\alpha + \alpha\beta = \frac{l}{4} + \frac{h^2}{16}, \qquad \alpha\beta\gamma = \frac{k^2}{64}$$

erfüllen.

Nach Ermittlung von $\alpha = A$, $\beta = B$, $\gamma = C$ ergibt sich

$$a = \sqrt{A}, \quad b = \sqrt{B}, \quad c = \sqrt{C},$$

wobei die Vorzeichen der Quadratwurzeln so zu wählen sind, daß das Produkt abc den durch (2) vorgeschriebenen Wert $k/8$ erhält.

§ 23. Hermites Minimumaufgabe.

Das Minimum der quadratischen Summe

$$s = u^2 + v^2 + w^2$$

der drei Linearfunktionen

$$u = at + \alpha\tau + h, \qquad v = bt + \beta\tau + k, \qquad w = ct + \gamma\tau + l$$

der beiden Argumente t und τ zu finden, wobei die neun Größen a, b, c, α, β, γ, h, k, l gegebene Konstanten sind.

Lösung. Wir führen die Determinante

$$\Delta = \begin{vmatrix} a & \alpha & h \\ b & \beta & k \\ c & \gamma & l \end{vmatrix}$$

und die quadratische Summe

$$N = H^2 + K^2 + L^2$$

der Adjunkten H, K, L ihrer letzten Spalte ein. Auf letztere und s wenden wir Lagranges Identität (§ 10) an:

$$N s = (H^2 + K^2 + L^2)(u^2 + v^2 + w^2) =$$
$$(Hu + Kv + Lw)^2 + (Kw - Lv)^2 + (Lu - Hw)^2 + (Hv - Ku)^2.$$

Hier ist

$$Hu + Kv + Lw =$$
$$(Ha + Kb + Lc)\,t + (H\alpha + K\beta + L\gamma)\,\tau + (Hh + Kk + Ll).$$

Nach der Entwicklungsformel sind aber die in der letzten Gleichung neben t und τ stehenden Klammern Null, während das Freiglied den Wert Δ hat. Daher wird

$$Hu + Kv + Lw = \Delta$$

und

$$N s = \Delta^2 + [Kw - Lv]^2 + [Lu - Hw]^2 + [Hv - Ku]^2.$$

Wir unterscheiden die beiden Fälle

$$\text{I} \quad N > 0, \qquad \text{II} \quad N = 0.$$

Im ersten Falle, auf den es allein ankommt, wird s am kleinsten, wenn die drei eckigen Klammern verschwinden. Das gibt für die gesuchten Argumentwerte t und τ die drei Bestimmungsgleichungen

$$Kw - Lv = 0, \qquad Lu - Hw = 0, \qquad Hv - Ku = 0,$$

die wir in die eine Zeile

$$\frac{u}{H} = \frac{v}{K} = \frac{w}{L}$$

zusammenfassen können.

Wir setzen den gemeinsamen Wert dieser drei Brüche gleich g und haben

$$g = \frac{Hu}{H^2} = \frac{Kv}{K^2} = \frac{Lw}{L^2} = \frac{Hu + Kv + Lw}{H^2 + K^2 + L^2} = \frac{\Delta}{N}.$$

So bekommen wir für die gesuchten Argumentwerte t und τ die drei Gleichungen

$$(1) \qquad \begin{cases} at + \alpha\tau + h = Hg, \\ bt + \beta\tau + k = Kg, \\ ct + \gamma\tau + l = Lg. \end{cases}$$

Wir lösen statt dieses Systems das folgende für die drei Unbekannten t, τ, ω:

$$(2) \qquad \begin{cases} a t + \alpha \tau + h \omega = H g, \\ b t + \beta \tau + k \omega = K g, \\ c t + \gamma \tau + l \omega = L g, \end{cases}$$

in der Hoffnung, daß sich für ω der Wert 1 ergeben wird [da dann (1) und (2) übereinstimmen].

Wenden wir Cramers Regel auf (2) an, so wird

$$\Delta \omega = \begin{vmatrix} a & \alpha & Hg \\ b & \beta & Kg \\ c & \gamma & Lg \end{vmatrix} = g \begin{vmatrix} a & \alpha & H \\ b & \beta & K \\ c & \gamma & L \end{vmatrix}.$$

Entwickeln wir die hier rechts stehende Determinante nach der letzten Spalte, so schreibt sie sich $HH + KK + LL$, und wir bekommen

$$\Delta \omega = gN = \Delta \qquad \text{oder} \qquad \omega = 1,$$

womit unsere Vermutung sich bestätigt. Die Lösung des Systems (1) stimmt also mit der von (2) überein.

Aus (2) folgt nun weiter

$$\Delta t = \begin{vmatrix} Hg & \alpha & h \\ Kg & \beta & k \\ Lg & \gamma & l \end{vmatrix} = g \begin{vmatrix} H & \alpha & h \\ K & \beta & k \\ L & \gamma & l \end{vmatrix}; \qquad t = \begin{vmatrix} \alpha & h & H \\ \beta & k & K \\ \gamma & l & L \end{vmatrix} : N$$

und ebenso

$$\tau = \begin{vmatrix} a & H & h \\ b & K & k \\ c & L & l \end{vmatrix} : N = - \begin{vmatrix} a & h & H \\ b & k & K \\ c & l & L \end{vmatrix} : N.$$

Die gefundenen Werte gelten auch noch im Ausnahmefalle $\Delta = 0$. Dann ist z. B.

$$N(at + \alpha\tau + h) = a \begin{vmatrix} \alpha & h & H \\ \beta & k & K \\ \gamma & l & L \end{vmatrix} - \alpha \begin{vmatrix} a & h & H \\ b & k & K \\ c & l & L \end{vmatrix} + h \begin{vmatrix} a & \alpha & H \\ b & \beta & K \\ c & \gamma & L \end{vmatrix},$$

und die rechte Seite dieser Gleichung ist in der Tat Null, da sie die Entwicklung der Determinante

$$\begin{vmatrix} a & \alpha & h & H \\ a & \alpha & h & H \\ b & \beta & k & K \\ c & \gamma & l & L \end{vmatrix}$$

nach der ersten Zeile darstellt und diese vierreihige Determinante verschwindet. Somit ist auch bei verschwindendem Δ

$$at + \alpha\tau + h = 0.$$

Ähnlich wird

$$N(bt+\beta\tau+k)=\begin{vmatrix} a & \alpha & h & H \\ b & \beta & k & K \\ b & \beta & k & K \\ c & \gamma & l & L \end{vmatrix}=0$$

(Entwicklung nach der dritten Zeile) und

$$N(ct+\gamma\tau+l)=\begin{vmatrix} a & \alpha & h & H \\ b & \beta & k & K \\ c & \gamma & l & L \\ c & \gamma & l & L \end{vmatrix}=0$$

(Entwicklung nach der dritten Zeile).

Ergebnis:

Die Funktion

$$(at+\alpha\tau+h)^2+(bt+\beta\tau+k)^2+(ct+\gamma\tau+l)^2$$

der beiden Argumente t und τ erreicht an der Stelle

$$t=\begin{vmatrix} \alpha & h & H \\ \beta & k & K \\ \gamma & l & L \end{vmatrix}:N, \qquad \tau=-\begin{vmatrix} a & h & H \\ b & k & K \\ c & l & L \end{vmatrix}:N$$

ihren kleinsten Wert $\Delta^2:N$.

Dabei ist

$$\Delta=\begin{vmatrix} a & \alpha & h \\ b & \beta & k \\ c & \gamma & l \end{vmatrix}, \qquad N=H^2+K^2+L^2,$$

und H, K, L sind die Adjunkten von h, k, l in Δ. Der Nenner N wird als von Null verschieden vorausgesetzt.

Letztere Voraussetzung ist wesentlich. Im Falle $N=0$ verschwinden nämlich H, K und L, und die Koeffizienten α, β, γ sind den Koeffizienten a, b, c proportional:

$$\alpha=aq, \qquad \beta=bq, \qquad \gamma=cq.$$

Unsere Linearfunktionen u, v, w der beiden Argumente t, τ sind dann nur Funktionen eines Arguments, des Arguments

$$T=t+q\tau \quad :$$

$$u=aT+h, \qquad v=bT+k, \qquad w=cT+l.$$

Dieser Fall bietet nur geringeres Interesse. Er erledigt sich schnell wie folgt.

Wir multiplizieren

$$s=u^2+v^2+w^2$$

mit der nicht verschwindenden Größe

$$n = a^2 + b^2 + c^2$$

und wenden auf das Produkt ns die Lagrange-Identität an:

$$n s = [n T + p]^2 + (b l - c k)^2 + (c h - a l)^2 + (a k - b h)^2$$

mit

$$p = ah + bk + cl.$$

Wir sehen, daß ns und damit s am kleinsten wird, wenn die eckige Klammer verschwindet.

Das Minimum der Funktion

$$(a T + h)^2 + (b T + k)^2 + (c T + l)^2$$

ist also

$$\frac{(b l - c k)^2 + (c h - a l)^2 + (a k - b h)^2}{a^2 + b^2 + c^2};$$

es wird an der Stelle

$$T = -\frac{a h + b k + c l}{a^2 + b^2 + c^2}$$

erreicht.

§ 24. Rationalisator.

Es ist bisweilen erforderlich, Irrationalitäten, die im Nenner eines Bruches stehen, aus dem Nenner fortzuschaffen oder, wie man sagt, durch einen geeigneten Erweiterungsfaktor den Nenner rational zu machen. Dieser Faktor ist ein sog. Rationalisator oder rationalisierender Faktor des Nenners.

Um z. B. die Wurzel aus dem Nenner des Bruches

$$J = \frac{7 + 5\sqrt{2}}{13 + 9\sqrt{2}}$$

fortzuschaffen, erweitert man den Bruch mit $13 - 9\sqrt{2}$ und erhält

$$J = \frac{(7 + 5\sqrt{2})(13 - 9\sqrt{2})}{(13 + 9\sqrt{2})(13 - 9\sqrt{2})} = \frac{1 + 2\sqrt{2}}{7}.$$

Der rationalisierende Faktor ist hier $13 - 9\sqrt{2}$.

Bei kompliziertem Nenner ist der Rationalisator nicht so leicht angebbar. Es handle sich z. B. um die

Aufgabe: Den Nenner $N = 6 - 5r + 2r^2$, wo r die dritte Wurzel aus 7 ist, rational zu machen.

Um sie zu lösen, multiplizieren wir N zuerst mit r, dann mit r^2 und schreiben statt r^3 und r^4 bzw. 7 und $7r$. Wir bekommen so die 3 Gleichungen

$$\begin{aligned} N &= 6 - 5r + 2r^2, \\ Nr &= 14 + 6r - 5r^2, \\ Nr^2 &= -35 + 14r + 6r^2. \end{aligned}$$

Nun achten wir auf die Determinante

$$\Delta = \begin{vmatrix} 6 & -5 & 2 \\ 14 & 6 & -5 \\ -35 & 14 & 6 \end{vmatrix}$$

der rechts stehenden Koeffizienten und die Adjunkten ihrer ersten Spalte:

$$106, \qquad 58, \qquad 13.$$

Mit diesen Adjunkten multiplizieren wir die drei Gleichungen und addieren sie dann. Das gibt einfach

$$N(106 + 58r + 13r^2) = \Delta = 993,$$

da die auf der rechten Seite entstehenden Koeffizienten nach der Entwicklungsformel Δ, 0, 0 sind.

Der gesuchte Rationalisator heißt daher

$$R = 106 + 58\,r + 13\,r^2.$$

Tatsächlich ist

$$\frac{1}{N} = \frac{1}{6 - 5r + 2r^2} = \frac{106 + 58r + 13r^2}{993}$$

und damit das Irrationale aus dem Nenner beseitigt.

Sei nunmehr allgemein

$$P = p_0 + p_1\zeta + p_2\zeta^2 + p_3\zeta^3 + \ldots .$$

ein beliebiges Polynom einer algebraischen Zahl[1]) ζ mit rationalen Koeffizienten p_0, p_1, p_2, ... vorgelegt.

Unter einem Rationalisator oder rationalisierenden Faktor von P versteht man ein Polynom R von ζ mit rationalen Koeffizienten derart, daß das Produkt PR rational ist.

Unsere Aufgabe lautet:

Einen Rationalisator des Polynoms P zu bestimmen.

Lösung. Die algebraische Zahl ζ sei Wurzel der Gleichung

$$z^n + g_1 z^{n-1} + g_2 z^{n-2} + \ldots + g_n = 0,$$

so daß mit $-g_\nu = h_\nu$

$$\zeta^n = h_1\zeta^{n-1} + h_2\zeta^{n-2} + h_3\zeta^{n-3} + \ldots \tag{1}$$

ist.

Vermöge (1) läßt sich jede Potenz von ζ, deren Exponent $\geq n$ ist, auf die Normalform bringen, d. h. in ein Polynom von ζ verwandeln, in

[1]) Eine algebraische Zahl ist eine Wurzel einer algebraischen Gleichung mit rationalen Koeffizienten.

dem nur Potenzen von ζ auftreten, deren Exponenten $< n$ sind. Z. B. ist

$$\zeta^{n+1} = \zeta \cdot \zeta^n = h_1 \zeta^n + h_2 \zeta^{n-1} + h_3 \zeta^{n-2} + \dots \quad .$$

Ersetzen wir hier rechts ζ^n gemäß (1) und ordnen, so ergibt sich eine Gleichung von der Form

$$\zeta^{n+1} = k_1 \zeta^{n-1} + k_2 \zeta^{n-2} + k_3 \zeta^{n-3} + \dots, \tag{2}$$

womit ζ^{n+1} auf die Normalform gebracht ist. Weiter wird

$$\zeta^{n+2} = \zeta \cdot \zeta^{n+1} = k_1 \zeta^n + k_2 \zeta^{n-1} + k_3 \zeta^{n-2} + \dots,$$

und wenn wir rechts wieder ζ^n nach (1) ersetzen,

$$\zeta^{n+2} = l_1 \zeta^{n-1} + l_2 \zeta^{n-2} + l_3 \zeta^{n-3} + \dots \tag{3}$$

usw.

Vermöge der Gleichungen (1), (2), (3), ... ersetzen wir im Polynom P alle Potenzen von ζ, deren Exponenten $\geq n$ sind, durch solche, deren Exponenten $< n$ sind, womit die Reduktion von P auf die Normalform vollzogen ist. Wir dürfen dann schreiben:

$$P = a_0 + a_1 \zeta + a_2 \zeta^2 + \dots + a_{n-1} \zeta^{n-1}, \tag{I}$$

wo die Koeffizienten a rational sind. Diese Gleichung multiplizieren wir mit ζ, ersetzen rechts ζ^n vermöge (1) und bekommen

$$P \zeta = b_0 + b_1 \zeta + b_2 \zeta^2 + \dots + b_{n-1} \zeta^{n-1} \tag{II}$$

mit rationalen Koeffizienten b_ν.

Auch diese Gleichung multiplizieren wir mit ζ und bekommen ähnlich

$$P \zeta^2 = c_0 + c_1 \zeta + c_2 \zeta^2 + \dots + c_{n-1} \zeta^{n-1} \tag{III}$$

usw., bis wir auf diese Art n Gleichungen zusammengebracht haben.

Darauf wird die n-reihige Determinante

$$\Delta = \begin{vmatrix} a_0 & a_1 & a_2 & \dots & a_{n-1} \\ b_0 & b_1 & b_2 & \dots & b_{n-1} \\ c_0 & c_1 & c_2 & \dots & c_{n-1} \\ \dots & \dots & \dots & \dots & \dots \end{vmatrix}$$

eingeführt. Mit den Adjunkten A_0, B_0, C_0, ... ihrer ersten Spalte multiplizieren wir bzw. die Gleichungen (I), (II), (III), ... und addieren die entstehenden n Zeilen. Das gibt links

$$P (A_0 + B_0 \zeta + C_0 \zeta^2 + \dots),$$

rechts als Freiglied

$$a_0 A_0 + b_0 B_0 + c_0 C_0 + \dots = \Delta$$

und als Koeffizient von ζ^ν (§ 5)

$$a_\nu A_0 + b_\nu B_0 + c_\nu C_0 + \dots = 0.$$

Unser Ergebnis lautet

$$P(A_0 + B_0\zeta + C_0\zeta^2 + \dots) = \Delta.$$

In Worten: Der Rationalisator von P ist

$$\underline{R = A_0 + B_0\zeta + C_0\zeta^2 + \dots;}$$

das Produkt RP hat den rationalen Wert Δ.

Unser Verfahren paßt natürlich auch auf nichtnumerische algebraische Irrationalitäten. Um z. B.

$$P = a + b\sqrt[4]{x} + c\sqrt{x} + d\sqrt[4]{x^3}$$

zu rationalisieren, setzen wir $\sqrt[4]{x} = \zeta$ und haben

$$\begin{aligned} P &= a + b\,\zeta + c\,\zeta^2 + d\zeta^3, \\ P\zeta &= dx + a\,\zeta + b\,\zeta^2 + c\,\zeta^3, \\ P\zeta^2 &= cx + dx\zeta + a\,\zeta^2 + b\,\zeta^3, \\ P\zeta^3 &= bx + cx\zeta + dx\zeta^2 + a\,\zeta^3. \end{aligned}$$

Die zugehörige Determinante ist

$$\Delta = \begin{vmatrix} a & b & c & d \\ dx & a & b & c \\ cx & dx & a & b \\ bx & cx & dx & a \end{vmatrix}.$$

Sind A, B, C, D die Adjunkten ihrer ersten Spalte, so heißt der Rationalisator

$$A + B\zeta + C\zeta^2 + D\zeta^3.$$

§ 25. Algebraische Zahlen.

Eine algebraische Zahl ist eine Zahl, die eine algebraische Gleichung

$$x^n + c_1 x^{n-1} + c_2 x^{n-2} + \dots + c_n = 0$$

befriedigt, in der der Koeffizient der höchsten Potenz (x^n) der Unbekannten Eins ist und die übrigen Koeffizienten $c_1, c_2, \dots, c_n$ rational sind. Die algebraische Zahl heißt im besonderen ganz, wenn die Koeffizienten $c_1, c_2, \dots, c_n$ ganze rationale Zahlen sind. Und sie heißt vom n^{ten} Grade, wenn sie keine Gleichung mit rationalen Koeffizienten von niedrigerem als n^{ten} Grade befriedigt.

Die Zahl $7 - 5\sqrt[3]{2}$ ist z. B. eine ganze algebraische Zahl dritten Grades, da sie die kubische Gleichung $x^3 - 21x^2 + 147x - 93 = 0$ befriedigt, eine lineare oder quadratische Gleichung mit rationalen Koeffizienten dagegen nicht.

Uns interessieren hier die beiden wichtigen Sätze

I. Die Summe, die Differenz und das Produkt von zwei (ganzen) algebraischen Zahlen ist wieder eine (ganze) algebraische Zahl.

II. Jede Wurzel der Gleichung

$$x^n + \alpha\, x^{n-1} + \beta\, x^{n-2} + \dots + \lambda = 0,$$

deren Koeffizienten $\alpha, \beta, \dots, \lambda$ (ganze) algebraische Zahlen sind, ist eine (ganze) algebraische Zahl.

Der Beweis dieser Sätze beruht auf dem

Lemma: Sind $\zeta_1, \zeta_2, \dots, \zeta_g$ beliebige Größen, die aber nicht sämtlich verschwinden, und ist das ω-fache jeder dieser Größen ein Linearkompositum

$$\omega\, \zeta_s = k_s^1\, \zeta_1 + k_s^2\, \zeta_2 + \dots + k_s^g\, \zeta_g$$

der Größen mit (ganzen) rationalen Koeffizienten $k_s^1, k_s^2, \dots, k_s^g$, so ist ω eine (ganze) algebraische Zahl von höchstens g^{tem} Grade.

Der Beweis dieses Lemma folgt sofort aus dem Satze von Bézout. Das g-reihige Gleichungssystem

$$\left\{\begin{array}{l} (k_1^1 - \omega)\, x_1 + k_1^2\, x_2 + \dots + k_1^g\, x_g = 0, \\ k_2^1\, x_1 + (k_2^2 - \omega)\, x_2 + \dots + k_2^g\, x_g = 0, \\ \dots\dots\dots\dots\dots\dots\dots\dots \\ k_g^1\, x_1 + k_g^2\, x_2 + \dots + (k_g^g - \omega)\, x_g = 0 \end{array}\right.$$

besitzt zufolge der für die ζ angegebenen Bedingung die eigentliche Lösung $x_1 = \zeta_1,\ x_2 = \zeta_2, \dots, x_g = \zeta_g$. Daher muß die Systemdeterminante verschwinden:

$$\begin{vmatrix} k_1^1 - \omega & k_1^2 & \dots & k_1^g \\ k_2^1 & k_2^2 - \omega & \dots & k_2^g \\ \dots & \dots & \dots & \dots \\ k_g^1 & k_g^2 & \dots & k_g^g - \omega \end{vmatrix} = 0.$$

Dies ist aber eine Gleichung g^{ten} Grades für die »Unbekannte« ω mit (ganzen) rationalen Koeffizienten, in der der Koeffizient der höchsten Potenz (ω^g) der Unbekannten ι^g ist. Mithin ist ω eine algebraische Zahl von höchstens g^{tem} Grade, und zwar eine ganze algebraische Zahl, falls die k_r^s ganz rational sind.

Die Beweise der Sätze I und II erledigen sich nun recht einfach.

Beweis zu I. Da α und β algebraische Zahlen sind, bestehen die zwei Relationen

$$\alpha^m + a_1\, \alpha^{m-1} + a_2\, \alpha^{m-2} + \dots + a_m = 0,$$
$$\beta^n + b_1\, \beta^{n-1} + b_2\, \beta^{n-2} + \dots + b_n = 0,$$

in denen die Koeffizienten a und b rational sind; sogar ganz rational sind, wenn α und β ganze algebraische Zahlen bedeuten.

Wir multiplizieren nun jede der m Potenzen

$$1, \alpha, \alpha^2, \ldots, \alpha^{m-1}$$

mit jeder der n Potenzen

$$1, \beta, \beta^2, \ldots, \beta^{n-1}$$

und nennen die entstehenden mn Produkte in irgendeiner Reihenfolge

$$\zeta_1, \zeta_2, \ldots, \zeta_g \qquad (g = mn).$$

Bedeutet nun ω einen der drei Werte $\alpha + \beta$, $\alpha - \beta$, $\alpha\beta$, so übersieht man leicht, daß sich das ω-fache irgendeines ζ-Wertes — eventuell unter Benutzung der Relationen

$$\alpha^m = -a_1\alpha^{m-1} - a_2\alpha^{m-2} - \ldots - a_m,$$
$$\beta^n = -b_1\beta^{n-1} - b_2\beta^{n-2} - \ldots - b_n$$

— als Linearkompositum der g ζ-Werte mit (ganzen) rationalen Koeffizienten schreiben läßt. Nach dem Lemma ist dann aber ω eine algebraische Zahl von höchstens mn^{tem} Grade, die im besondern ganz ist, wenn α und β es sind.

Beweis zu II. ω sei eine Wurzel der Gleichung

$$x^n + \alpha x^{n-1} + \beta x^{n-2} + \ldots + \lambda = 0.$$

Da die Koeffizienten dieser Gleichung algebraische Zahlen sind, gelten Relationen von der Form

$$\alpha^a = A_1\alpha^{a-1} + A_2\alpha^{a-2} + \ldots + A_a,$$
$$\beta^b = B_1\beta^{b-1} + B_2\beta^{b-2} + \ldots + B_b,$$
$$\ldots\ldots\ldots\ldots\ldots\ldots\ldots$$
$$\lambda^l = L_1\lambda^{l-1} + L_2\lambda^{l-2} + \ldots + L_l,$$

in denen die Koeffizienten $A, B, \ldots L$ rational sind; ganz rational sind, wenn $\alpha, \beta, \ldots, \lambda$ ganze algebraische Zahlen bedeuten.

Wir bilden nun alle möglichen Produkte, die aus jeder der $(n+1)$ Reihen

$$1, \alpha, \alpha^2, \ldots, \alpha^{a-1},$$
$$1, \beta, \beta^2, \ldots, \beta^{b-1},$$
$$\ldots\ldots\ldots\ldots$$
$$1, \lambda, \lambda^2, \ldots, \lambda^{l-1},$$
$$1, \omega, \omega^2, \ldots, \omega^{n-1}$$

genau ein Glied als Faktor enthalten, und nennen die entstehenden $ab \ldots ln$ Zahlen in irgendeiner Reihenfolge

$$\zeta_1, \zeta_2, \ldots, \zeta_g \qquad (g = ab \ldots ln).$$

Auch hier übersieht man leicht, daß das ω-fache irgendeines ζ-Wertes — eventuell unter Heranziehung der Formel

$$\omega^n = -\alpha\omega^{n-1} - \beta\omega^{n-2} - \ldots - \lambda$$

und der oben für α^a, β^b, ..., λ^l angegebenen Werte — sich als Linearkompositum der g ζ-Werte mit (ganzen) rationalen Koeffizienten darstellen läßt. Nach dem Lemma ist also ω eine algebraische Zahl von höchstens g^{tem} Grade, wo g das Produkt der Exponenten a, b, ..., l, n ist; und zwar ist ω ganz algebraisch, wenn α, β, ..., λ es sind.

§ 26. Newtonsummen.

Unter einer Newtonsumme S_p versteht man die Summe der p^{ten} Potenzen der n Wurzeln einer algebraischen Gleichung n^{ten} Grades:

$$x^n + a_1 x^{n-1} + a_2 x^{n-2} + \ldots + a_n = 0.$$

Wir befassen uns hier nur mit den Summen S_p, deren Index p den Grad n der Gleichung nicht übersteigt, da sich die andern leicht aus ihnen ergeben. Für diese gelten Newtons Formeln:

$$\begin{array}{l}
a_1 + S_1 = 0,\\
2a_2 + a_1 S_1 + S_2 = 0,\\
3a_3 + a_2 S_1 + a_1 S_2 + S_3 = 0,\\
\ldots\ldots\ldots\ldots\ldots\ldots\ldots\ldots\\
p\,a_p + a_{p-1} S_1 + a_{p-2} S_2 + a_{p-3} S_3 + \ldots + S_p = 0.
\end{array}$$

Aus den Koeffizienten dieses Systems bilden wir die p-reihige Determinante

$$\Delta = \begin{vmatrix} a_1 & 1 & 0 & 0 & 0 \ldots 0 \\ 2a_2 & a_1 & 1 & 0 & 0 \ldots 0 \\ 3a_3 & a_2 & a_1 & 1 & 0 \ldots 0 \\ \ldots & \ldots & \ldots & \ldots & \ldots \\ p\,a_p & a_{p-1} & a_{p-2} & a_{p-3} & \ldots\ldots a_1 \end{vmatrix},$$

deren Hauptdiagonale aus lauter Elementen a_1 besteht, während die erste rechte Parallele zur Hauptdiagonale nur Einsen, jede andere rechte Parallele nur Nullen enthält.

In Anlehnung an das Newtonsche Formelsystem addieren wir zur ersten Spalte von Δ das S_1-fache der zweiten Spalte, das S_2-fache der dritten Spalte usw., schließlich das S_{p-1}-fache der p^{ten} Spalte. Dadurch ändert sich der Wert der Determinante nach Jacobis Satz (§ 6) nicht. Die aufgeführten Additionen führen nach Newtons Formeln die ersten $(p-1)$ Elemente der ersten Spalte in Nullen, das letzte Element in $-S_p$ über. Entwickeln wir also nach der neuen ersten Spalte, so kommt

$$\Delta = \iota^p S_p \cdot \begin{vmatrix} 1 & 0 & 0 & 0 & 0 \ldots 0 \\ a_1 & 1 & 0 & 0 & 0 \ldots 0 \\ a_2 & a_1 & 1 & 0 & 0 \ldots 0 \\ a_3 & a_2 & a_1 & 1 & 0 \ldots 0 \\ \ldots & \ldots & \ldots & \ldots & \ldots \\ a_{p-2} & a_{p-3} & a_{p-4} & \ldots & \ldots\ldots 1 \end{vmatrix}.$$

Da die hier neu auftretende Determinante in der Hauptdiagonale lauter Einsen, rechts von ihr lauter Nullen hat, ist sie gleich 1, und wir haben einfach

$$\Delta = \iota^p S_p.$$

So ergibt sich

$$\iota^p S_p = \begin{vmatrix} a_1 & 1 & 0 & 0 & 0 \dots 0 \\ 2a_2 & a_1 & 1 & 0 & 0 \dots 0 \\ 3a_3 & a_2 & a_1 & 1 & 0 \dots 0 \\ \cdot & \cdot & \cdot & \cdot & \cdot \cdot \cdot \cdot \\ p a_p & a_{p-1} & a_{p-2} & \dots & \dots a_1 \end{vmatrix}.$$

Diese Formel liefert eine independente Darstellung der Newtonsumme S_p durch die Koeffizienten a_ν der vorgelegten Gleichung.

Wir machen von der gefundenen Formel noch eine kleine Anwendung, die ebenfalls auf eine bemerkenswerte Determinante führt.

In der vorgelegten Gleichung sei speziell

$$a_1 = 2\cos\varphi, \quad a_2 = 1, \quad a_3 = a_4 = \dots = a_n = 0,$$

so daß sie die Form

$$x^n + a_1 x^{n-1} + a_2 x^{n-2} = 0$$

annimmt. Sie hat $(n-2)$ Wurzeln Null und außerdem die aus der quadratischen Gleichung

$$x^2 + 2\cos\varphi \cdot x + 1 = 0$$

folgenden Wurzeln

$$\alpha = \iota(\cos\varphi + i\sin\varphi) \qquad \text{und} \qquad \beta = \iota(\cos\varphi - i\sin\varphi).$$

so daß hier

$$S_p = \alpha^p + \beta^p = \iota^p\, 2\cos p\varphi$$

wird und die Determinante Δ die Gestalt

$$\Delta = \begin{vmatrix} h & 1 & 0 & 0 & 0 & \dots \\ 2 & h & 1 & 0 & 0 & \dots \\ 0 & 1 & h & 1 & 0 & \dots \\ 0 & 0 & 1 & h & 1 & \dots \\ \cdot & \cdot & \cdot & \cdot & \cdot & \cdot \cdot \cdot \end{vmatrix}$$

annimmt, wo $h = 2\cos\varphi$ ist. Aus $S_p = 2\iota^p\cos p\varphi$ und $\iota^p S_p = \Delta$ folgt

$$\cos p\varphi = \frac{1}{2}\Delta,$$

also, indem wir die erste Spalte von Δ durch 2 teilen,

$$\cos p\varphi = \begin{vmatrix} \cos\varphi & 1 & 0 & 0 & 0 & 0 & \dots \\ 1 & 2\cos\varphi & 1 & 0 & 0 & 0 & \dots \\ 0 & 1 & 2\cos\varphi & 1 & 0 & 0 & \dots \\ 0 & 0 & 1 & 2\cos\varphi & 1 & 0 & \dots \\ \cdot & \cdot & \cdot & \cdot & \cdot & \cdot & \cdot \cdot \cdot \end{vmatrix}$$

Durch diese merkwürdige Formel wird cos $p\varphi$ als Polynom p^{ten} Grades von $\cos\varphi$ dargestellt.

Die in ihr auftretende p-reihige Determinante enthält in der Hauptdiagonale an der ersten Stelle das Element $\cos\varphi$, an jeder andern Stelle das Element $2\cos\varphi$, in den beiden Nachbarparallelen zur Hauptdiagonale lauter Einsen, an allen übrigen Plätzen Nullen.

§ 27. Die Resultante.

Wir suchen die Bedingung, unter der die beiden Gleichungen

$$(1)\qquad a_0 x^m + a_1 x^{m-1} + \ldots + a_m = 0,$$

$$(2)\qquad b_0 x^n + b_1 x^{n-1} + \ldots + b_n = 0$$

eine gemeinsame Wurzel haben.

Im Falle einer solchen Wurzel, λ, gelten die beiden Relationen

$$(1')\qquad a_0 \lambda^m + a_1 \lambda^{m-1} + \ldots + a_m = 0,$$

$$(2')\qquad b_0 \lambda^n + b_1 \lambda^{n-1} + \ldots + a_n = 0.$$

Das im folgenden auseinandergesetzte Verfahren zur Aufstellung der gesuchten Bedingung ist die dialytische Methode des Engländers Sylvester (Philosophical Magazine, 1840).

Wir multiplizieren (1′) sukzessive mit $\lambda^{n-1}, \lambda^{n-2}, \ldots, \lambda, 1$, ebenso (2′) sukzessive mit $\lambda^{m-1}, \lambda^{m-2}, \ldots, \lambda, 1$. Dadurch bekommen wir im ganzen $(n+m)$ Gleichungen. Wir schreiben sie so untereinander, daß alle mit der Potenz $\lambda^{m+n-\nu}$ behafteten Glieder eine Spalte, und zwar die ν^{te} Spalte bilden, wobei wir, um die Spalte zu füllen, dort, wo kein Glied mit $\lambda^{m+n-\nu}$ zur Verfügung steht, $0 \cdot \lambda^{m+n-\nu}$ einsetzen. Dadurch enthält jede der entstehenden $(m+n)$ Gleichungen auf der linken Seite $(m+n)$ Glieder, so daß das aufgeschriebene Gleichungssystem als ein lineares Homogensystem mit der eigentlichen Lösung

$$\lambda^{m+n-1},\ \lambda^{m+n-2},\ \lambda^{m+n-3},\ \ldots,\ \lambda,\ 1$$

aufgefaßt werden kann. Nach Bézouts Satze verschwindet daher die Determinante Δ des Systems.

Wir wollen diese sog. Sylvestersche Determinante zunächst ausführlich beschreiben.

Sie enthält in jeder ihrer $(m+n)$ Zeilen $(m+n)$ Elemente, und zwar, von links nach rechts gezählt, folgende Elemente:

in der 1. Zeile $a_0, a_1, a_2, \ldots, a_m$, darauf $(n-1)$ Nullen,
» » 2. » eine Null, dann $a_0, a_1, \ldots, a_m$, dann $(n-2)$ Nullen,
» » 3. » 2 Nullen, darauf $a_0, a_1, \ldots, a_m$, dann $(n-3)$ Nullen,
usw.

in der n. Zeile $(n - 1)$ Nullen und dann $a_0, a_1, \ldots, a_m$,
» » $(n + 1)$. Zeile $b_0, b_1, b_2 \ldots, b_n$ und noch $(m - 1)$ Nullen,
» » $(n + 2)$. » eine Null, dann $b_0, b_1, \ldots, b_n$, dann $(m - 2)$ Nullen,
» » $(n + 3)$. » 2 Nullen, dann $b_0, b_1, \ldots, b_n$, dann $(m - 3)$ Nullen,
usw.
» » $(n + m)$. » $(m - 1)$ Nullen und dann $b_0, b_1, \ldots, b_n$.

Es wird geraten sein, die Determinante Δ noch auf eine andere Art zu beschreiben: Sie enthält außer Nullen zwei Zahlenrauten (Zahlenparallelogramme), von denen die eine aus den Elementen a_ν, die andere aus den Elementen b_ν aufgebaut ist.

Wir definieren: Eine $p \cdot q$-Raute ist ein Netz von p gleichlangen Waagrechten mit je q äquidistant angeordneten Elementen E_1, E_2, $\ldots$, E_q und q gleich langen Schrägen, d. h. unter 45^0 gegen die Waagrechte geneigten Strecken, von denen die erste die p gleichen Elemente E_1, die zweite die p gleichen Elemente $E_2, \ldots$, die q^{te} die p gleichen Elemente E_q aufweist. Die linke obere Ecke der Raute heißt Anfangsecke, die rechte untere Schlußecke der Raute.

Wir können nun einfach sagen:

Die Determinante Δ enthält außer Nullen eine $n \cdot (m + 1)$-Raute mit den Elementen $a_0, a_1, \ldots, a_m$ und eine $m \cdot (n + 1)$-Raute mit den Elementen $b_0, b_1, \ldots, b_n$, wobei die Anfangsecke der ersten Raute den Platz des ersten Elements der ersten Determinantenzeile, die Schlußecke der zweiten Raute den Platz des letzten Elements der letzten Determinantenzeile einnimmt.

Die Sylvester-Determinante

$$\begin{vmatrix} a_0 & a_1 & a_2 & a_3 & a_4 & a_5 & \cdot & \cdot \\ \cdot & a_0 & a_1 & a_2 & a_3 & a_4 & a_5 & \cdot \\ \cdot & \cdot & a_0 & a_1 & a_2 & a_3 & a_4 & a_5 \\ b_0 & b_1 & b_2 & b_3 & \cdot & \cdot & \cdot & \cdot \\ \cdot & b_0 & b_1 & b_2 & b_3 & \cdot & \cdot & \cdot \\ \cdot & \cdot & b_0 & b_1 & b_2 & b_3 & \cdot & \cdot \\ \cdot & \cdot & \cdot & b_0 & b_1 & b_2 & b_3 & \cdot \\ \cdot & \cdot & \cdot & \cdot & b_0 & b_1 & b_2 & b_3 \end{vmatrix}$$

stellt den Fall $m = 5$, $n = 3$ dar; an den punktierten (bisweilen auch leer gelassenen) Stellen hat man sich Nullen zu denken.

Wir beschreiben die Sylvester-Determinante Δ noch auf eine dritte Art, indem wir die sukzessiven Elemente jeder Spalte angeben. Um die Elemente einer Spalte bequem aufführen zu können, wollen wir verabreden, auch negative Zeiger sowie Zeiger von a bzw. b, die über m bzw. n hinauszugehen, zuzulassen. Wir verstehen unter a_ν und b_ν bei negativem ν, ferner unter a_ν bei $\nu > m$ und unter b_ν bei $\nu > n$ die Null. Wir können dann kurz sagen:

Die $(\nu + 1)^{te}$ Spalte der Sylvesterdeterminante Δ besteht — von oben nach unten gezählt — aus den n Elementen a_ν, $a_{\nu-1}$, $a_{\nu-2}$, ... und den m Elementen b_ν, $b_{\nu-1}$, $b_{\nu-2}$, ... Dabei ist ν irgendein Zeiger der Reihe 0, 1, 2, ..., $n + m - 1$.

Definition der Resultante:

Unter der Resultante der Polynome

$$f(x) = a_0 x^m + a_1 x^{m-1} + \ldots + a_m,$$
$$g(x) = b_0 x^n + b_1 x^{n-1} + \ldots + b^n$$

oder, wie man auch sagt, unter der Resultante der Gleichungen (1) und (2) versteht man die $(n + m)$-reihige Determinante, die außer Nullen die oben links beginnende $n \cdot (m + 1)$-Raute der Koeffizienten a und, unmittelbar daran anschließend, die unten rechts endigende $m \cdot (n + 1)$-Raute der Koeffizienten b enthält. (Vgl. das obige Schema der Resultante der beiden Polynome

$$a_0 x^5 + a_1 x^4 + \ldots + a_5 \qquad \text{und} \qquad b_0 x^3 + b_1 x^2 + \ldots + b_3.)$$

Wir bezeichnen sie gewöhnlich durch den Buchstaben R, bisweilen auch durch das Zeichen $\overline{f, g}$, so daß

$$R = \overline{f, g} = \Delta.$$

Unser bisheriges Ergebnis lautet:

Haben zwei algebraische Gleichungen eine gemeinsame Wurzel, so verschwindet ihre Resultante.

Wir zeigen jetzt umgekehrt, daß bei verschwindender Resultante R die beiden Gleichungen (1) und (2) eine gemeinsame Wurzel haben.

Zu dem Zwecke bilden wir das Homogensystem von $(m + n)$ linearen Gleichungen für die $(n + m)$ Unbekannten

$$q_0, q_1, q_2, \ldots, q_{n-1}; \quad p_0, p_1, p_2, \ldots, p_{m-1},$$

in dessen ν^{ter} Zeile die Unbekannten die Elemente der ν^{ten} Spalte von R als Koeffizienten haben, dessen Determinante also die Transponierte R' von R ist. Da die Determinante dieses Systems verschwindet ($R' = R = 0$), so besitzt das System eine eigentliche Lösung

$$q_0, q_1, q_2, \ldots, q_{n-1}; \quad p_0, p_1, p_2, \ldots, p_{m-1}.$$

Für jeden Zeiger ν, von $\nu = 0$ bis $\nu = m + n - 1$, gilt also die Gleichung

(3) $a_\nu q_0 + a_{\nu-1} q_1 + a_{\nu-2} q_2 + \ldots + b_\nu p_0 + b_{\nu-1} p_1 + b_{\nu-2} p_2 + \ldots = 0.$

Nun zeigen wir, daß die Polynome $f(x)$ und $g(x)$ zu den Polynomen

$$\Phi(x) = p_0 x^{m-1} + p_1 x^{m-2} + \ldots + p_{m-1}$$

und

$$\Psi(x) = q_0 x^{n-1} + q_1 x^{n-2} + \ldots + q_{n-1}$$

in einer einfachen Beziehung stehen.

Wir bilden die Summe der beiden Produkte

$$f\Psi = (a_0 x^m + a_1 x^{m-1} + a_2 x^{m-2} + \dots + a_m) \cdot (q_0 x^{n-1} + q_1 x^{n-2} + q_2 x^{n-3} + \dots + q_{n-1})$$

und

$$g\Phi = (b_0 x^n + b_1 x^{n-1} + b_2 x^{n-2} + \dots + b_n) \cdot (p_0 x^{m-1} + p_1 x^{m-2} + p_2 x^{m-3} + \dots + p_{m-1}).$$

Sie ist

$$c_0 x^{m+n-1} + c_1 x^{m+n-2} + \dots + c_{m+n-1}.$$

Hier hat der Koeffizient c_ν von $x^{m+n-1-\nu}$ den Wert

$$c_\nu = a_\nu q_0 + a_{\nu-1} q_1 + a_{\nu-2} q_2 + \dots + b_\nu p_0 + b_{\nu-1} p_1 + b_{\nu-2} p_2 + \dots .$$

Zufolge (3) ist

$$c_\nu = 0.$$

Besagte Summe verschwindet also identisch; somit ist

$$f(x)\,\Psi(x) + g(x)\,\Phi(x) \equiv 0.$$

Bedeutet $T(x)$ den größten gemeinsamen Teiler der Polynome Φ und Ψ, so gelten die Gleichungen

$$\Phi(x) = \varphi(x)\,T(x), \qquad \Psi(x) = \psi(x)\,T(x),$$

wo die beiden Polynome φ und ψ teilerfremd sind, und unsere Identität geht nach Kürzung durch $T(x)$ in

$$f(x)\,\psi(x) + g(x)\,\varphi(x) \equiv 0$$

über.

Da $\psi(x)$ und $\varphi(x)$ teilerfremd sind und $f(x) \cdot \psi(x)$ durch $\varphi(x)$ teilbar ist, so muß $f(x)$ durch $\varphi(x)$ teilbar sein: $f(x) = \varphi(x) \cdot \tau(x)$. Setzen wir diesen Wert von f in der Identität ein, so folgt noch $g(x) = -\psi(x) \cdot \tau(x)$. Aus den Identitäten

$$f(x) = \varphi(x) \cdot \tau(x), \qquad g(x) = -\psi(x) \cdot \tau(x)$$

geht aber hervor, daß die Funktionen $f(x)$ und $g(x)$ für jede Nullstelle von $\tau(x)$ verschwinden; mithin haben (1) und (2) mindestens eine gemeinsame Wurzel. [$\tau(x)$ kann nicht etwa eine Konstante sein, da sonst φ denselben Grad wie f hätte, während doch schon das dem φ mindestens gleichgradige Φ einen geringeren Grad als f hat.]

Ergebnis:

Resultantensatz.

Die notwendige und hinreichende Bedingung für gleichzeitiges Verschwinden zweier Polynome ist das Verschwinden ihrer Resultante.

Beispiel. Resultante der quadratischen Gleichungen

$$a\,x^2 + b\,x + c = 0,$$
$$a'\,x^2 + b'\,x + c' = 0.$$

Hier ist

$$R = \begin{vmatrix} a & b & c & 0 \\ 0 & a & b & c \\ a' & b' & c' & 0 \\ 0 & a' & b' & c' \end{vmatrix}.$$

Die Ausrechnung ergibt

$$\underline{R = B^2 - A\,C}$$

mit

$$\underline{A = b\,c' - c\,b', \qquad B = c\,a' - a\,c', \qquad C = a\,b' - b\,a'.}$$

Die beiden quadratischen Gleichungen haben also nur dann eine gemeinsame Wurzel, wenn $B^2 = AC$ ist.

Diese Bedingung ist z. B. bei den beiden Gleichungen

$$2\,x^2 - 7\,x + 3 = 0 \qquad \text{und} \qquad 2\,x^2 + 9\,x - 5 = 0$$

erfüllt, insofern $A = 8$, $B = 16$, $C = 32$ ist; sie besitzen in der Tat die gemeinsame Wurzel $1/2$.

Zusatz. Da wir im nächsten Paragraphen einige Eigenschaften der Resultante benötigen, geben wir diese hier noch an.

Wir bezeichnen die Resultante der beiden Polynome f und g mit $\overline{f, g}$, wobei auf die Reihenfolge zu achten ist (s. u.).

Vorbemerkung. Auch in dem Falle, wo das eine der beiden Polynome, etwa $f(x)$, eine Konstante ist: $f(x) = a_0$, spricht man von der Resultante der beiden Polynome. Hält man sich an die obige Definition, so sieht man, daß wegen $m = 0$ die Resultante nur die aus dem einzigen Koeffizienten a_0 von f aufgebaute $n \cdot 1$-Raute enthält. Ihr Schema enthält also außer Nullen nur n gleiche Hauptdiagonalelemente a_0. Mithin ist

$$\overline{a_0, g} = a_0^n \qquad \text{und ähnlich} \qquad \overline{f, b_0} = b_0^m.$$

Satz I. Es ist

$$\underline{\overline{f, g} = \iota^{m\,n}\;\overline{g, f}.}$$

Beweis. Um von $\overline{f, g}$ zu $\overline{g, f}$ zu kommen, schiebt man sukzessive um n Zeilen nach oben 1. die Elemente der $(n+1)^{\text{ten}}$ Zeile, 2. die Elemente der $(n+2)^{\text{ten}}$ Zeile, ..., m. die Elemente der $(n+m)^{\text{ten}}$ Zeile. Dadurch wird die Determinante $\overline{f, g}$ einerseits in $\overline{g, f}$ verwandelt, anderseits (§ 5) mit $(\iota^n)^m = \iota^{m\,n}$ multipliziert.

Satz II. Ist

$$\begin{aligned} f(x) &= a_0\,x^m + a_1\,x^{m-1} + \dots + a_m, \\ F(x) &= A_0\,x^M + A_1\,x^{M-1} + \dots + A_M \qquad \text{mit } M > m, \\ \varphi(x) &= h_0\,x^\mu + h_1\,x^{\mu-1} + \dots + h_\mu \qquad \text{mit } \mu = M - m \end{aligned}$$

und in dem Polynom

$$\mathfrak{F} = F + f\varphi = \mathfrak{A}_0 x^M + \mathfrak{A}_1 x^{M-1} + \ldots + \mathfrak{A}_M$$

der Anfangskoeffizient $\mathfrak{A}_0$ von Null verschieden, so gilt die Formel

$$\overline{f, F} = \overline{f, F + \varphi f}.$$

Beweis. Aus der Entwicklung von $F + \varphi f$ nach fallenden Potenzen von x folgt

$$\begin{aligned} \mathfrak{A}_0 &= A_0 + a_0 h_0, \\ \mathfrak{A}_1 &= A_1 + a_1 h_0 + a_0 h_1, \\ \mathfrak{A}_2 &= A_2 + a_2 h_0 + a_1 h_1 + a_0 h_2, \\ \mathfrak{A}_3 &= A_3 + a_3 h_0 + a_2 h_1 + a_1 h_2 + a_0 h_3 \end{aligned}$$

usw.

Die Determinante

$$\overline{f, F} = \begin{vmatrix} a_0 & a_1 & a_2 & \ldots & a_m & & & \\ & a_0 & a_1 & a_2 & \ldots & a_m & & \\ \cdot & \cdot & \cdot & \cdot & \cdot & \cdot & \cdot & \cdot \\ A_0 & A_1 & A_2 & \ldots & & & A_M & \\ & A_0 & A_1 & A_2 & \ldots & & & A_M \\ \cdot & \cdot & \cdot & \cdot & \cdot & \cdot & \cdot & \cdot \end{vmatrix},$$

in der die leeren Stellen mit Nullen zu besetzen sind, besteht aus dem nur Elemente a_ν und Nullen enthaltenden M-zeiligen oberen Streifen und dem nur Elemente A_ν und Nullen enthaltenden m-zeiligen unteren Streifen.

Wir addieren zur 1. Zeile des unteren Streifens:

das h_0-fache der 1. Zeile des oberen Streifens,
» h_1- » » 2. » » » » ,
» h_2- » » 3. » » » » ,
usw.

Dadurch geht die 1. Zeile des unteren Streifens in

$$\mathfrak{A}_0, \mathfrak{A}_1, \mathfrak{A}_2, \ldots, \mathfrak{A}_M, 0, 0, \ldots$$

über.

Wir addieren zur 2. Zeile des unteren Streifens:

das h_0-fache der 2. Zeile des oberen Streifens,
» h_1- » » 3. » » » » ,
» h_2- » » 4. » » » » ,
usw.

Dadurch verwandelt sich die 2. Zeile des unteren Streifens in

$$0, \mathfrak{A}_0, \mathfrak{A}_1, \mathfrak{A}_2, \ldots \mathfrak{A}_M, 0, 0, \ldots.$$

So fahren wir fort. Schließlich addieren wir zur m^{ten} Zeile des unteren Streifens:

das h_0-fache der m. Zeile des oberen Streifens,
» h_1- » » $(m+1)$. Zeile des oberen Streifens,
» h_2- » » $(m+2)$. » » » » ,
usw.

Sie verwandelt sich dadurch in

$$0,\ 0,\ \ldots,\ \mathfrak{A}_0,\ \mathfrak{A}_1,\ \ldots,\ \mathfrak{A}_M.$$

Folglich wird

$$\overline{f, F} = \begin{vmatrix} a_0 & a_1 & a_2 & \ldots & a_m & & & \\ & a_0 & a_1 & a_2 & \ldots & a_m & & \\ \cdot & \cdot & \cdot & \cdot & \cdot & \cdot & \cdot & \cdot \\ \mathfrak{A}_0 & \mathfrak{A}_1 & \mathfrak{A}_2 & \ldots & & \mathfrak{A}_M & & \\ & \mathfrak{A}_0 & \mathfrak{A}_1 & \mathfrak{A}_2 & \ldots & & \mathfrak{A}_M & \\ \cdot & \cdot & \cdot & \cdot & \cdot & \cdot & \cdot & \cdot \end{vmatrix},$$

und diese Determinante enthält außer Nullen nur die oben links beginnende $M \cdot (m+1)$-Raute der Koeffizienten $a_0, a_1, \ldots, a_m$ und die sofort daran anschließende unten rechts endigende $m \cdot (M+1)$-Raute der Koeffizienten $\mathfrak{A}_0, \mathfrak{A}_1, \ldots, \mathfrak{A}_M$, ist daher nichts anderes als

$$\overline{f, \mathfrak{F}} = \overline{f, F + \varphi f}.$$

Satz III. Sind $f(x)$, $g(x)$ und $\varphi(x)$ beliebige Polynome, so ist

$$\underline{\overline{fg, \varphi} = \overline{f, \varphi} \cdot \overline{g, \varphi}},$$

ferner

$$\underline{\overline{\varphi, fg} = \overline{\varphi, f} \cdot \overline{\varphi, g}}.$$

Beweis. Es sei

$$f(x) = a_0 x^m + a_1 x^{m-1} + \ldots + a_m,$$
$$g(x) = b_0 x^n + b_1 x^{n-1} + \ldots + b_n,$$
$$\varphi(x) = \gamma_0 x^\varkappa + \gamma_1 x^{\varkappa-1} + \ldots + \gamma_\varkappa,$$
$$m + \varkappa = M, \quad n + \varkappa = N, \quad m + n = L, \quad m + n + \varkappa = S,$$
$$fg = C_0 x^L + C_1 x^{L-1} + \ldots + C_L$$

mit

$$C_\nu = a_0 b_\nu + a_1 b_{\nu-1} + a_2 b_{\nu-2} + \ldots + a_\nu b_0,$$
$$g\varphi = B_0 x^N + B_1 x^{N-1} + \ldots + B_N$$

mit

$$B_\nu = \gamma_0 b_\nu + \gamma_1 b_{\nu-1} + \gamma_2 b_{\nu-2} + \ldots + \gamma_\nu b_0.$$

Wir schreiben die beiden Größen $\overline{f, \varphi}$ und $b_0^m \cdot \overline{g, \varphi}$ als S-reihige Determinanten I und II.

I enthält außer Nullen die links oben beginnende $\varkappa \cdot (m+1)$-Raute der Elemente $a_0, a_1, \ldots, a_m$, im unmittelbaren Anschluß daran, an erster Stelle der $(\varkappa+1)^{\text{ten}}$ Zeile beginnend, die $m \cdot (\varkappa+1)$-Raute der Elemente

$\gamma_0, \gamma_1, \ldots, \gamma_\varkappa$ und in der rechten unteren Ecke die aus Einsen bestehende $n \cdot 1$-Raute. Um einzusehen, daß diese Determinante gleich $\overline{f, \varphi}$ ist, wenden wir Laplaces Satz auf sie an, wobei wir sie in einen M-zeiligen oberen und einen n-zeiligen unteren Streifen zerlegen. Der untere Streifen enthält nur einen nichtverschwindenden Maior. Da dieser in der Hauptdiagonale nur Einsen, im übrigen nur Nullen enthält, hat er den Wert 1. Sein algebraisches Komplement im oberen Streifen ist der Maior $\overline{f, \varphi}$. Folglich ist $\mathrm{I} = \overline{f, \varphi}$.

II enthält außer Nullen, links oben beginnend, die $M \cdot (n + 1)$-Raute der Elemente $b_0, b_1, \ldots b_n$, die sonach mit ihrer untersten Zeile bis an den rechten Randstrich der Determinante vordringt, und im unmittelbaren Anschluß daran, an $(m + 1)^{\text{ter}}$ Stelle der $(M + 1)^{\text{ten}}$ Zeile beginnend, die $n \cdot (\varkappa + 1)$-Raute der Elemente $\gamma_0, \gamma_1, \ldots, \gamma_\varkappa$. Um einzusehen, daß II mit $b_0^m \cdot \overline{g, \varphi}$ übereinstimmt, zerlegen wir II in einen m-zeiligen oberen und einen N-zeiligen unteren Streifen und wenden wieder Laplaces Satz an. Der untere Streifen hat nur den einen nicht verschwindenden (ganz rechts stehenden) Maior $\overline{g, \varphi}$; sein algebraisches Komplement ist der (ganz links stehende) m-reihige Maior des oberen Streifens, dessen Hauptdiagonalelemente b_0, dessen links von der Hauptdiagonale stehende Elemente Null sind, dessen Wert also b_0^m ist. Hieraus folgt $\mathrm{II} = \overline{g, \varphi} \cdot b_0^m$.

Beistehendes Schema zeigt die Determinanten I und II für den Fall $m = 4$, $n = 3$, $\varkappa = 2$.

$$
\left|\begin{array}{cccccc:ccc}
a_0 & a_1 & a_2 & a_3 & a_4 & & & & \\
 & a_0 & a_1 & a_2 & a_3 & a_4 & & & \\
\gamma_0 & \gamma_1 & \gamma_2 & & & & & & \\
 & \gamma_0 & \gamma_1 & \gamma_2 & & & & & \\
 & & \gamma_0 & \gamma_1 & \gamma_2 & & & & \\
 & & & \gamma_0 & \gamma_1 & \gamma_2 & & & \\
\hdashline
 & & & & & & 1 & & \\
 & & & & & & & 1 & \\
 & & & & & & & & 1
\end{array}\right|
\begin{array}{l}\left.\vphantom{\begin{array}{c}a\\a\\a\\a\\a\\a\end{array}}\right\} M \\ \left.\vphantom{\begin{array}{c}a\\a\\a\end{array}}\right\} n\end{array}
\cdot
\left|\begin{array}{cccc:ccccc}
b_0 & b_1 & b_2 & b_3 & & & & & \\
 & b_0 & b_1 & b_2 & b_3 & & & & \\
 & & b_0 & b_1 & b_2 & b_3 & & & \\
 & & & b_0 & b_1 & b_2 & b_3 & & \\
\hdashline
 & & & & b_0 & b_1 & b_2 & b_3 & \\
 & & & & & b_0 & b_1 & b_2 & b_3 \\
 & & & & \gamma_0 & \gamma_1 & \gamma_2 & & \\
 & & & & & \gamma_0 & \gamma_1 & \gamma_2 & \\
 & & & & & & \gamma_0 & \gamma_1 & \gamma_2
\end{array}\right|
\begin{array}{l}\left.\vphantom{\begin{array}{c}a\\a\\a\\a\end{array}}\right\} m \\ \left.\vphantom{\begin{array}{c}a\\a\\a\\a\\a\end{array}}\right\} N\end{array}
$$

I II

Nun bilden wir das Produkt III der Determinanten I und II, wobei wir die Zeilen von I mit den Spalten von II multiplizieren. Dadurch entsteht die S-reihige Determinante III. Sie besteht aus drei waagrechten Streifen: 1. dem oberen $\varkappa$-zeiligen Streifen, der außer Nullen die $\varkappa \cdot (L + 1)$-Raute der Elemente $C_0, C_1, \ldots, C_L$ enthält, deren linke obere Ecke am linken, deren rechte untere Ecke am rechten Randstrich von III steht, 2. dem m-zeiligen Mittelstreifen, der außer Nullen die $m \cdot (N+1)$-Raute der Elemente $B_0, B_1, \ldots, B_N$ enthält, die also auch vom linken Rande bis zum rechten reicht, endlich 3. dem n-zeiligen unteren Streifen, der außer Nullen die an den rechten Randstrich stoßende $n \cdot (\varkappa + 1)$-Raute der Elemente $\gamma_0, \gamma_1, \ldots, \gamma_\varkappa$ enthält.

Beistehendes Schema zeigt die Determinante III für den Fall $m = 4$, $n = 3$, $\varkappa = 2$.

$$\text{III} = \left|\begin{array}{ccccccccc} C_0 & C_1 & C_2 & C_3 & C_4 & C_5 & C_6 & C_7 & \\ & C_0 & C_1 & C_2 & C_3 & C_4 & C_5 & C_6 & C_7 \\ B_0 & B_1 & B_2 & B_3 & B_4 & B_5 & & & \\ & B_0 & B_1 & B_2 & B_3 & B_4 & B_5 & & \\ & & B_0 & B_1 & B_2 & B_3 & B_4 & B_5 & \\ & & & B_0 & B_1 & B_2 & B_3 & B_4 & B_5 \\ & & & & \gamma_0 & \gamma_1 & \gamma_2 & & \\ & & & & & \gamma_0 & \gamma_1 & \gamma_2 & \\ & & & & & & \gamma_0 & \gamma_1 & \gamma_2 \end{array}\right| \begin{array}{l} \left.\right\}\varkappa \\ \\ \left.\right\} m \\ \\ \left.\right\} n \end{array}$$

Kurz gesagt: III enthält oben die $\varkappa$-zeilige Raute der C, in der Mitte die m-zeilige Raute der B (beide Rauten am linken Rande beginnend) und unten rechts die n-zeilige Raute der γ. Mit Bezug auf diesen Sachverhalt schreiben wir kurz

$$III = \overline{\varkappa, m, n}.$$

Wir formen III nach Jacobis Satze um.

Die letzte Zeile des Mittelstreifens heißt

$$0, 0, \ldots, B_0, B_1, \ldots, B_N.$$

Vertikal unter ihrem Element

$$B_\nu = b_0 \gamma_\nu + b_1 \gamma_{\nu-1} + b_2 \gamma_{\nu-2} + \cdots + b_\nu \gamma_0$$

stehen sukzessive

$$\gamma_{\nu-1}, \gamma_{\nu-2}, \gamma_{\nu-3}, \ldots, \gamma_{\nu-n}$$

(wobei γ_r für negatives r die Null bedeutet).

Subtrahieren wir also von der letzten Zeile des Mittelstreifens

$$\left.\begin{array}{l} \text{die } b_1\text{-fache 1. Zeile} \\ \text{» } b_2\text{- » 2. »} \\ \text{» } b_3\text{- » 3. »} \\ \text{usw.} \end{array}\right\} \text{des unteren Streifens,}$$

so wird aus B_ν $b_0 \gamma_\nu$, und die letzte Mittelstreifenzeile geht über in

$$0, 0, \ldots, b_0 \gamma_0, b_0 \gamma_1, b_0 \gamma_2, \ldots, b_0 \gamma_N,$$

(wobei unter γ_r für $r > \varkappa$ die Null zu verstehen ist). Wir können dann aus der umgeformten Determinante den allen Elementen der letzten Mittelstreifenzeile gemeinsamen Faktor b_0 herausziehen, wodurch sich diese Zeile in

$$0, 0, \ldots, \gamma_0, \gamma_1, \gamma_2, \ldots, \gamma_\varkappa$$

verwandelt. Die Determinante enthält jetzt nur noch $(m-1)$ B-Zeilen und unten rechts die $(n+1)$-zeilige Raute der γ. D. h. aber:

$$\overline{\varkappa, m, n} = b_0 \cdot \overline{\varkappa, m-1, n+1}.$$

Die neue Determinante $\overline{\varkappa, m-1, n+1}$ formen wir gerade so um und bekommen für sie den Wert $b_0 \cdot \overline{\varkappa, m-2, n+2}$. Setzen wir ihn ein, so entsteht

$$\overline{\varkappa, m, n} = b_0^2 \cdot \overline{\varkappa, m-2, n+2}.$$

Die weitere Umformung von $\overline{\varkappa, m-2, n+2}$ in $b_0 \cdot \overline{\varkappa, m-3, n+3}$ und Substitution ergibt

$$\overline{\varkappa, m, n} = b_0^3 \cdot \overline{\varkappa, m-3, n+3},$$

usw. Schließlich erhalten wir

$$\overline{\varkappa, m, n} = b_0^m \cdot \overline{\varkappa, 0, n+m}$$

oder, da die hier rechts stehende Determinante $\overline{\varkappa, 0, L}$ nichts anderes als $\overline{fg, \varphi}$ ist

$$III = \overline{\varkappa, m, n} = b_0^m \cdot \overline{fg, \varphi}.$$

Da aber

$$III = I \cdot II = \overline{f, \varphi} \cdot b_0^m \cdot \overline{g, \varphi}$$

war, so ergibt sich schließlich

$$\overline{fg, \varphi} = \overline{f, \varphi} \cdot \overline{g, \varphi},$$

w. z. b. w.

Der zweite Teil von Satz III folgt aus der soeben bewiesenen Formel und den nach Satz I gültigen Relationen

$$\overline{\varphi, fg} = \iota^{L\varkappa} \cdot \overline{fg, \varphi}, \qquad \overline{\varphi, f} = \iota^{m\varkappa} \cdot \overline{f, \varphi}, \qquad \overline{\varphi, g} = \iota^{n\varkappa} \cdot \overline{g, \varphi}.$$

Satz IV. Sind $f_1(x)$, $f_2(x)$, ..., $f_n(x)$; $\varphi_1(x)$, $\varphi_2(x)$, ..., $\varphi_\nu(x)$ beliebige Polynome, so ist

$$\overline{f_1 f_2 \cdots f_n, \varphi_1 \varphi_2 \cdots \varphi_\nu} = \prod_{s, \sigma} \overline{f_s, \varphi_\sigma},$$

wobei sich die Produktbildung auf alle Zeigerpaare (s, σ) erstreckt, bei denen s der Reihe 1, 2, ..., n und σ der Reihe 1, 2, ..., ν angehört.

Der Beweis folgt unmittelbar aus Satz III. Z. B. ist

$$\begin{aligned}\overline{fgh, \varphi\psi} &= \overline{fg, \varphi\psi} \cdot \overline{h, \varphi\psi} = \overline{f, \varphi\psi} \cdot \overline{g, \varphi\psi} \cdot \overline{h, \varphi\psi} \\ &= \overline{f, \varphi} \cdot \overline{f, \psi} \cdot \overline{g, \varphi} \cdot \overline{g, \psi} \cdot \overline{h, \varphi} \cdot \overline{h, \psi}.\end{aligned}$$

§ 28. Die Diskriminante.

I. Vandermondes Determinante.

Diese zuerst in einem Sonderfalle von dem Mathematiker Vandermonde, dann allgemein von Cauchy untersuchte Determinante hat die Gestalt

$$V = \begin{vmatrix} 1 & \alpha_1 & \alpha_1^2 & \alpha_1^3 \ldots & \alpha_1^{n-1} \\ 1 & \alpha_2 & \alpha_2^2 & \alpha_2^3 \ldots & \alpha_2^{n-1} \\ \cdot & \cdot & \cdot & \cdot & \cdot \\ 1 & \alpha_n & \alpha_n^2 & \alpha_n^3 \ldots & \alpha_n^{n-1} \end{vmatrix},$$

wo α_r^s die s^{te} Potenz von α_r bedeutet. Sie ist ein Polynom der n Größen $\alpha_1, \alpha_2, \ldots, \alpha_n$ und wird, um das anzudeuten, zweckmäßig $V(\alpha_1, \alpha_2, \ldots, \alpha_n)$ geschrieben. Um sie auszuwerten, subtrahieren wir von jeder Spalte das α_n-fache der vorhergehenden Spalte. Das gibt $V =$

$$\begin{vmatrix} 1 & \alpha_1 - \alpha_n & \alpha_1(\alpha_1 - \alpha_n) & \alpha_1^2(\alpha_1 - \alpha_n) \ldots & \alpha_1^{n-2}(\alpha_1 - \alpha_n) \\ 1 & \alpha_2 - \alpha_n & \alpha_2(\alpha_2 - \alpha_n) & \alpha_2^2(\alpha_2 - \alpha_n) \ldots & \alpha_2^{n-2}(\alpha_2 - \alpha_n) \\ \cdot & \cdot & \cdot & \cdot & \cdot \\ 1 & \alpha_{n-1} - \alpha_n & \alpha_{n-1}(\alpha_{n-1} - \alpha_n) & \alpha_{n-1}^2(\alpha_{n-1} - \alpha_n) \ldots & \alpha_{n-1}^{n-2}(\alpha_{n-1} - \alpha_n) \\ 1 & 0 & 0 & 0 \ldots & 0 \end{vmatrix}$$

Durch Entwicklung nach der n^{ten} Zeile und darauf folgende Herausziehung des in jeder Zeile auftretenden gemeinsamen Klammerfaktors entsteht

$$V = \iota^{n+1} \cdot (\alpha_1 - \alpha_n)(\alpha_2 - \alpha_n) \ldots (\alpha_{n-1} - \alpha_n) \cdot \begin{vmatrix} 1 & \alpha_1 & \alpha_1^2 & \ldots \alpha_1^{n-2} \\ 1 & \alpha_2 & \alpha_2^2 & \ldots \alpha_2^{n-2} \\ \cdot & \cdot & \cdot & \cdot \\ 1 & \alpha_{n-1} & \alpha_{n-1}^2 & \ldots \alpha_{n-1}^{n-2} \end{vmatrix}$$

oder

$$V(\alpha_1, \alpha_2, \ldots, \alpha_n) = \iota^{n+1} \cdot (\alpha_1 - \alpha_n) \cdot (\alpha_2 - \alpha_n) \ldots (\alpha_{n-1} - \alpha_n) \cdot V(\alpha_1, \alpha_2, \ldots, \alpha_{n-1}).$$

Ebenso wird

$$V(\alpha_1, \alpha_2, \ldots, \alpha_{n-1}) = \iota^n \cdot (\alpha_1 - \alpha_{n-1})(\alpha_2 - \alpha_{n-1}) \ldots (\alpha_{n-2} - \alpha_{n-1}) \cdot V(\alpha_1, \alpha_2, \ldots, \alpha_{n-2}),$$

$$V(\alpha_1, \alpha_2, \ldots, \alpha_{n-2}) = \iota^{n-1} \cdot (\alpha_1 - \alpha_{n-2})(\alpha_2 - \alpha_{n-2}) \ldots (\alpha_{n-3} - \alpha_{n-2}) \cdot V(\alpha_1, \alpha_2, \ldots, \alpha_{n-3}),$$

usw.,

schließlich

$$V(\alpha_1, \alpha_2) = \iota^3 (\alpha_1 - \alpha_2).$$

Substituiert man, unten anfangend, jeden der erhaltenen Werte in der vorhergehenden Gleichung, so ergibt sich, da

$$\iota^{n+1} \cdot \iota^n \cdot \iota^{n-1} \ldots \iota^3 = \iota^{n_2}$$

ist,

$$V(\alpha_1, \alpha_2, \ldots, \alpha_n) = \iota^{n_2} \cdot \left.\begin{matrix} (\alpha_1 - \alpha_2)(\alpha_1 - \alpha_3) \ldots (\alpha_1 - \alpha_n) \\ \cdot (\alpha_2 - \alpha_3) \ldots (\alpha_2 - \alpha_n) \\ \cdots\cdots\cdots \\ \cdot (\alpha_{n-1} - \alpha_n) \end{matrix}\right\},$$

wo das rechts von ι^{n_2} stehende Produkt alle n_2 Differenzen $(\alpha_\nu - \alpha_{\nu+1})$ enthält, bei denen ν einer der Werte 1, 2, ..., $n-1$ ist. Wir setzen dieses sog. Differenzenprodukt der Größen $\alpha_1, \alpha_2, \ldots, \alpha_n$ gleich P und haben

$$\underline{V(\alpha_1, \alpha_2, \ldots, \alpha_n) = \iota^{n_2} \cdot P.}$$

So ist z. B.

$$\begin{vmatrix} 1 & \alpha & \alpha^2 \\ 1 & \beta & \beta^2 \\ 1 & \gamma & \gamma^2 \end{vmatrix} = -(\alpha-\beta)(\alpha-\gamma)(\beta-\gamma).$$

II. Produkt der quadrierten Wurzeldifferenzen.

Wir denken uns jetzt $\alpha_1, \alpha_2, \ldots, \alpha_n$ als Wurzeln der Gleichung n^{ten} Grades

$$f(x) \equiv a_0 x^n + a_1 x^{n-1} + \ldots + a_n = 0$$

und multiplizieren V mit sich selbst:

$$V \cdot V = \begin{vmatrix} 1 & \alpha_1 & \alpha_1^2 & \ldots & \alpha_1^{n-1} \\ 1 & \alpha_2 & \alpha_2^2 & \ldots & \alpha_2^{n-1} \\ . & . & . & . & . \\ 1 & \alpha_n & \alpha_n^2 & \ldots & \alpha_n^{n-1} \end{vmatrix} \cdot \begin{vmatrix} 1 & \alpha_1 & \alpha_1^2 & \ldots & \alpha_1^{n-1} \\ 1 & \alpha_2 & \alpha_2^2 & \ldots & \alpha_2^{n-1} \\ . & . & . & . & . \\ 1 & \alpha_n & \alpha_n^2 & \ldots & \alpha_n^{n-1} \end{vmatrix}.$$

Bei der Ausführung der Multiplikation multiplizieren wir die Spalten des linken Faktors mit denen des rechten; dann entsteht

$$V^2 = \begin{vmatrix} s_0 & s_1 & s_2 & \ldots & s_{n-1} \\ s_1 & s_2 & s_3 & \ldots & s_n \\ s_2 & s_3 & s_4 & \ldots & s_{n+1} \\ . & . & . & . & . \\ s_{n-1} & s_n & s_{n+1} & \ldots & s_{2n-2} \end{vmatrix},$$

wenn wir die Summe der ν^{ten} Potenzen der n Wurzeln der Gleichung $f(x) = 0$ mit s_ν bezeichnen.

Durch die erhaltene Formel wird das Quadrat der Vandermonde-Determinante oder das Quadrat des Differenzenprodukts P oder das Produkt $\mathfrak{D}$ der quadrierten Wurzeldifferenzen der Gleichung $f(x) = 0$ durch die Newtonsummen $s_0, s_1, s_2, \ldots, s_{2n-2}$ ausgedrückt.

Dieses Produkt spielt in der Algebra eine wichtige Rolle. Es gibt vor allem Auskunft darüber, ob die Gleichung $f(x) = 0$ mehrfache Wurzeln besitzt, insofern das Produkt $\mathfrak{D}$ in diesem Falle verschwindet.

Da die Newtonsummen

$$\alpha_1^\nu + \alpha_2^\nu + \ldots + \alpha_n^\nu = s_\nu$$

symmetrische Funktionen der Wurzeln, mithin nach dem bekannten Satze von Waring rationale Funktionen der Koeffizienten $a_0, a_1, a_2, \ldots, a_n$ der Gleichung $f(x) = 0$ sind, so muß es auch möglich sein, das Produkt der quadrierten Wurzeldifferenzen als rationale Funktion der Koeffizienten darzustellen. Diese Aufgabe wollen wir jetzt lösen.

Wenn $\mathfrak{D}$ verschwindet, weil etwa $\alpha_2 = \alpha_1$ ist, so besitzt die Gleichung $f(x) = 0$ die Doppelwurzel α_1. Hat aber die Gleichung $f(x) = 0$ eine Doppelwurzel α_1, so verschwindet auch die Ableitung $f'(x)$ des Polynoms $f(x)$ an der Stelle α_1. Bei verschwindendem $\mathfrak{D}$ haben also die Polynome $f(x)$ und $f'(x)$ eine gemeinsame Wurzel.

Wenn umgekehrt die Polynome $f(x)$ und $f'(x)$ eine gemeinsame Wurzel (Nullstelle) haben, so hat $f(x)$ eine mehrfache Wurzel und $\mathfrak{D}$ verschwindet.

Nach dem Resultantensatz des vorigen Paragraphen läßt sich daher vermuten, daß das Produkt $\mathfrak{D}$ der quadrierten Wurzeldifferenzen in einem engen Zusammenhang mit der Resultante $R = \overline{f, f'}$ der beiden Polynome f und f' steht. Diese Zusammenhang wollen wir aufdecken. Um eine bequeme Schreibweise zu haben, bezeichnen wir dabei die Resultante $\overline{f, f'}$ kurz mit $\overline{f}$.

Das Polynom $f(x)$ sei irgendwie in das Produkt zweier Polynome $\varphi(x)$ und $\psi(x)$ zerlegt. Dann ist

$$f' = \varphi\,\psi' + \psi\,\varphi'.$$

Nach Satz II des vorigen Paragraphen ist aber

$$\overline{\varphi, \psi\,\varphi'} = \overline{\varphi, \psi\,\varphi' + \psi'\,\varphi} = \overline{\varphi, f'},$$
$$\overline{\psi, \varphi\,\psi'} = \overline{\psi, \varphi\,\psi' + \varphi'\,\psi} = \overline{\psi, f'},$$

ferner nach Satz III

$$\overline{f, f'} = \overline{\varphi\,\psi, f'} = \overline{\varphi, f'} \cdot \overline{\psi, f'}.$$

Darum ist

$$\overline{f, f'} = \overline{\varphi, \psi\,\varphi'} \cdot \overline{\psi, \varphi\,\psi'}.$$

Da aber, ebenfalls nach Satz III, die rechte Seite der letzten Gleichung den Wert $\overline{\varphi, \psi} \cdot \overline{\varphi, \varphi'} \cdot \overline{\psi, \varphi} \cdot \overline{\psi, \psi'}$ hat, so ergibt sich

$$\overline{f, f'} = \overline{\varphi, \psi}\ \overline{\psi, \varphi}\ \overline{\varphi, \varphi'}\ \overline{\psi, \psi'}$$

oder

$$\underline{\overline{\varphi\,\psi} = \overline{\varphi}\ \overline{\psi} \cdot\ \overline{\varphi, \psi}\ \overline{\psi, \varphi}.}$$

Hat das Polynom f drei Faktoren φ, ψ, χ, so ist nach der eben bewiesenen Formel zunächst

$$\overline{\varphi\,\psi\,\chi} = \overline{\varphi\,\psi} \cdot \overline{\chi} \cdot \overline{\varphi\,\psi, \chi} \cdot \overline{\chi, \varphi\,\psi},$$

dann die rechte Seite dieser Gleichung (mit Heranziehung von Satz III des vorigen Paragraphen) gleich

$$\overline{\varphi} \cdot \overline{\psi} \cdot \overline{\varphi, \psi} \cdot \overline{\psi, \varphi} \cdot \overline{\chi} \cdot \overline{\varphi, \chi} \cdot \overline{\psi, \chi} \cdot \overline{\chi, \varphi} \cdot \overline{\chi, \psi},$$

mithin

$$\overline{\varphi\psi\chi} = \bar\varphi\,\bar\psi\,\bar\chi \cdot \overline{\varphi,\psi} \cdot \overline{\psi,\varphi} \cdot \overline{\varphi,\chi} \cdot \overline{\chi,\varphi} \cdot \overline{\psi,\chi} \cdot \overline{\chi,\psi}$$

usf. Bei m Faktoren ist

$$\overline{\varphi_1\varphi_2\ldots\varphi_m} = \bar\varphi_1\,\bar\varphi_2\ldots\bar\varphi_m \cdot \prod_{r,s}\overline{\varphi_r,\varphi_s},$$

wobei das unter dem Produktzeichen stehende Zeigerpaar (r, s) alle Wertepaare durchläuft, deren voneinander verschiedene Zeiger r und s der Reihe $1, 2, \ldots, m$ angehören.

Hier kommt die bekannte Zerlegung

$$f(x) = a_0(x-\alpha_1)(x-\alpha_2)\ldots(x-\alpha_n)$$

in n Linearfaktoren $x - \alpha_\nu$ in Betracht. Wir setzen

$$(x-\alpha_1)(x-\alpha_2)\ldots(x-\alpha_n) = \pi$$

und haben

$$f = a\pi \qquad (\text{mit } a = a_0),$$

folglich

$$\bar f = \overline{a\pi} = \overline{a\pi, a\pi'} = \overline{a, a\pi'} \cdot \overline{\pi, a\pi'} = a^{n-1} \cdot \overline{\pi, a\pi'} =$$

$$= a^{n-1} \cdot \overline{\pi, a} \cdot \overline{\pi, \pi'} = a^{n-1} \cdot a^n \cdot \overline{\pi, \pi'}$$

oder

$$\bar f = a_0^{2n-1} \cdot \bar\pi.$$

Nach der oben gefundenen Formel ist

$$\bar\pi = \overline{x-\alpha_1} \cdot \overline{x-\alpha_2} \ldots \overline{x-\alpha_n} \cdot \prod_{r,s}\overline{x-\alpha_r, x-\alpha_s}.$$

Nun ist

$$\overline{x-\alpha_\nu} = \overline{x-\alpha_\nu, 1} = 1$$

und

$$\overline{x-\alpha_r, x-\alpha_s} = \begin{vmatrix} 1 & -\alpha_r \\ 1 & -\alpha_s \end{vmatrix} = \alpha_r - \alpha_s,$$

mithin

$$\prod_{r,s}\overline{x-\alpha_r, x-\alpha_s} = \begin{cases} (\alpha_1-\alpha_2)(\alpha_1-\alpha_3)\ldots(\alpha_1-\alpha_n)\cdot \\ (\alpha_2-\alpha_1)(\alpha_2-\alpha_3)\ldots(\alpha_2-\alpha_n)\cdot \\ \ldots\ldots\ldots\ldots\ldots\ldots \\ (\alpha_n-\alpha_1)(\alpha_n-\alpha_2)\ldots(\alpha_n-\alpha_{n-1}) \end{cases}$$

$$= \left\{\begin{array}{r} \iota^{n-1}\cdot(\alpha_1-\alpha_2)^2(\alpha_1-\alpha_3)^2\ldots(\alpha_1-\alpha_n)^2\cdot \\ \iota^{n-2}\cdot(\alpha_2-\alpha_3)^2\ldots(\alpha_2-\alpha_n)^2\cdot \\ \ldots\ldots\ldots\ldots\ldots\ldots \\ \iota^1\cdot(\alpha_{n-1}-\alpha_n)^2 \end{array}\right\} = \iota^{n_2}\mathfrak{D}.$$

Folglich wird $\bar\pi = \iota^{n_2}\mathfrak{D}$ und

$$\bar f = a_0^{2n-1} \cdot \iota^{n_2} \cdot \mathfrak{D}.$$

Das Produkt $\mathfrak{D}$ der quadrierten Wurzeldifferenzen der Gleichung $f(x) = 0$ ist also mit der Resultante R der Polynome $f(x)$ und $f'(x)$ durch die Relation

$$R = a_0^{2n-1} \cdot \iota^{n_2} \cdot \mathfrak{D}$$

verknüpft.

Wenn wir aus der Sylvester-Determinante R den allen Elementen der ersten Spalte gemeinsamen Faktor a_0 herausnehmen und die verbleibende Determinante mit R' bezeichnen, so gilt für diese »reduzierte« Resultante die Formel

$$R' = \iota^{n_2} a_0^{2n-2} \cdot \mathfrak{D}.$$

Die reduzierte Resultante ist, wie ihr Anblick lehrt, eine ganze rationale Funktion der Größen $a_0, a_1, \ldots, a_n$ mit ganzen rationalen Koeffizienten.

Unsere Aufgabe ist gelöst:

Durch die Formel

$$R' = \iota^{n_2} a_0^{2n-2} \cdot \mathfrak{D}$$

ist das Produkt $\mathfrak{D}$ der quadrierten Wurzeldifferenzen der Gleichung

$$f(x) \equiv a_0 x^n + a_1 x^{n-1} + \ldots + a_n = 0$$

als rationale Funktion der Größen $a_0, a_1, \ldots, a_n$ dargestellt. Das a_0^{2n-2}-fache von $\mathfrak{D}$ ist sogar eine ganze rationale Funktion der Größen a_0, $a_1, \ldots, a_n$, die obendrein noch ganze rationale Koeffizienten hat.

Die Entwicklung von R' nach der ersten Spalte zeigt, daß jede Adjunkte und damit R' selbst ein homogenes Polynom $(2n-2)^{\text{ten}}$ Grades der Größen $a_0, a_1, \ldots, a_n$ ist.

Man nennt das a_0^{2n-2}-fache des Produkts $\mathfrak{D}$ der quadrierten Wurzeldifferenzen der Gleichung $f(x) = 0$ die Diskriminante der Gleichung oder auch des Polynoms $f(x)$ und bezeichnet sie mit dem Buchstaben D. Es gilt dann die Formel

$$\underline{D = \iota^{n_2} R'.}$$

Bedenkt man noch, daß der Exponent n_2 von ι die n^{te} Dreieckszahl ist, so ergibt sich als Ergebnis unserer Betrachtungen folgender

Diskriminantensatz:

Die Diskriminante des Polynoms

$$f(x) = a_0 x^n + a_1 x^{n-1} + \ldots + a_n$$

ist der reduzierten Resultante der Polynome $f(x)$ und $f'(x)$ direkt oder entgegengesetzt gleich, je nachdem die n^{te} Dreieckszahl gerade oder ungerade ist.

Wir fügen hinzu:

Die Diskriminante ist ein homogenes Polynom $(2n-2)^{\text{ten}}$ Grades der Größen $a_0, a_1, \ldots a_n$ mit ganzen rationalen Koeffizienten. Endlich:

Die notwendige und hinreichende Bedingung für die Existenz einer mehrfachen Wurzel der Gleichung $f(x) = 0$ ist das Verschwinden ihrer Diskriminante.

Beispiel 1. Diskriminante der quadratischen Gleichung

$$a x^2 + b x + c = 0.$$

Die Resultante des Polynoms $ax^2 + bx + c$ und seiner Ableitung $2ax + b$ ist

$$R = \begin{vmatrix} a & b & c \\ 2a & b & 0 \\ 0 & 2a & b \end{vmatrix},$$

die reduzierte Resultante

$$R' = \begin{vmatrix} 1 & b & c \\ 2 & b & 0 \\ 0 & 2a & b \end{vmatrix} = 4ac - b^2,$$

die Diskriminante also

$$\underline{D = b^2 - 4ac.}$$

Beispiel 2. Diskriminante der kubischen Gleichung

$$ax^3 + bx^2 + cx + d = 0.$$

Die Resultante der Polynome $ax^3 + bx^2 + cx + d$ und $3ax^2 + 2bx + c$ ist

$$R = \begin{vmatrix} a & b & c & d & 0 \\ 0 & a & b & c & d \\ 3a & 2b & c & 0 & 0 \\ 0 & 3a & 2b & c & 0 \\ 0 & 0 & 3a & 2b & c \end{vmatrix},$$

die reduzierte Resultante

$$R' = \begin{vmatrix} 1 & b & c & d & 0 \\ 0 & a & b & c & d \\ 3 & 2b & c & 0 & 0 \\ 0 & 3a & 2b & c & 0 \\ 0 & 0 & 3a & 2b & c \end{vmatrix} =$$

$$27a^2d^2 - 18abcd + 4ac^3 + 4b^3d - b^2c^2,$$

die Diskriminante also

$$\underline{D = 18abcd + b^2c^2 - 4ac^3 - 4b^3d - 27a^2d^2.}$$

§ 29. Cauchys Mittelwertsatz.

$f(x)$ und $\varphi(x)$ seien zwei reelle Funktionen des reellen Arguments x, die in jedem Punkte des von $x = a$ bis $x = b$ reichenden Intervalls eine bestimmte Ableitung besitzen. (In den Intervallenden braucht diese Ableitung nicht vorhanden zu sein.)

Wir betrachten die Determinante

$$\Delta(x) = \begin{vmatrix} f(x) & \varphi(x) & 1 \\ f(a) & \varphi(a) & 1 \\ f(b) & \varphi(b) & 1 \end{vmatrix}.$$

Auch sie besitzt in jedem Punkte des Intervalls eine bestimmte Ableitung

$$\Delta'(x) = \begin{vmatrix} f'(x) & \varphi'(x) & 0 \\ f(a) & \varphi(a) & 1 \\ f(b) & \varphi(b) & 1 \end{vmatrix},$$

wie man sofort aus der Regel über die Differenzierung einer Determinante (§ 17) erkennt.

Wie der Anblick der Determinante Δ zeigt, verschwindet die Funktion $\Delta(x)$ an den beiden Stellen a und b. Beispielsweise ist

$$\Delta(a) = \begin{vmatrix} f(a) & \varphi(a) & 1 \\ f(a) & \varphi(a) & 1 \\ f(b) & \varphi(b) & 1 \end{vmatrix} = 0$$

nach dem ersten Nullsatze aus § 5.

Nun gilt aber der Satz von Rolle: Verschwindet eine Funktion, die in jedem Punkte eines Intervalls eine Ableitung besitzt, in den Endpunkten des Intervalls, so verschwindet die Ableitung der Funktion in einem gewissen Innenpunkte des Intervalls.

Da die beiden Voraussetzungen des Rolleschen Satzes auf die Funktion $\Delta(x)$ zutreffen, so ist in einem gewissen Innenpunkte z des Intervalls

$$\Delta'(z) = 0.$$

Für den Zwischenargumentwert z ist sonach

$$\begin{vmatrix} f'(z) & \varphi'(z) & 0 \\ f(a) & \varphi(a) & 1 \\ f(b) & \varphi(b) & 1 \end{vmatrix} = 0.$$

Wir entwickeln die links stehende Determinante nach der ersten Zeile und bekommen

$$f'(z)[\varphi(a) - \varphi(b)] - \varphi'(z)[f(a) - f(b)] = 0$$

oder unter der Voraussetzung, daß $\varphi(a)$ von $\varphi(b)$ verschieden ist und die Funktion $\varphi'(x)$ im Intervallinnern nicht verschwindet,

$$\underline{\frac{f(a) - f(b)}{\varphi(a) - \varphi(b)} = \frac{f'(z)}{\varphi'(z)}}.$$

Diese wichtige Formel bildet den Cauchyschen oder, wie man auch sagt, Verallgemeinerten Mittelwertsatz.

Der gewöhnliche Mittelwertsatz der Differentialrechnung geht aus ihr hervor, wenn man $\varphi(x) = x$ wählt. Man erhält dann

$$\underline{\frac{f(a) - f(b)}{a - b} = f'(z)},$$

in Worten:

Besitzt die Funktion $f(x)$ in jedem Punkte des Intervalls (a, b) einen Differentialquotienten, so ist ihr Differenzenquotient für die Intervallenden gleich der Ableitung der Funktion an einer gewissen Zwischenstelle z.

§ 30. Die Funktionaldeterminante.

Die Existenz der durch die Gleichung

$$F(x, y, \ldots; u) = 0$$

gegebenen impliziten Funktion

$$u = f(x, y, \ldots)$$

der Argumente $x, y, \ldots$ erhält ihre Begründung erst durch das bekannte

Existenztheorem für die implizite Funktion:

Ist $F(x, y, \ldots; u)$ eine Funktion der Variablen $x, y, \ldots; u$, die samt ihren partiellen Ableitungen

$$F_x = \frac{\partial F}{\partial x}, \quad F_y = \frac{\partial F}{\partial y}, \quad \ldots; \quad F_u = \frac{\partial F}{\partial u}$$

in der Umgebung D der Stelle $P_0(x_0, y_0, \ldots; u_0)$ stetig ist, und die an der Stelle P_0 verschwindet, während hier ihre nach u genommene Ableitung F_u nicht verschwindet, so besitzt die Gleichung

$$F(x, y, \ldots; u) = 0$$

in einer gewissen (in D enthaltenen) Umgebung d der Stelle P_0 eine einzige Lösung

$$u = f(x, y, \ldots),$$

die in d stetig ist und hier die partiellen Ableitungen

$$\frac{\partial u}{\partial x} = \frac{\partial f}{\partial x} = -\frac{\partial F}{\partial x} : \frac{\partial F}{du}, \quad \frac{\partial u}{\partial y} = \frac{\partial f}{\partial y} = -\frac{\partial F}{\partial y} : \frac{\partial F}{\partial u}, \quad \ldots$$

besitzt.

Dieser Satz läßt sich auf ein System von n Funktionen

$$F(x, y, \ldots; u, v, w, \ldots), \quad G(x, y, \ldots; u, v, w, \ldots),$$
$$H(x, y, \ldots; u, v, w, \ldots), \quad \ldots$$

erweitern, die von n Variablen $u, v, w, \ldots$ abhängen, aber auch noch von anderen Veränderlichen $x, y, \ldots$ abhängen können. Bei dieser Erweiterung spielt die n-reihige Determinante

$$J = \begin{vmatrix} \frac{\partial F}{\partial u} & \frac{\partial F}{\partial v} & \frac{\partial F}{\partial w} & \cdots \\ \frac{\partial G}{\partial u} & \frac{\partial G}{\partial v} & \frac{\partial G}{\partial w} & \cdots \\ \frac{\partial H}{\partial u} & \frac{\partial H}{\partial v} & \frac{\partial H}{\partial w} & \cdots \\ \cdot & \cdot & \cdot & \cdot \end{vmatrix}$$

eine dominierende Rolle. Man nennt sie die Funktionaldeterminante oder nach ihrem Entdecker Jacobi die Jacobiante der n Funktionen $F, G, H, \ldots$ für die n Variablen $u, v, w, \ldots$ Man schreibt sie oft

$$\frac{\partial (F, G, H, \ldots)}{\partial (u, v, w, \ldots)},$$

um anzudeuten, daß sie in der Theorie des obigen Funktionensystems eine ähnliche Rolle spielt wie die gewöhnliche Ableitung in der Theorie der Funktion einer einzigen Veränderlichen.

Die Erweiterung lautet:

Existenztheorem für implizite Funktionen:

$$\begin{aligned} F(x, y, \ldots; u, v, w, \ldots) &= 0, \\ G(x, y, \ldots; u, v, w, \ldots) &= 0, \\ H(x, y, \ldots; u, v, w, \ldots) &= 0, \\ \cdots\cdots\cdots \end{aligned}$$

seien n Bestimmungsgleichungen für die n unbekannten Funktionen $u, v, w, \ldots$ der m Argumente $x, y, \ldots$, deren linke Seiten an der Stelle P_0 $(x_0, y_0, \ldots; u_0, v_0, w_0, \ldots)$ verschwinden. Wenn die Funktionen $F, H, G, \ldots$ samt ihren partiellen Ableitungen nach den Veränderlichen in der Umgebung der Stelle P_0 stetig sind, und wenn ihre Jacobiante

$$J = \begin{vmatrix} F_u & F_v & F_w & \cdots \\ G_u & G_v & G_w & \cdots \\ H_u & H_v & H_w & \cdots \\ \cdot & \cdot & \cdot & \cdot \end{vmatrix}$$

an dieser Stelle nicht verschwindet, dann gibt es ein einziges System von Funktionen

$$u = f(x, y, \ldots), \quad v = g(x, y, \ldots), \quad w = h(x, y, \ldots), \quad \ldots$$

der m Argumente $x, y, \ldots$, die für $x = x_0, y = y_0, \ldots$ die Werte $u_0, v_0, w_0, \ldots$ annehmen, in der Umgebung von P_0 stetig sind, hier die obigen Bestimmungsgleichungen erfüllen und partielle Ableitungen nach den Argumenten $x, y, \ldots$ besitzen.

Beweis. Ist $n = 1$, so gilt der Satz auf Grund des obigen Existenztheorems. Seine Allgemeingültigkeit zeigen wir durch Induktion: wir nehmen an, der Satz sei schon für Systeme von $(n-1)$ Gleichungen mit $(n-1)$ unbekannten Funktionen bewiesen und zeigen, daß er dann auch für Systeme von n Gleichungen mit n unbekannten Funktionen gilt.

Die Adjunkten der Elemente der ersten Spalte von J seien $i, j, k, \ldots$, so daß

$$J = i F_u + j G_u + k H_u + \ldots$$

ist. Da J an der Stelle P_0 nicht verschwindet, ist auch mindestens eine dieser Adjunkten, etwa i, in P_0 von Null verschieden. Die Jacobiante

$$i = \begin{vmatrix} G_v & G_w & \ldots \\ H_v & H_w & \ldots \\ \cdot & \cdot \cdot \cdot & \cdot \cdot \cdot \end{vmatrix}$$

der $(n-1)$ Funktionen $G, H, \ldots$ für die $(n-1)$ Unbekannten $v, w, \ldots$ ist also in $P_0 \neq 0$. Nach unserer Annahme gibt es daher ein einziges System von $(n-1)$ Funktionen

$$v = \varphi(x, y, \ldots, u), \qquad w = \psi(x, y, \ldots, u), \quad \ldots,$$

die für $x = x_0$, $y = y_0$, $\ldots$, $u = u_0$ die Werte v_0, w_0, $\ldots$ annehmen, die in einer gewissen Umgebung d von P_0 stetig sind und hier die Gleichungen

$$G(x, y, \ldots; u, v, w, \ldots) = 0, \qquad H(x, y, \ldots; u, v, w, \ldots) = 0, \ \ldots$$

identisch befriedigen. Aus F aber wird bei Ersatz von $v, w, \ldots$ durch die Funktionen $\varphi, \psi, \ldots$

$$F(x, y, \ldots; u, \varphi, \psi, \ldots) = \mathfrak{F}(x, y, \ldots; u),$$

und es handelt sich nur noch darum, die unbekannte Funktion u der m Argumente $x, y, \ldots$, so zu ermitteln, daß in jener Umgebung auch

$$F(x, y, \ldots; u, v, w, \ldots) = 0$$

ist, welche Forderung, da $v, w, \ldots$ auch von u abhängen, zweckmäßiger

$$\mathfrak{F}(x, y, \ldots; u) = 0$$

geschrieben wird. Nun, diese Forderung kann erfüllt werden (Existenztheorem für die implizite Funktion), wenn die nach u genommene Derivierte $\mathfrak{F}_u$ von $\mathfrak{F}$ in P_0 von Null verschieden ist.

Es ist aber

$$\mathfrak{F}_u = F_u + F_\varphi \varphi_u + F_\psi \psi_u + \ldots .$$

Differenzieren wir auch die in d geltenden $(n-1)$ Gleichungen

$$G(x, y, \ldots; u, \varphi, \psi, \ldots) = 0, \quad H(x, y, \ldots; u, \varphi, \psi, \ldots) = 0, \ \ldots$$

nach u, so ergibt sich

$$G_u + G_\varphi \varphi_u + G_\psi \psi_u + \ldots = 0,$$
$$H_u + H_\varphi \varphi_u + H_\psi \psi_u + \ldots = 0,$$
$$\ldots\ldots\ldots\ldots\ldots\ldots$$

Der Anblick der letzten Gleichungen legt den Gedanken nahe, die erste Spalte von J um das φ_u-fache der zweiten, ψ_u-fache der dritten usw. zu vermehren, wodurch ja die Determinante J nach Jacobis Satz (§ 6) ihren Wert nicht ändert. Durch diese Vermehrung geht das erste Element der ersten Spalte in $\mathfrak{F}_u$, jedes andere Element dieser Spalte in Null über. Durch Entwicklung von J nach der ersten Spalte entsteht nun

$$J = \mathfrak{F}_u \cdot i.$$

Da aber J und i an der Stelle P_0 nicht verschwinden, so ist auch $\mathfrak{F}_u$ hier von Null verschieden. Nach dem Existenztheorem für die implizite Funktion gibt es folglich eine einzige Funktion

$$(1) \qquad u = f(x, y, \ldots)$$

der m Argumente $x, y, \ldots$, die in einer gewissen Umgebung von P_0 die Gleichung

$$F(x, y, \ldots; u, \varphi, \psi, \ldots) = 0$$

befriedigt und hier partielle Derivierten nach $x, y, \ldots$ hat.

Ersetzt man noch u in $\varphi, \psi, \ldots$ durch den soeben angegebenen Wert f, so nehmen diese $(n-1)$ Funktionen die Form

$$(2) \qquad v = g(x, y, \ldots), \qquad w = h(x, y, \ldots), \quad \ldots$$

an, und die n Gleichungen (1) und (2) liefern die in unserm Satze angeführten Funktionen $u, v, w, \ldots$

Die Existenz der in unserem Theorem behaupteten partiellen Ableitungen begründet sich nun so einfach, daß wir hier davon absehen können. Was die praktische Berechnung dieser Ableitungen z. B. der nach x genommenen

$$\frac{\partial u}{\partial x}, \quad \frac{\partial v}{\partial x}, \quad \frac{\partial w}{\partial x}, \quad \ldots$$

angeht, so erhält man diese Derivierten, indem man jede der vorgelegten n Bestimmungsgleichungen partiell nach x differenziert:

$$F_x + F_u \frac{\partial u}{\partial x} + F_v \frac{\partial v}{\partial x} + F_w \frac{\partial w}{\partial x} + \ldots = 0,$$

$$G_x + G_u \frac{\partial u}{\partial x} + G_v \frac{\partial v}{\partial x} + G_w \frac{\partial w}{\partial x} + \ldots = 0,$$

$$H_x + H_u \frac{\partial u}{\partial x} + H_v \frac{\partial v}{\partial x} + H_w \frac{\partial w}{\partial x} + \ldots = 0,$$

Dies ist ein System von n linearen Gleichungen mit den n Unbekannten

$$\frac{\partial u}{\partial x}, \quad \frac{\partial v}{\partial x}, \quad \frac{\partial w}{\partial x}, \quad \ldots,$$

dessen Koeffizientendeterminante nichts anderes als die Funktionaldeterminante der gegebenen Funktionen F, G, H, ... ist.

Solange die Funktionaldeterminante nicht verschwindet, liefert Cramers Regel die gesuchten partiellen Derivierten.

Die große Bedeutung der Funktionaldeterminante erhellt sofort aus

Jacobis Fundamentalsatz:

n Funktionen

$$y_\nu = f_\nu(x_1, x_2, \ldots, x_n) \qquad (\nu = 1, 2, \ldots, n)$$

der n Argumente $x_1, x_2, \ldots, x_n$ sind dann und nur dann voneinander abhängig, wenn ihre Funktionaldeterminante

$$J = \begin{vmatrix} \frac{\partial f_1}{\partial x_1} & \frac{\partial f_1}{\partial x_2} & \cdots & \frac{\partial f_1}{\partial x_n} \\ \frac{\partial f_2}{\partial x_1} & \frac{\partial f_2}{\partial x_2} & \cdots & \frac{\partial f_2}{\partial x_n} \\ \cdot & \cdot & \cdot & \cdot \\ \frac{\partial f_n}{\partial x_1} & \frac{\partial f_n}{\partial x_2} & \cdots & \frac{\partial f_n}{\partial x_n} \end{vmatrix}$$

identisch verschwindet.

Bei diesem Satze wird stillschweigend vorausgesetzt, daß die Funktionen stetige partielle Derivierten $\frac{\partial y_r}{\partial x_s}$ haben.

Der Satz erscheint erstmalig in der Jacobischen Abhandlung De Derminantibus functionalibus (Crelles Journal, Bd. XII und XXII).

Um das Verständnis des Satzes zu erleichtern, betrachten wir zunächst zwei Beispiele.

1. $\qquad u = xy \qquad$ und $\qquad v = lx + ly$

sind zwei Funktionen der Argumente x und y, deren Jacobiante

$$\begin{vmatrix} \frac{\partial u}{\partial x} & \frac{\partial u}{\partial y} \\ \frac{\partial v}{\partial x} & \frac{\partial v}{\partial y} \end{vmatrix} = \begin{vmatrix} y & x \\ \frac{1}{x} & \frac{1}{y} \end{vmatrix}$$

identisch verschwindet. Nach Jacobis Satze sind sie daher voneinander abhängig. Tatsächlich ist

$$v = lu.$$

2. $u = x + y + z, \quad v = x^2 + y^2 + z^2, \quad w = yz + zx + xy$

sind drei Funktionen der Argumente x, y, z, deren Jacobiante

$$\begin{vmatrix} u_x & u_y & u_z \\ v_x & v_y & v_z \\ w_x & w_y & w_z \end{vmatrix} = \begin{vmatrix} 1 & 1 & 1 \\ 2x & 2y & 2z \\ y+z & z+x & x+y \end{vmatrix}$$

identisch verschwindet. Folglich sind sie voneinander abhängig. Tatsächlich ist

$$u^2 = v + 2w.$$

Nun zum Beweise des Satzes!

Wir nehmen zunächst an, daß die Jacobiante der vorgelegten n Funktionen

$$X = E(x, y, z, u, v, \ldots),\ Y = F(x, y, z, u, v, \ldots),\ Z = G(x, y, z, u, v, \ldots),$$
$$U = H(x, y, z, u, v, \ldots),\ V = K(x, y, z, u, v, \ldots),\ \ldots$$

in einem gewissen Bereiche identisch verschwindet und zeigen, daß die Funktionen untereinander abhängig sind.

Wenn die Jacobiante identisch verschwindet, so ist ihr Rang kleiner als n. Der Rang sei etwa $\chi = 3$, so daß etwa der Minor

$$j = \begin{vmatrix} X_x & X_y & X_z \\ Y_x & Y_y & Y_z \\ Z_x & Z_y & Z_z \end{vmatrix}$$

im Bereich B nicht verschwindet, während alle Minoren mit mehr als χ Reihen in B identisch verschwinden. Dann gibt es nach dem obigen Existenztheorem drei Funktionen

$$x = e(X, Y, Z, u, v, \ldots), \qquad y = f(X, Y, Z, u, v, \ldots),$$
$$z = g(X, Y, Z, u, v, \ldots),$$

die die Gleichungen

$$X = E(x, y, z, u, v, \ldots),\ Y = F(x, y, z, u, v, \ldots),\ Z = G(x, y, z, u, v, \ldots)$$

in einem gewissen Teile b von B identisch befriedigen. Setzen wir die gefundenen Werte in den nicht in j auftretenden Funktionen U, V, ... ein, so werden auch diese zu Funktionen von X, Y, Z, u, v, ...:

$$U = H(x, y, z, u, v, \ldots) = h(X, Y, Z, u, v, \ldots),$$
$$V = K(x, y, z, u, v, \ldots) = k(X, Y, Z, u, v, \ldots),$$
$$\ldots\ldots\ldots\ldots\ldots\ldots\ldots\ldots$$

Wir zeigen, daß hier in Wahrheit keine Abhängigkeit von u, v, ..., sondern nur Abhängigkeit von X, Y, Z vorhanden ist, indem wir beweisen, daß die Ableitung irgendeiner dieser Funktionen nach irgendeiner der Variablen u, v, ... identisch verschwindet.

Nehmen wir z. B. $k_u = \frac{\partial k}{\partial u}$.

Es hat den Wert

$$k_u = \frac{\partial k}{\partial u} = K_x e_u + K_y f_u + K_z g_u + K_u. \tag{1}$$

Neben dieser Gleichung erhalten wir aus

$X = E(x, y, z, u, v, \ldots)$, $Y = F(x, y, z, u, v, \ldots)$, $Z = G(x, y, z, u, v, \ldots)$,

indem auch hier x, y, z durch e, f, g ersetzt werden, durch partielle Ableitung nach u

$$\left\{\begin{aligned} E_x e_u + E_y f_u + E_z g_u + E_u &= 0, \\ F_x e_u + F_y f_u + F_z g_u + F_u &= 0, \\ G_x e_u + G_y f_u + G_z g_u + G_u &= 0. \end{aligned}\right. \tag{2}$$

Nunmehr erwägen wir, daß die Determinante

$$\begin{vmatrix} E_x & E_y & E_z & E_u \\ F_x & F_y & F_z & F_u \\ G_x & G_y & G_z & G_u \\ K_x & K_y & K_z & K_u \end{vmatrix}$$

laut Voraussetzung verschwindet.

Wir vermehren ihre letzte Spalte um das e_u-fache der ersten, f_u-fache der zweiten, g_u-fache der dritten und bekommen laut (1) und (2)

$$\begin{vmatrix} E_x & E_y & E_z & 0 \\ F_x & F_y & F_z & 0 \\ G_x & G_y & G_z & 0 \\ K_x & K_y & K_z & k_u \end{vmatrix} = 0$$

oder

$$j \cdot k_u = 0.$$

Da aber j in b nicht verschwindet, so muß hier k_u verschwinden. k hängt also von u nicht ab.

Ähnlich ist es mit v, w, ...

Die Funktionen U, V, W, ... sind also nur von X, Y und Z abhängig; m. a. W.: die gegebenen Funktionen X, Y, Z, U, V, ... sind voneinander abhängig.

Sodann nehmen wir an, daß die Jacobiante irgendwo nicht verschwindet, und zeigen, daß die Funktionen X, Y, Z, U, V, ... nicht voneinander abhängig sein können.

Aus

$$J = \begin{vmatrix} E_x & E_y & E_z & \ldots \\ F_x & F_y & F_z & \ldots \\ G_x & G_y & G_z & \ldots \\ \ldots & \ldots & \ldots & \ldots \end{vmatrix} \neq 0$$

folgt nach dem Existenztheorem in einem gewissen Bereiche die Existenz von n Funktionen

$$x = e(X, Y, Z, U, V, \ldots), \quad y = f(X, Y, Z, U, V, \ldots), \ldots$$

der unabhängigen Veränderlichen X, Y, Z, U, V, ..., die die vorgelegten Gleichungen identisch befriedigen. Da wir — innerhalb der Bereichgrenzen — den Größen X, Y, Z, U, V, ... willkürliche Werte beilegen dürfen, können diese Größen nicht voneinander abhängig sein.

§ 31. Satz von der linearen Abhängigkeit.

In der Mathematik begegnet man oft linear abhängigen Größen, d. h. Größen, zwischen denen eine homogene lineare Beziehung mit festen Koeffizienten besteht (cfr. §§ 15, 34, 40, 50).

Wir betrachten in diesem Paragraphen die lineare Abhängigkeit von Funktionen eines Arguments v. Das Kennzeichen für diese lineare Abhängigkeit läßt sich unter Heranziehung der Wronski-Determinante der vorgelegten Funktionen (§ 17) auf eine sehr bemerkenswerte Form bringen. Es gilt nämlich der

Fundamentalsatz:

n Funktionen $x_1, x_2, \ldots, x_n$ des Arguments v, die in einem gewissen Bereiche Ableitungen bis zur $(n-1)^{\text{ten}}$ einschließlich haben, sind linear abhängig oder nicht, je nachdem ihre Wronski-Determinante

$$\begin{vmatrix} x_1 & x_2 & \ldots & x_n \\ x_1^1 & x_2^1 & \ldots & x_n^1 \\ \cdot & \cdot & \cdot & \cdot \\ x_1^{n-1} & x_2^{n-1} & \ldots & x_n^{n-1} \end{vmatrix}$$

in diesem Bereiche identisch verschwindet oder nicht. (In der Determinante bedeutet x_r^s die s^{te} Ableitung der Funktion x_r nach dem Argument v.)

Beweis. I. Wir setzen zunächst voraus, daß zwischen den Funktionen $x_1, x_2, \ldots, x_n$ im Bereich $\mathfrak{B}$ die homogene lineare Relation

$$c_1 x_1 + c_2 x_2 + \ldots + c_n x_n = 0$$

mit nicht sämtlich verschwindenden Koeffizienten c_r besteht. Wir differenzieren die Relation $(n-1)$mal und erhalten das Homogensystem

$$\begin{cases} x_1 \; c_1 + x_2 \; c_2 + \ldots + x_n \; c_n = 0, \\ x_1^1 \; c_1 + x_2^1 \; c_2 + \ldots + x_n^1 \; c_n = 0, \\ x_1^2 \; c_1 + x_2^2 \; c_2 + \ldots + x_n^2 \; c_n = 0, \\ \cdots\cdots\cdots\cdots\cdots\cdots \\ x_1^{n-1} c_1 + x_2^{n-1} c_2 + \ldots + x_n^{n-1} c_n = 0 \end{cases}$$

für die n Unbekannten $c_1, c_2, \ldots, c_n$. Nach Bézouts Satze muß dann die Systemdeterminante verschwinden:

$$\begin{vmatrix} x_1 & x_2 & \ldots & x_n \\ x_1^1 & x_2^1 & \ldots & x_n^1 \\ \cdot & \cdot & \cdot & \cdot \\ x_1^{n-1} & x_2^{n-1} & \ldots & x_n^{n-1} \end{vmatrix} = 0.$$

II. Jetzt setzen wir umgekehrt voraus, daß die Wronski-Determinante der n Funktionen in $\mathfrak{B}$ überall verschwindet und zeigen, daß die Funktionen dann linear abhängig sind. Um Schreibwerk zu sparen, nehmen wir $n = 4$; auf die Allgemeingültigkeit unserer Überlegung hat diese Annahme keinen Einfluß.

Es seien dementsprechend x, y, z, t vier Funktionen von v, deren Wronski-Determinante

$$W = \begin{vmatrix} x & y & z & t \\ x' & y' & z' & t' \\ x'' & y'' & z'' & t'' \\ x''' & y''' & z''' & t''' \end{vmatrix}$$

in $\mathfrak{B}$ überall verschwindet.

Wir setzen zunächst voraus, daß die Adjunkte

$$w = \begin{vmatrix} x & y & z \\ x' & y' & z' \\ x'' & y'' & z'' \end{vmatrix}$$

des letzten Elements von W nicht verschwindet. Nach Cramers Regel lassen sich dann drei eigentliche Größen p, q, r bestimmen, die die drei Gleichungen

(1) $$x\,p + y\,q + z\,r = t,$$

(2) $$x'\,p + y'\,q + z'\,r = t',$$

(3) $$x''\,p + y''\,q + z''\,r = t''$$

identisch befriedigen.

Die Ableitung von (1) ergibt

$$x\,p' + y\,q' + z\,r' + x'\,p + y'\,q + z'\,r = t'$$

oder wegen (2)

(1') $$x\,p' + y\,q' + z\,r' = 0.$$

Die Ableitung von (2) gibt

$$x'\,p' + y'\,q' + z'\,r' + x''\,p + y''\,q + z''\,r = t''$$

oder wegen (3)

(2') $$x'\,p' + y'\,q' + z'\,r' = 0.$$

Die Ableitung von (3) endlich gibt

(3') $$x''\,p' + y''\,q' + z''\,r' + x'''\,p + y'''\,q + z'''\,r = t''',$$

wo jedoch eine unmittelbare Vereinfachung nicht möglich ist.

Subtrahieren wir aber von der vierten Spalte der Wronski-Determinante W das p-fache der ersten, q-fache der zweiten und r-fache der dritten, so werden die ersten drei Elemente der neuen Schlußspalte wegen (1), (2), (3) Null, das letzte wegen (3')

$$u = x'' p' + y'' q' + z'' r'.$$

Entwickeln wir dann das umgeformte W nach der Schlußspalte, so reduziert es sich auf

$$W = w\, u.$$

Aus

$$W = 0 \qquad \text{und} \qquad w \neq 0$$

folgt jetzt $u = 0$ oder

(3'') $$x'' p' + y'' q' + z'' r' = 0.$$

Die Zusammenstellung der gefundenen Gleichungen (1'), (2'), (3'') liefert das Homogensystem

$$\begin{cases} x\ p' + y\ q' + z\ r' = 0, \\ x'\ p' + y'\ q' + z'\ r' = 0, \\ x'' p' + y'' q' + z'' r' = 0 \end{cases}$$

für die Unbekannten p', q', r'.

Da die Koeffizientendeterminante w dieses Systems nicht verschwindet, sind alle drei Unbekannten nach Cramers Regel Null:

$$p' = 0, \qquad q' = 0, \qquad r' = 0.$$

Das heißt aber: Die Größen p, q, r sind Konstanten (die im übrigen laut (1), (2), (3) nicht sämtlich verschwinden).

Der Gleichung

(1) $$p\,x + q\,y + r\,z = t$$

gemäß sind also die vier Funktionen x, y, z, t linear abhängig.

Ist die Voraussetzung $w \neq 0$ nicht erfüllt, ist vielmehr in $\mathfrak{B}$ überall

$$w = 0,$$

so liefert das obige Verfahren, angewandt auf die Determinante w, eine lineare Abhängigkeit von der Gestalt

$$z = \pi\, x + \varkappa\, y$$

schon zwischen den drei Größen x, y, z.

Um den Nutzen des Satzes von der linearen Abhängigkeit an einem Beispiele zu zeigen, wenden wir ihn an, um einen bedeutsamen Satz über die Integrale der homogenen linearen Differentialgleichung n^{ter} Ordnung zu beweisen.

$$u_0\, y^n + u_1\, y^{n-1} + \ldots + u_n\, y = 0$$

sei eine homogene lineare Differentialgleichung n^{ter} Ordnung, in der u_0, u_1, …, u_n bekannte Funktionen des Arguments x sind und die Funktion y (deren ν^{te} Ableitung y^{ν} sei) gesucht ist. Sie besitzt bekanntlich n linear unabhängige Partikularintegrale $y_1, y_2, \ldots, y_n$, und es gilt folgender wichtige Satz:

Jedes Integral der homogenen linearen Differentialgleichung ist Linearkompositum von n linear unabhängigen Partikularintegralen mit konstanten Koeffizienten.

Beweis. Angenommen, y sei (neben $y_1, y_2, \ldots, y_n$) ein Integral der Differentialgleichung. Dann gelten die $(n+1)$ Gleichungen

$$\left\{\begin{array}{l} y_1^n u_0 + y_1^{n-1} u_1 + \ldots + y_1 u_n = 0, \\ y_2^n u_0 + y_2^{n-1} u_1 + \ldots + y_2 u_n = 0, \\ \ldots\ldots\ldots\ldots\ldots\ldots \\ y_n^n u_0 + y_n^{n-1} u_1 + \ldots + y_n u_n = 0, \\ y^n u_0 + y^{n-1} u_1 + \ldots + y\ u_n = 0. \end{array}\right.$$

Fassen wir dies System als Homogensystem linearer Gleichungen für die $(n+1)$ Unbekannten $u_0, u_1, \ldots, u_n$ auf, so sehen wir, daß nach Bézouts Satze die Systemdeterminante verschwindet:

$$\begin{vmatrix} y_1^n & y_1^{n-1} & \ldots & y_1 \\ \ldots & \ldots & \ldots & \ldots \\ y_n^n & y_n^{n-1} & \ldots & y_n \\ y^n & y^{n-1} & \ldots & y \end{vmatrix} = 0.$$

Bildet man aus dieser Determinante die Transponierte und schreibt die Zeilen der Transponierten in umgekehrter Reihenfolge, so entsteht die Wronski-Determinante W der $(n+1)$ Funktionen $y_1, y_2, \ldots, y_n, y$.

Ihr Verschwinden bedeutet aber lineare Abhängigkeit der $(n+1)$ Integrale $y_1, y_2, \ldots, y_n, y$. Da ferner die n Partikularintegrale $y_1, y_2, \ldots, y_n$ als linear unabhängig vorausgesetzt waren, mithin ihre Wronski-Determinante w — die zugleich Adjunkte des Schlußelements von W ist — nicht verschwindet, so ist (vgl. den Beweis des Satzes von der linearen Abhängigkeit) y Linearkompositum der Integrale $y_1, y_2, \ldots, y_n$, w. z. b. w.

§ 32. Lineartransformationen.

Es ist oft zweckmäßig, in einer Funktion $f(x_1, x_2, \ldots, x_n)$ der n Variablen $x_1, x_2, \ldots, x_n$ an Stelle dieser Variablen neue Veränderliche $y_1, y_2, \ldots, y_n$ nach der Vorschrift

$$\{1\} \qquad \left\{\begin{array}{l} x_1 = a_{11} y_1 + a_{12} y_2 + \ldots + a_{1n} y_n, \\ x_2 = a_{21} y_1 + a_{22} y_2 + \ldots + a_{2n} y_n, \\ \ldots\ldots\ldots\ldots\ldots\ldots \\ x_n = a_{n1} y_1 + a_{n2} y_2 + \ldots + a_{nn} y_n \end{array}\right.$$

einzuführen. Man nennt das Formelsystem $\{1\}$ eine homogene lineare Transformation oder kürzer eine Lineartransformation oder Linearsubstitution und bezeichnet sie durch einen passenden Buchstaben, etwa $\mathfrak{A}$. Die Matrix

$$\mathfrak{a} = \begin{pmatrix} a_{11} & a_{12} & \dots & a_{1n} \\ a_{21} & a_{22} & \dots & a_{2n} \\ \cdot & \cdot & \cdot & \cdot \\ a_{n1} & a_{n2} & \dots & a_{nn} \end{pmatrix}$$

heißt Matrix der Transformation $\mathfrak{A}$, die Determinante

$$a = \begin{vmatrix} a_{11} & a_{12} & \dots & a_{1n} \\ a_{21} & a_{22} & \dots & a_{2n} \\ \cdot & \cdot & \cdot & \cdot \\ a_{n1} & a_{n2} & \dots & a_{nn} \end{vmatrix}$$

Determinante der Transformation $\mathfrak{A}$ (auch Modul von $\mathfrak{A}$).

Führt man die einspaltigen Matrizen

$$\mathfrak{x} = \begin{pmatrix} x_1 \\ x_2 \\ \vdots \\ x_n \end{pmatrix} \quad \text{und} \quad \mathfrak{y} = \begin{pmatrix} y_1 \\ y_2 \\ \vdots \\ y_n \end{pmatrix}$$

ein, so schreibt sich das System $\{1\}$ einfach

(1) $$\mathfrak{x} = \mathfrak{a}\,\mathfrak{y},$$

so daß die Transformation $\mathfrak{A}$ auch durch die Matrixformel (1) erklärt werden kann.

Wendet man die Transformation $\mathfrak{A}$ auf die Funktion $f(x_1, x_2, \ldots, x_n)$ an, so verwandelt sich letztere in eine Funktion $g(y_1, y_2, \ldots, y_n)$, was zweckmäßig

$$\mathfrak{A}\,f = g$$

geschrieben wird.

Da es in einer Funktion auf die Benennung der Variablen nicht ankommt, schreibt man in g statt des Buchstabens y oft wieder den Buchstaben x, also statt $g(y_1, y_2, \ldots, y_n)$ $g(x_1, x_2, \ldots, x_n)$ und hat dann

$$\mathfrak{A}\,f(x_1, x_2, \ldots, x_n) = g(x_1, x_2, \ldots, x_n),$$

welche Gleichung folgendermaßen zu verstehen ist:

Schreibt man in $f(x_1, x_2, \ldots, x_n)$ statt x_r

$$a_{r1}x_1 + a_{r2}x_2 + \ldots + a_{rn}x_n \qquad (r = 1, 2, \ldots, n),$$

so geht $f(x_1, x_2, \ldots, x_n)$ in $g(x_1, x_2, \ldots, x_n)$ über.

Statt wie in $\{1\}$ schreibt sich die Transformation dann etwa

$$x_r \,|\, a_{r1}x_1 + a_{r2}x_2 + \ldots + a_{rn}x_n \qquad (r = 1, 2, \ldots, n)$$

oder kürzer

$$\mathfrak{x} \,|\, \mathfrak{a}\,\mathfrak{x}.$$

Man sieht, daß die Transformation vollständig durch ihre Matrix bestimmt ist. Man sagt deshalb auch wohl kurz »Transformation $\mathfrak{a}$«, meint damit natürlich die Transformation mit der Matrix $\mathfrak{a}$.

Die Transformation $\{1\}$ oder $\mathfrak{A}$ heißt umkehrbar (reversibel, nichtsingulär) oder nichtumkehrbar (irreversibel, singulär), je nachdem ihre Determinante a von Null verschieden ist oder nicht. Bei nichtverschwindender Determinante läßt sich also die Transformation $\mathfrak{A}$ bzw. $\{1\}$ «umkehren». Diese Umkehrung lautet (etwa nach Cramers Regel)

$$\{\overline{1}\} \qquad \begin{cases} y_1 = a^{11} x_1 + a^{21} x_2 + \dots + a^{n1} x_n, \\ y_2 = a^{12} x_1 + a^{22} x_2 + \dots + a^{n2} x_n, \\ \dots\dots\dots\dots\dots\dots \\ y_n = a^{1n} x_1 + a^{2n} x_2 + \dots + a^{nn} x_n, \end{cases}$$

wo

$$a^{rs} = A_{rs} : a$$

und A_{rs} die Adjunkte von a_{rs} in der Determinante a ist. Wir sehen, daß die Matrix der Umkehrungstransformation die Inverse von $\mathfrak{a}$ ist:

$$\mathfrak{a}^{-1} = \begin{pmatrix} a^{11} & a^{21} & \dots & a^{n1} \\ a^{12} & a^{22} & \dots & a^{n2} \\ \dots & \dots & \dots & \dots \\ a^{1n} & a^{2n} & \dots & a^{nn} \end{pmatrix}$$

wie denn auch aus (1)

$$(\overline{1}) \qquad \mathfrak{y} = \mathfrak{a}^{-1}\mathfrak{x}$$

folgt. Wir nennen deshalb die Umkehrungstransformation die Inverse der Transformation $\mathfrak{A}$ und bezeichnen sie mit $\mathfrak{A}^{-1}$. Wir können demnach sagen:

Die Matrix der Inverse einer Transformation ist die Inverse der Matrix der Transformation.

Da ferner die Determinante $|a^{11} a^{22} \dots a^{nn}|$ der Umkehrungstransformation die Inverse — d. h. der reziproke Wert — der Determinante $|a_{11} a_{22} \dots a_{nn}|$ ist (§ 18), so merken wir noch:

Die Determinante der Inverse einer Transformation ist die Inverse der Determinante der Transformation.

Produkte von Transformationen.

Wendet man auf die aus $f(x_1, x_2, \dots, x_n)$ hervorgegangene Funktion $g(y_1, y_2, \dots, y_n)$ die durch das Formelsystem

$$\{2\} \qquad \begin{cases} y_1 = b_{11} z_1 + b_{12} z_2 + \dots + b_{1n} z_n, \\ y_2 = b_{21} z_1 + b_{22} z_2 + \dots + b_{2n} z_n, \\ \dots\dots\dots\dots\dots\dots \\ y_n = b_{n1} z_1 + b_{n2} z_2 + \dots + b_{nn} z_n \end{cases}$$

oder durch die Gleichung

(2) $$\mathfrak{y} = \mathfrak{b}\,\mathfrak{z}$$

gekennzeichnete neue Transformation $\mathfrak{B}$ an, so geht $g(y_1, y_2, \ldots, y_n)$ in $h(z_1, z_2, \ldots, z_n)$ über. [$\mathfrak{z}$ ist natürlich die aus den Elementen $z_1, z_2, \ldots, z_n$ gebildete einspaltige Matrix.]

Die Überführung der Ausgangsfunktion $f(x_1, x_2, \ldots, x_n)$ in die neue Funktion $h(z_1, z_2, \ldots, z_n)$ kann in einem einzigen Schritte, durch eine einzige Transformation $\mathfrak{C}$, bewirkt werden. Es ist nämlich für jeden Zeiger r von 1 bis n

$$x_r = \sum_s^{1,n} a_{rs}\, y_s = \sum_s^{1,n} a_{rs} \sum_t^{1,n} b_{st}\, z_t = \sum_t^{1,n} c_{rt}\, z_t$$

mit

(3a) $$c_{rt} = \sum_s^{1,n} a_{rs}\, b_{st}\,.$$

Die Transformation $\mathfrak{C}$ ist daher durch das Formelsystem

$\{3\}$ $$\begin{cases} x_1 = c_{11}\, z_1 + c_{12}\, z_2 + \cdots + c_{1n}\, z_n\,, \\ x_2 = c_{21}\, z_1 + c_{22}\, z_2 + \cdots + c_{2n}\, z_n\,, \\ \dots\dots\dots\dots\dots\dots \\ x_n = c_{n1}\, z_1 + c_{n2}\, z_2 + \cdots + c_{nn}\, z_n \end{cases}$$

bestimmt.

Wie aus (3a) hervorgeht, ist die Matrix $\mathfrak{c}$ von $\mathfrak{C}$ oder $\{3\}$ das Produkt der beiden Matrizen $\mathfrak{a}$ und $\mathfrak{b}$:

$$\mathfrak{c} = \mathfrak{a}\,\mathfrak{b},$$

und $\{3\}$ schreibt sich kürzer

(3) $$\mathfrak{x} = \mathfrak{c}\,\mathfrak{z}.$$

Durch Einsetzen von (2) in (1) entsteht gleichfalls — nur schneller und bequemer! —

(3) $$\mathfrak{x} = \mathfrak{a}\,\mathfrak{b}\,\mathfrak{z} = \mathfrak{c}\,\mathfrak{z}.$$

Man nennt die Transformation $\mathfrak{C}$ das Produkt der beiden Transformationen $\mathfrak{A}$ und $\mathfrak{B}$ — in dieser Reihenfolge — und schreibt

$$\mathfrak{C} = \mathfrak{A}\mathfrak{B}.$$

Wir merken uns:

Die Matrix des Produkts von zwei Transformationen ist das Produkt der Matrizen dieser Transformationen.

Aber auch:

Die Determinante des Produkts von zwei Transformationen ist das Produkt der Determinanten der beiden Transformationen.

Im allgemeinen ist $\mathfrak{A}\mathfrak{B}$ von $\mathfrak{B}\mathfrak{A}$ verschieden:

Die Multiplikation von Transformationen befolgt das Kommutativgesetz nicht.

Eine Ausnahme macht z. B. die Multiplikation der beiden Transformationen $\mathfrak{A}$ und $\mathfrak{A}^{-1}$, insofern

$$\mathfrak{A} \cdot \mathfrak{A}^{-1} = \mathfrak{A}^{-1} \cdot \mathfrak{A}$$

ist. Der gemeinsame Wert dieser beiden Produkte ist nämlich (wie aus der Entwicklungsformel oder aus § 9 hervorgeht) die durch die Vorschrift

$$\begin{array}{c|c} x_1 & x_1 \\ x_2 & x_2 \\ \vdots & \vdots \\ x_n & x_n \end{array}$$

definierte sog. identische Transformation oder Einheitstransformation $\mathfrak{E}$, deren Matrix die Einheitsmatrix ist. (Letztere enthält bekanntlich in der Hauptdiagonale n Einsen, an den übrigen Plätzen Nullen.)

Sie heißt Einheitstransformation, weil eine beliebige Transformation $\mathfrak{A}$ durch Multiplikation mit der Einheitstransformation unverändert bleibt:

$$\mathfrak{E}\mathfrak{A} = \mathfrak{A}\mathfrak{E} = \mathfrak{A}.$$

Dagegen gilt das Assoziativgesetz:

Die Multiplikation von Transformationen ist assoziativ.

Sind z. B. drei Transformationen $\mathfrak{A}$, $\mathfrak{B}$, $\mathfrak{C}$ durch die Vorschriften

$$\mathfrak{x} = a\mathfrak{y}, \qquad \mathfrak{y} = \mathfrak{b}\mathfrak{z}, \qquad \mathfrak{z} = \mathfrak{c}\mathfrak{t}$$

definiert, so ist

$$\mathfrak{x} = \mathfrak{a}\mathfrak{b}\mathfrak{c}\mathfrak{t}.$$

Zugleich ist $\mathfrak{A}\mathfrak{B}$ die Transformation mit der Matrix $\mathfrak{a}\mathfrak{b}$, $\mathfrak{B}\mathfrak{C}$ die Transformation mit der Matrix $\mathfrak{b}\mathfrak{c}$, also

einerseits $(\mathfrak{A}\mathfrak{B})\mathfrak{C}$ die Transformation mit der Matrix $(\mathfrak{a}\mathfrak{b})\mathfrak{c}$,
anderseits $\mathfrak{A}(\mathfrak{B}\mathfrak{C})$ » » » » » $\mathfrak{a}(\mathfrak{b}\mathfrak{c})$.

Da aber

$$(\mathfrak{a}\mathfrak{b})\mathfrak{c} = \mathfrak{a}(\mathfrak{b}\mathfrak{c}),$$

so ist auch

$$(\mathfrak{A}\mathfrak{B})\mathfrak{C} = \mathfrak{A}(\mathfrak{B}\mathfrak{C}),$$

welche Formel das Assoziativgesetz für Transformationen darstellt.

Das Gesetz führt dazu, jede der Transformationen $(\mathfrak{A}\mathfrak{B})\mathfrak{C}$ und $\mathfrak{A}(\mathfrak{B}\mathfrak{C})$ kurz $\mathfrak{A}\mathfrak{B}\mathfrak{C}$ zu schreiben.

§ 33. Orthogonaltransformationen.

Aus der analytischen Geometrie ist bekannt, daß bei der Transformation

$$x = \alpha\ X + \beta\ Y + \gamma\ Z,$$
$$y = \alpha'\ X + \beta'\ Y + \gamma'\ Z,$$
$$z = \alpha''\ X + \beta''\ Y + \gamma''\ Z$$

der Koordinaten x, y, z eines rechtwinkligen oder orthogonalen Systems zu den Koordinaten X, Y, Z eines andern orthogonalen Systems die Summe der Koordinatenquadrate unverändert bleibt:

$$x^2 + y^2 + z^2 = X^2 + Y^2 + Z^2.$$

In Anlehnung an diesen Sachverhalt nennt man die Transformation — lineare Substitution —

$$(1) \qquad \begin{cases} x_1 = c_1^1\, y_1 + c_1^2\, y_2 + \ldots + c_1^n\, y_n, \\ x_2 = c_2^1\, y_1 + c_2^2\, y_2 + \ldots + c_2^n\, y_n, \\ \ldots\ldots\ldots\ldots\ldots\ldots \\ x_n = c_n^1\, y_1 + c_n^2\, y_2 + \ldots + c_n^n\, y_n \end{cases}$$

von n Veränderlichen $x_1, x_2, \ldots, x_n$ zu n neuen Variablen $y_1, y_2, \ldots, y_n$ orthogonal, wenn die Summe der Variablenquadrate durch die Substitution unverändert bleibt, wenn also identisch

$$x_1^2 + x_2^2 + \ldots + x_n^2 = y_1^2 + y_2^2 + \ldots + y_n^2$$

ist.

Bewirken wir die Multiplikation der beiden Klammern in

$$x_r^2 = (c_r^1\, y_1 + c_r^2\, y_2 + \ldots + c_r^n\, y_n) \cdot (c_r^1\, y_1 + c_r^2\, y_2 + \ldots + c_r^n\, y_n)$$

in der Weise, daß wir jedes Glied der linken Klammer mit jedem Gliede der rechten Klammer multiplizieren, so wird der Koeffizient von $y_\mu \cdot y_\nu$ (y_μ von links, y_ν von rechts) in der Summe $x_1^2 + x_2^2 + \ldots + x_n^2$

$$c_1^\mu\, c_1^\nu + c_2^\mu\, c_2^\nu + \ldots + c_n^\mu\, c_n^\nu.$$

Da dieser für $\mu \neq \nu$ verschwinden, für $\mu = \nu$ gleich 1 sein muß, so lautet die Bedingung für Orthogonalität der Substitution:

$$\text{(I)} \qquad \underline{c_1^\mu\, c_1^\nu + c_2^\mu\, c_2^\nu + \ldots + c_n^\mu\, c_n^\nu = |_\mu^\nu},$$

unter μ und ν beliebige Zahlen der Reihe 1, 2, 3, ..., n verstanden.

Von überraschender Einfachheit ist die Auflösung der Substitutionsgleichungen (1) nach den neuen Variablen $y_1, y_2, \ldots, y_n$:

$$(2) \qquad \begin{cases} y_1 = c_1^1\, x_1 + c_2^1\, x_2 + \ldots + c_n^1\, x_n, \\ y_2 = c_1^2\, x_1 + c_2^2\, x_2 + \ldots + c_n^2\, x_n, \\ \ldots\ldots\ldots\ldots\ldots\ldots \\ y_n = c_1^n\, x_1 + c_2^n\, x_2 + \ldots + c_n^n\, x_n, \end{cases}$$

die Koeffizienten der ν^{ten} Zeile der Umkehrungssubstitution (2) sind einfach die Koeffizienten der ν^{ten} Spalte der Ausgangssubstitution (1).

Um das einzusehen, betrachte man die rechte Seite der ν^{ten} Zeile von (2) und substituiere in ihr für die alten Variablen deren Werte aus (1). Das gibt

$$c_1^\nu (c_1^1 y_1 + c_1^2 y_2 + \ldots + c_1^n y_n) + c_2^\nu (c_2^1 y_1 + c_2^2 y_2 + \ldots + c_2^n y_n) + \ldots .$$

und damit als Koeffizienten von y_μ

$$c_1^\nu c_1^\mu + c_2^\nu c_2^\mu + \ldots + c_n^\nu c_n^\mu$$

oder $|_\nu^\mu$. Dieser Wert ist aber nur für $\mu = \nu$ von Null verschieden, nämlich Eins. Besagte rechte Seite ist also y_ν und stimmt sonach mit der linken Seite überein.

Verbindet man jetzt (2) ähnlich wie oben (1) mit der Identität

$$y_1^2 + y_2^2 + \ldots + y_n^2 = x_1^2 + x_2^2 + \ldots + x_n^2,$$

so entsteht die für jedes Zeigerpaar (μ, ν) gültige Gleichung

$$\text{(II)} \qquad \underline{c_\mu^1 c_\nu^1 + c_\mu^2 c_\nu^2 + \ldots + c_\mu^n c_\nu^n = |_\mu^\nu,}$$

die ebenso gut wie (I) als **Bedingung für die Orthogonalität der Substitution** angesehen werden kann.

Wir erhielten aus den Voraussetzungen (1) und (I) das System (2); es folgt aber auch aus (1) und (2) das Formelsystem (I). Demnach gilt der Satz:

Ist die Matrix einer linearen Substitution die Transponierte der Matrix der Umkehrungssubstitution, so ist die Substitution orthogonal.

Der Beweis ist sehr einfach. Sei etwa

$$x_\nu = c_\nu^1 y_1 + c_\nu^2 y_2 + \ldots + c_\nu^n y_n \qquad (\nu = 1, 2, \ldots, n),$$

die Substitution,

$$y_\mu = c_1^\mu x_1 + c_2^\mu x_2 + \ldots + c_n^\mu x_n \qquad (\mu = 1, 2, \ldots, n)$$

ihre Umkehrung. Setzen wir die Werte von y_μ auf der rechten Seite von x_ν ein, so entsteht

$$x_\nu = c_\nu^1 (c_1^1 x_1 + c_2^1 x_2 + \ldots + c_n^1 x_n) + c_\nu^2 (c_1^2 x_1 + c_2^2 x_2 + \ldots + c_n^2 x_n) + \ldots$$

Durch Vergleich der beiden Seiten dieser Gleichung ergibt sich für jedes r

$$c_\nu^1 c_r^1 + c_\nu^2 c_r^2 + \ldots + c_\nu^n c_r^n = |_\nu^r.$$

Dies ist aber die Orthogonalitätsbedingung.

Die Determinante

$$\varDelta = \begin{vmatrix} c_1^1 & c_1^2 & \ldots & c_1^n \\ \cdot & \cdot & \cdot & \cdot \\ c_n^1 & c_n^2 & \ldots & c_n^n \end{vmatrix}$$

einer Orthogonalsubstitution wird passend als Orthogonaldeterminante bezeichnet.

Orthogonaldeterminanten erfreuen sich sehr einfacher Eigenschaften; wir stellen die wichtigsten im folgenden zusammen. Wir wollen dabei aber nichts aus der Theorie der linearen Substitutionen voraussetzen, sondern nur reine Determinantenbetrachtungen verwenden.

Wir beginnen mit der

Definition: Eine Determinante heißt orthogonal, wenn das Quadrat jeder Zeile Eins, das Produkt von je zwei Zeilen Null ist.

Die Determinante $|c_1^1 \, c_2^2 \ldots c_n^n|$ ist also orthogonal, wenn für alle Zeiger r und s

$$c_r^1 c_r^1 + c_r^2 c_r^2 + \ldots + c_r^n c_r^n = 1$$

und

$$c_r^1 c_s^1 + c_r^2 c_s^2 + \ldots + c_r^n c_s^n = 0 \qquad [r \neq s]$$

ist. Mit Benutzung des Kroneckersymbols schreibt sich die Orthogonalitätsbedingung einzeilig:

$$\underline{c_r^1 c_s^1 + c_r^2 c_s^2 + \ldots + c_r^n c_s^n = |_r^s.}$$

Satz 1. Das Quadrat einer Orthogonaldeterminante ist Eins.

Beweis. Um das Quadrat der Orthogonaldeterminante $\Delta = |c_1^1 \, c_2^2 \ldots c_n^n|$ zu bilden, multiplizieren wir die r^{te} Zeile von Δ mit der s^{ten} Zeile von Δ und wählen dies Produkt als s^{tes} Element der r^{ten} Zeile der Determinante $\Delta^2 = \Delta \cdot \Delta$. Nach obiger Formel wird dieses Element $|_r^s$. Daher sind sämtliche Elemente von Δ^2 Null, mit Ausnahme der Hauptdiagonalelemente, die alle den Wert 1 haben. Daher ist $\Delta^2 = 1$.

Eine Orthogonaldeterminante ist also entweder gleich $+1$ oder gleich -1.

Satz 2. Die Adjunkte eines beliebigen Elements einer Orthogonaldeterminante Δ ist das Δfache des Elements:

$$\underline{C_r^s = \Delta \, c_r^s.}$$

Beweis. Wir multiplizieren die n Orthogonalitätsbedingungen

$$\begin{aligned}
c_1^1 c_r^1 + c_1^2 c_r^2 + \ldots + c_1^s c_r^s + \ldots + c_1^n c_r^n &= 0, \\
c_2^1 c_r^1 + c_2^2 c_r^2 + \ldots + c_2^s c_r^s + \ldots + c_2^n c_r^n &= 0, \\
\cdots\cdots\cdots\cdots\cdots\cdots\cdots\cdots\cdots \\
c_r^1 c_r^1 + c_r^2 c_r^2 + \ldots + c_r^s c_r^s + \ldots + c_r^n c_r^n &= 1, \\
\cdots\cdots\cdots\cdots\cdots\cdots\cdots\cdots\cdots \\
c_n^1 c_r^1 + c_n^2 c_r^2 + \ldots + c_n^s c_r^s + \ldots + c_n^n c_r^n &= 0
\end{aligned}$$

mit bzw. $C_1^s, C_2^s, \ldots, C_n^s$ und addieren. Auf der linken Seite erscheint dann als Summe der ν^{ten} Spalte

$$c_r^\nu \, [c_1^\nu C_1^s + c_2^\nu C_2^s + \ldots + c_n^\nu C_n^s],$$

was nach der Entwicklungsformel $c_r^r \Delta \cdot |_r^s$ ist. Mithin gibt nur die s^{te} Spalte eine von Null verschiedene Summe, nämlich die Summe $\Delta\, c_r^s$. Auf der rechten Seite erhalten wir einfach C_r^s. Damit wird

$$C_r^s = \Delta\, c_r^s,$$

w. z. b. w.

Satz 3. In jeder Orthogonaldeterminante ist das Quadrat einer beliebigen Spalte Eins, das Produkt von je zwei Spalten Null.

Beweis. Das Produkt von zwei beliebigen Spalten der Determinante Δ schreibt sich

$$\Pi = c_1^r c_1^s + c_2^r c_2^s + \ldots + c_n^r c_n^s.$$

Durch Multiplikation mit Δ erhalten wir

$$\Delta\, \Pi = \Delta\, c_1^r \cdot c_1^s + \Delta\, c_2^r \cdot c_2^s + \ldots + \Delta\, c_n^r \cdot c_n^s.$$

Hier wenden wir rechts auf jeden linken Faktor die obige Adjunktenformel an und bekommen

$$\Delta\, \Pi = C_1^r c_1^s + C_2^r c_2^s + \ldots + C_n^r c_n^s.$$

Die rechte Seite dieser Gleichung ist nach der Entwicklungsformel $\Delta \cdot |_r^s$; folglich entsteht

$$\Pi = |_r^s$$

oder

$$c_1^r c_1^s + c_2^r c_2^s + \ldots + c_n^r c_n^s = |_r^s,$$

womit Satz 3 bewiesen ist.

Umkehrung von Satz 3. Ist in einer Determinante das Quadrat jeder Spalte Eins, das Produkt von je zwei Spalten Null, so ist sie orthogonal.

Beweis. Macht man die Spalten zu Zeilen einer neuen Determinante so ist diese orthogonal. Wendet man dann auf die neue Determinante Satz 3 an, so entsteht die Behauptung.

Die Orthogonalität der Determinante $|c_1^1\, c_2^2 \ldots c_n^n|$ kann demnach auch an der Gleichung

$$\underline{c_1^r c_1^s + c_2^r c_2^s + \ldots + c_n^r c_n^s = |_r^s}$$

erkannt werden, sofern diese für beliebige Zeiger r, s erfüllt ist.

Satz 4. In einer Orthogonaldeterminante Δ ist jeder Minor das Δfache seiner Adjunkte.

Beweis. Der Minor sei etwa dreireihig und heiße

$$m = \begin{vmatrix} c_r^\varrho & c_r^\sigma & c_r^\tau \\ c_s^\varrho & c_s^\sigma & c_s^\tau \\ c_t^\varrho & c_t^\sigma & c_t^\tau \end{vmatrix}.$$

Sein Homologer in der Reziproken von Δ ist

$$M = \begin{vmatrix} C_r^\varrho & C_r^\sigma & C_r^\tau \\ C_s^\varrho & C_s^\sigma & C_s^\tau \\ C_t^\varrho & C_t^\sigma & C_t^\tau \end{vmatrix}.$$

Ersetzt man in ihm jedes Element nach der Adjunktenformel von Satz 2, so entsteht

$$M = \Delta^3 \begin{vmatrix} c_r^\varrho & c_r^\sigma & c_r^\tau \\ c_s^\varrho & c_s^\sigma & c_s^\tau \\ c_t^\varrho & c_t^\sigma & c_t^\tau \end{vmatrix} = \Delta^3 m.$$

Anderseits ist nach dem Satz vom Reziprokenminor (§ 18)

$$M = \Delta^2 m',$$

wo m' das algebraische Komplement von m bedeutet. Durch Vergleich der beiden letzten Formeln ergibt sich

$$m' = \Delta\, m$$

und hieraus nach Multiplikation mit Δ und Berücksichtigung der Formel $\Delta^2 = 1$

$$m = \Delta\, m',$$

w. z. b. w.

Satz 5. Das Produkt von zwei n-reihigen Orthogonaldeterminanten ist wieder eine n-reihige Orthogonaldeterminante.

Beweis. Die beiden Determinanten seien $A = |a_1^1\, a_2^2 \ldots a_n^n|$ und $B = |b_1^1\, b_2^2 \ldots b_n^n|$, ihr Produkt heiße $C = |c_1^1\, c_2^2 \ldots c_n^n|$. Wir multiplizieren etwa Zeilen mit Zeilen und haben demgemäß

$$c_\mu^\nu = a_\mu^1 b_\nu^1 + a_\mu^2 b_\nu^2 + \ldots + a_\mu^n b_\nu^n.$$

Wir bilden das Produkt Π aus der r^{ten} und s^{ten} Zeile von C:

$$\Pi = c_r^1 c_s^1 + c_r^2 c_s^2 + \ldots + c_r^n c_s^n$$

ausführlich geschrieben:

$$\begin{aligned} \Pi = {} & (a_r^1 b_1^1 + a_r^2 b_1^2 + a_r^3 b_1^3 + \ldots)(a_s^1 b_1^1 + a_s^2 b_1^2 + a_s^3 b_1^3 + \ldots) + \\ & (a_r^1 b_2^1 + a_r^2 b_2^2 + a_r^3 b_2^3 + \ldots)(a_s^1 b_2^1 + a_s^2 b_2^2 + a_s^3 b_2^3 + \ldots) + \\ & (a_r^1 b_3^1 + a_r^2 b_3^2 + a_r^3 b_3^3 + \ldots)(a_s^1 b_3^1 + a_s^2 b_3^2 + a_s^3 b_3^3 + \ldots) + \\ & \ldots\ldots\ldots\ldots\ldots\ldots\ldots\ldots\ldots\ldots \end{aligned}$$

In dieser Summe hat $a_r^\mu a_s^\nu$ den Faktor

$$b_1^\mu b_1^\nu + b_2^\mu b_2^\nu + \ldots + b_n^\mu b_n^\nu = |_\mu^\nu.$$

Die einzigen nichtverschwindenden Glieder der Summe sind demnach

$$a_r^1 a_s^1, \qquad a_r^2 a_s^2, \qquad \ldots, \qquad a_r^n a_s^n,$$

deren Summe $|_r^s$ ist. Folglich ist

$$\Pi = |_r^s,$$

und C ist orthogonal.

Nach diesem Exkurs über Orthogonaldeterminanten kehren wir zu den Orthogonalsubstitutionen zurück.

Da zwischen den n^2 Koeffizienten der Substitution (1) die $\frac{n^2+n}{2}$ Bedingungsgleichungen (I) bestehen, sind von den Koeffizienten nur $m=\frac{n^2-n}{2}$ Stück voneinander unabhängig. Man kann daher die Frage aufwerfen, ob sich zu m willkürlichen Konstanten $k_1, k_2, \ldots, k_m$ n^2 von ihnen abhängige Größen c_r^s angeben lassen, die die Koeffizienten einer Orthogonalsubstitution bilden. Diese Frage hat zuerst Cayley allgemein beantwortet (Crelles Journal, Bd. 50). Cayley bildet zunächst eine schiefe Determinante $A = |a_1^1 \, a_2^2 \ldots a_n^n|$ mit Einsen in der Hauptdiagonale und ihre Transponierte A', so zwar, daß die m Elemente rechts von der Hauptdiagonale von A die Konstanten $k_1, k_2, \ldots, k_m$ sind. Darauf betrachtet er die beiden Substitutionen

$$\begin{cases} x_1 = a_1^1 z_1 + a_1^2 z_2 + \ldots + a_1^n z_n, \\ x_2 = a_2^1 z_1 + a_2^2 z_2 + \ldots + a_2^n z_n, \\ \cdots\cdots\cdots\cdots \\ x_n = a_n^1 z_1 + a_n^2 z_2 + \ldots + a_n^n z_n \end{cases} \quad \text{und} \quad \begin{cases} y_1 = a_1^1 z_1 + a_2^1 z_2 + \ldots + a_n^1 z_n, \\ y_2 = a_1^2 z_1 + a_2^2 z_2 + \ldots + a_n^2 z_n, \\ \cdots\cdots\cdots\cdots \\ y_n = a_1^n z_1 + a_2^n z_2 + \ldots + a_n^n z_n \end{cases}$$

die A und A' zu Determinanten haben. In diesen ist also

$$a_r^r = 1, \qquad a_r^s + a_s^r = 0, \qquad (s \neq r).$$

Aus ihnen folgt zunächst

$$x_1 + y_1 = 2 z_1, \qquad x_2 + y_2 = 2 z_2, \qquad \ldots, \qquad x_n + y_n = 2 z_n$$

und weiter durch Umkehrung

$$\begin{cases} z_1 = b_1^1 x_1 + b_2^1 x_2 + \ldots + b_n^1 x_n, \\ z_2 = b_1^2 x_1 + b_2^2 x_2 + \ldots + b_n^2 x_n, \\ \cdots\cdots\cdots\cdots \\ z_n = b_1^n x_1 + b_2^n x_2 + \ldots + b_n^n x_n \end{cases} \quad \text{und} \quad \begin{cases} z_1 = b_1^1 y_1 + b_1^2 y_2 + \ldots + b_1^n y_n, \\ z_2 = b_2^1 y_1 + b_2^2 y_2 + \ldots + b_2^n y_n, \\ \cdots\cdots\cdots\cdots \\ z_n = b_n^1 y_1 + b_n^2 y_2 + \ldots + b_n^n y_n, \end{cases}$$

wobei

$$b_r^s = A_r^s : A$$

ist. Setzt man diese z-Werte oben in $2 z_1, 2 z_2, \ldots, 2 z_n$ ein, so erhält man, wenn noch

$$2 b_r^r - 1 = b_r$$

geschrieben wird, die sog. Cayley-Transformation:

$$\begin{cases} y_1 = b_1 x_1 + 2 b_2^1 x_2 + \ldots + 2 b_n^1 x_n, \\ y_2 = 2 b_1^2 x_1 + b_2 x_2 + \ldots + 2 b_n^2 x_n, \\ \cdots\cdots\cdots\cdots \\ y_n = 2 b_1^n x_1 + 2 b_2^n x_2 + \ldots + b_n x_n, \end{cases} \quad \text{und} \quad \begin{cases} x_1 = b_1 y_1 + 2 b_1^2 y_2 + \ldots + 2 b_1^n y_n, \\ x_2 = 2 b_2^1 y_1 + b_2 y_2 + \ldots + 2 b_2^n y_n, \\ \cdots\cdots\cdots\cdots \\ x_n = 2 b_n^1 y_1 + 2 b_n^2 y_2 + \ldots + b_n y_n. \end{cases}$$

Diese Substitution stellt die Lösung des Cayleyschen Problems dar.

Sie ist in der Tat orthogonal, weil die Determinante der Umkehrung die Transponierte der Determinante der Ausgangssubstitution ist. Außerdem sind ihre Koeffizienten Funktionen der gegebenen Konstanten k_ν. Wir fügen hinzu: Die Determinante

$$B = \begin{vmatrix} 2b_1^1 - 1 & 2b_1^2 & \dots & 2b_1^n \\ 2b_2^1 & 2b_2^2 - 1 & \dots & 2b_2^n \\ \cdot & \cdot & \cdot & \cdot \\ 2b_n^1 & 2b_n^2 & \dots & 2b_n^n - 1 \end{vmatrix}$$

der Cayleysubstitution ist gleich $+1$. Um das einzusehen, berechnen wir die Determinante $A \cdot B$, wobei wir als s^{tes} Element der r^{ten} Zeile derselben das Produkt aus der r^{ten} Zeile von A und s^{ten} Zeile von B nehmen. Dies Element wird dann

$$2(a_r^1 b_s^1 + a_r^2 b_s^2 + \dots + a_r^n b_s^n) - a_r^s = 2(a_r^1 A_s^1 + a_r^2 A_s^2 + \dots + a_r^n A_s^n) : A - a_r^s.$$

Da die runde Klammer der rechten Seite nach der Entwicklungsformel $A \cdot |_r^s$ ist, so wird unser Ausdruck $2 \cdot |_r^s - a_r^s$, also für ungleiche Zeiger $-a_r^s = +a_s^r$, für gleiche Zeiger $2 - 1 = 1$. Die Determinante AB ist also nichts anderes als die Determinante A'. Aus $AB = A'$ und $A' = A$ folgt aber $B = 1$. [A und A' können als schiefe Determinanten mit Einsen in der Hauptdiagonale nicht verschwinden (§ 20).]

Als Beispiele von Cayley-Transformationen wählen wir die einfachsten Fälle $n = 2$ und $n = 3$.

Im Falle $n = 2$ ist $m = 1$, liegt mithin nur eine Konstante $k_1 = k$ vor. Die Determinante A heißt

$$A = \begin{vmatrix} 1 & k \\ -k & 1 \end{vmatrix} = 1 + k^2,$$

die Cayleyschen Koeffizienten b_r^s werden

$$b_1^1 = 1 : A, \quad b_1^2 = k : A, \quad b_2^1 = -k : A, \quad b_2^2 = 1 : A.$$

Die Transformation lautet also

$$\begin{cases} x = \dfrac{1-k^2}{1+k^2} X + \dfrac{2k}{1+k^2} Y \\ y = \dfrac{-2k}{1+k^2} X + \dfrac{1-k^2}{1+k^2} Y \end{cases}, \qquad \begin{cases} X = \dfrac{1-k^2}{1+k^2} x + \dfrac{-2k}{1+k^2} y \\ Y = \dfrac{2k}{1+k^2} x + \dfrac{1-k^2}{1+k^2} y \end{cases}.$$

Im Falle $n = 3$ ist $m = 3$; wir setzen etwa $k_1 = l$, $k_2 = -k$, $k_3 = h$ und haben

$$A = \begin{vmatrix} 1 & l & -k \\ -l & 1 & h \\ k & -h & 1 \end{vmatrix} = 1 + h^2 + k^2 + l^2.$$

Die Δfachen Cayley-Koeffizienten b_r^s werden

$$\begin{matrix} 1+h^2, & hk+l, & lh-k, \\ hk-l, & 1+k^2, & kl+h, \\ lh+k, & kl-h, & 1+l^2 \end{matrix}$$

und die Δfachen Koeffizienten der orthogonalen Substitution lauten

$$\begin{matrix} 1+h^2-k^2-l^2, & 2(hk+l), & 2(lh-k), \\ 2(hk-l), & 1+k^2-l^2-h^2, & 2(kl+h), \\ 2(lh+k), & 2(kl-h), & 1+l^2-h^2-k^2. \end{matrix}$$

§ 34. Linearformen.

Unter einer Linearform der Veränderlichen x, y, z, ... versteht man die lineare Funktion $ax + by + cz + \ldots$, in der a, b, c, ... Konstanten sind.

Zumeist betrachtet man nicht eine einzelne Linearform, sondern Systeme von Linearformen. So ist

$$\begin{cases} f_1 = a_1^1\, x_1 + a_1^2\, x_2 + \ldots + a_1^n\, x_n, \\ f_2 = a_2^1\, x_1 + a_2^2\, x_2 + \ldots + a_2^n\, x_n, \\ \cdots\cdots\cdots\cdots\cdots\cdots \\ f_m = a_m^1\, x_1 + a_m^2\, x_2 + \ldots + a_m^n\, x_n \end{cases}$$

ein System von m Linearformen der n Argumente $x_1, x_2, \ldots, x_n$.

Die Matrix

$$\mathfrak{a} = \begin{pmatrix} a_1^1 & a_1^2 & \ldots & a_1^n \\ a_2^1 & a_2^2 & \ldots & a_2^n \\ \cdot & \cdot & \cdot & \cdot \\ a_m^1 & a_m^2 & \ldots & a_m^n \end{pmatrix}$$

der in dem System vorkommenden Koeffizienten heißt Matrix des Formensystems, der Rang dieser Matrix der Rang des Systems oder der Rang der m Formen.

Bei der Betrachtung eines solchen Formensystems tauchen zwei wichtige Fragen auf:

1. Lassen sich die Formen des Systems durch geeignete eigentliche Werte der n Argumente zum Verschwinden bringen?

Die n Werte $x_1 = \alpha_1$, $x_2 = \alpha_2$, ..., $x_n = \alpha_n$ der Argumente heißen eigentlich, wenn sie nicht sämtlich Null sind.

2. Sind die Formen des Systems linear abhängig oder unabhängig?

Die Formen $f_1, f_2, \ldots, f_m$ heißen linear abhängig, wenn es m Konstanten $\lambda_1, \lambda_2, \ldots, \lambda_m$ gibt, für die das Linearkompositum $\lambda_1 f_1 + \lambda_2 f_2 + \ldots + \lambda_m f_m$ identisch verschwindet. Existieren solche Konstanten nicht, so heißen die Formen linear unabhängig.

Die Antwort auf diese Fragen erteilt der

Doppelsatz:

Linearformen lassen sich zum Verschwinden bringen oder nicht, je nachdem ihr Rang die Anzahl der Variablen unterschreitet oder nicht; sie sind linear abhängig oder nicht, je nachdem ihr Rang die Anzahl der Formen unterschreitet oder nicht.

Beweis. I. Ist der Rang χ der Matrix $\mathfrak{a}$ gleich n und etwa $|a_1^1 \, a_2^2 \ldots a_n^n|$ ein nicht verschwindender Maior von $\mathfrak{a}$, so hat das Gleichungssystem

$$f_1 = 0, \qquad f_2 = 0, \qquad \ldots, \qquad f_n = 0$$

oder

$$\begin{cases} a_1^1 x_1 + a_1^2 x_2 + \ldots + a_1^n x_n = 0, \\ \ldots\ldots\ldots\ldots\ldots\ldots \\ a_n^1 x_1 + a_n^2 x_2 + \ldots + a_n^n x_n = 0 \end{cases}$$

nach Cramers Regel nur die uneigentliche Lösung $x_1 = 0$, $x_2 = 0$, ..., $x_n = 0$. Die Formen lassen sich mithin nicht alle zu Null machen.

Ist aber $\chi < n$, so gestattet das System

$$f_1 = 0, \qquad f_2 = 0, \qquad \ldots, \qquad f_m = 0$$

nach Rouché-Capellis Satze eine eigentliche Lösung.

II. Ist $\chi = m$ und etwa $|a_1^1 \, a_2^2 \ldots a_m^m|$ die nichtverschwindende Rangdeterminante, so kann eine Identität von der Form

$$\lambda_1 f_1 + \lambda_2 f_2 + \ldots + \lambda_m f_m \equiv 0$$

mit eigentlichen Koeffizienten $\lambda_1, \lambda_2, \ldots, \lambda_m$ nicht statthaben. Denn wenn man in ihr die Werte der f einsetzt, ergibt sich für den Koeffizienten von x_ν ($\nu = 1, 2, \ldots, n$) der Wert Null. Daher gelten die n Gleichungen

$$\begin{cases} a_1^1 \lambda_1 + a_2^1 \lambda_2 + \ldots + a_m^1 \lambda_m = 0, \\ \ldots\ldots\ldots\ldots\ldots\ldots \\ a_1^m \lambda_1 + a_2^m \lambda_2 + \ldots + a_m^m \lambda_m = 0, \\ \ldots\ldots\ldots\ldots\ldots\ldots \\ a_1^n \lambda_1 + a_2^n \lambda_2 + \ldots + a_m^n \lambda_m = 0. \end{cases}$$

Aber schon die ersten m dieser Gleichungen können für eigentliche λ nach Cramers Regel nicht bestehen.

Ist dagegen $\chi < m$, so gestattet unser Gleichungssystem nach dem Satze von Rouché-Capelli eine eigentliche Lösung $\lambda_1, \lambda_2, \ldots, \lambda_m$. Durch Multiplikation der 1., 2., ..., m. Ausgangsgleichung mit bzw. $\lambda_1, \lambda_2, \ldots, \lambda_m$ und Addition der entstandenen Zeilen ergibt sich

$$\lambda_1 f_1 + \lambda_2 f_2 + \ldots + \lambda_m f_m \equiv 0,$$

w. z. b. w.

Wir betrachten den zuletzt erörterten Fall noch etwas genauer. Ist $\chi < m$ und etwa

$$\begin{vmatrix} a_1^1 & \dots & a_1^\chi \\ \cdot & \cdot & \cdot \\ a_\chi^1 & \dots & a_\chi^\chi \end{vmatrix}$$

die nicht verschwindende Rangdeterminante, so gilt für jedes Zeigerpaar (r, s) die Gleichung

$$\begin{vmatrix} a_1^1 & a_1^2 & \dots & a_1^\chi & a_1^s \\ a_2^1 & a_2^2 & \dots & a_2^\chi & a_2^s \\ \cdot & \cdot & \cdot & \cdot & \cdot \\ a_\chi^1 & a_\chi^2 & \dots & a_\chi^\chi & a_\chi^s \\ a_r^1 & a_r^2 & \dots & a_r^\chi & a_r^s \end{vmatrix} = 0.$$

Entwickeln wir hier nach der letzten Spalte, so erhalten wie die für jedes Zeigerpaar (r, s) gültige Formel

$$a_r^s = \lambda_r^1 a_1^s + \lambda_r^2 a_2^s + \dots + \lambda_r^\chi a_\chi^s,$$

wo die Koeffizienten $\lambda_r^1, \lambda_r^2, \dots, \lambda_r^\chi$ von s unabhängig sind (Eckminorsatz von § 13).

Vermöge dieser Formel erhält man durch Multiplikation der 1., 2., ..., χ. Ausgangsgleichung mit bzw. $\lambda_r^1, \lambda_r^2, \dots, \lambda_r^\chi$ und Addition der entstandenen Zeilen

$$f_r = \lambda_r^1 f_1 + \lambda_r^2 f_2 + \dots + \lambda_r^\chi f_\chi.$$

Diese Gleichung sagt aus, daß sich die Formen eines Systems durch die χ zur Rangdeterminante gehörigen Formen linear ausdrücken lassen.

In der Regel hat man es mit Formensystemen zu tun, die ebensoviel Formen wie Variable enthalten.

$$\begin{cases} f_1 = a_1^1 x_1 + a_1^2 x_2 + \dots + a_1^n x_n, \\ \cdot\ \cdot\ \cdot\ \cdot\ \cdot\ \cdot\ \cdot\ \cdot\ \cdot\ \cdot \\ f_n = a_n^1 x_1 + a_n^2 x_2 + \dots + a_n^n x_n \end{cases}$$

sei ein solches System.

Die aus seinen Koeffizienten aufgebaute Determinante $|a_1^1\, a_2^2 \dots a_n^n|$ heißt die Determinante des Systems. Führt man an Stelle der alten Argumente $x_1, x_2, \dots, x_n$ neue: $y_1, y_2, \dots, y_n$ durch die lineare Transformation

$$\begin{cases} x_1 = k_1^1 y_1 + k_1^2 y_2 + \dots + k_1^n y_n, \\ x_2 = k_2^1 y_1 + k_2^2 y_2 + \dots + k_2^n y_n, \\ \cdot\ \cdot\ \cdot\ \cdot\ \cdot\ \cdot\ \cdot\ \cdot\ \cdot\ \cdot \\ x_n = k_n^1 y_1 + k_n^2 y_2 + \dots + k_n^n y_n \end{cases}$$

ein, so geht das Formensystem in ein neues System, das linear transformierte System

$$\begin{cases} f_1 = b_1^1 y_1 + b_1^2 y_2 + \ldots + b_1^n y_n, \\ \ldots\ldots\ldots\ldots\ldots \\ f_n = b_n^1 y_1 + b_n^2 y_2 + \ldots + b_n^n y_n \end{cases}$$

über, wobei

$$b_r^s = a_r^1 k_1^s + a_r^2 k_2^s + \ldots + a_r^n k_n^s$$

ist. Aus dem Anblick dieser Formel ergibt sich sofort der Satz:

Die Matrix (Determinante) des linear transformierten Systems ist das Produkt aus der Matrix (Determinante) des vorgelegten Systems und der Matrix (Determinante) der Transformation.

§ 35. Quadratische Formen.

Eine homogene Funktion f zweiten Grades von n Argumenten x_1, $x_2, \ldots, x_n$ heißt eine quadratische Form. Wir schreiben kurz

$$f = \Sigma a_{rs} x_r x_s,$$

wo die Zeiger r und s unabhängig voneinander die Zahlen 1, 2, ..., n durchlaufen, und wo die gegebenen konstanten Koeffizienten a_{rs} die Bedingung

$$\underline{a_{rs} = a_{sr}}$$

erfüllen sollen. Ausführlich geschrieben ist z. B. bei drei Argumenten $x_1 = x$, $x_2 = y$, $x_3 = z$ (ternäre Form)

$$f = a_{11} x^2 + a_{22} y^2 + a_{33} z^2 + 2 a_{23} yz + 2 a_{31} zx + 2 a_{12} xy.$$

Die symmetrische Determinante

$$A = \begin{vmatrix} a_{11} & a_{12} & \ldots & a_{1n} \\ a_{21} & a_{22} & \ldots & a_{2n} \\ \ldots & \ldots & \ldots & \ldots \\ a_{n1} & a_{n2} & \ldots & a_{nn} \end{vmatrix}$$

der Koeffizienten a_{rs} heißt Diskriminante der Form, ihr Rang heißt Rang der Form.

Neben f betrachten wir die n ihm zugeordneten Linearformen

$$\begin{aligned} u_1 &= a_{11} x_1 + a_{12} x_2 + \ldots + a_{1n} x_n, \\ u_2 &= a_{21} x_1 + a_{22} x_2 + \ldots + a_{2n} x_n, \\ &\ldots\ldots\ldots\ldots\ldots \\ u_n &= a_{n1} x_1 + a_{n2} x_2 + \ldots + a_{nn} x_n. \end{aligned}$$

Mit ihrer Benutzung gestattet f die Schreibung

$$\underline{f = x_1 u_1 + x_2 u_2 + \ldots + x_n u_n.}$$

Wir fragen zunächst: wann läßt sich f durch eine geringere Anzahl von Variablen

$$\left.\begin{array}{l} y_1 = k_{11}\, x_1 + k_{12}\, x_2 + \dots + k_{1n}\, x_n, \\ y_2 = k_{21}\, x_1 + k_{22}\, x_2 + \dots + k_{2n}\, x_n, \\ \dots\dots\dots\dots\dots\dots \\ y_m = k_{m1}\, x_1 + k_{m2}\, x_2 + \dots + k_{mn}\, x_n \end{array}\right\}, \qquad m < n$$

ausdrücken?

Angenommen, es sei

$$f = \sum_{r,s}^{1,m} b_{rs}\, y_r\, y_s.$$

Hier setzen wir rechts die obigen y-Werte ein und erhalten

$$f = \Sigma\, b_{rs}\, k_{r\mu}\, k_{s\nu}\, x_\mu\, x_\nu,$$

wo die Summation über alle Zeiger r und s von 1 bis m und alle Zeiger μ und ν von 1 bis n zu erstrecken ist. Durch Vergleich dieses Wertes für f mit dem obigen entsteht

$$a_{\mu\nu} = \sum_{r,s}^{1,m} b_{rs}\, k_{r\mu}\, k_{s\nu}.$$

Wir setzen

$$\sum_{r}^{1,m} b_{rs}\, k_{r\mu} = c_{s\mu}$$

und haben

$$a_{\mu\nu} = \sum_{s}^{1,m} c_{s\mu}\, k_{s\nu}.$$

Aus der letzten Gleichung lesen wir ab: die Determinante A ist das Kurzprodukt der beiden Matrizen

$$\begin{pmatrix} c_{11} & c_{21} & \dots & c_{m1} \\ c_{12} & c_{22} & \dots & c_{m2} \\ \dots & \dots & \dots & \dots \\ c_{1n} & c_{2n} & \dots & c_{mn} \end{pmatrix} \quad \text{und} \quad \begin{pmatrix} k_{11} & k_{21} & \dots & k_{m1} \\ k_{12} & k_{22} & \dots & k_{m2} \\ \dots & \dots & \dots & \dots \\ k_{1n} & k_{2n} & \dots & k_{mn} \end{pmatrix}$$

und als solches (§ 10) gleich Null. Um unsere Annahme zu verwirklichen, müssen wir also die Diskriminante von f gleich Null voraussetzen. Sei demnach der Rang e von A kleiner als n und etwa

$$a = \begin{vmatrix} a_{11} & a_{12} & \dots & a_{1e} \\ a_{21} & a_{22} & \dots & a_{2e} \\ \dots & \dots & \dots & \dots \\ a_{e1} & a_{e2} & \dots & a_{ee} \end{vmatrix}$$

die von Null verschiedene Rangdeterminante. Wir betrachten das Gleichungssystem

$$\begin{cases} a_{11}\, x_1 + a_{12}\, x_2 + \dots + a_{1n}\, x_n = u_1, \\ a_{21}\, x_1 + a_{22}\, x_2 + \dots + a_{2n}\, x_n = u_2, \\ \dots\dots\dots\dots\dots\dots \\ a_{n1}\, x_1 + a_{n2}\, x_2 + \dots + a_{nn}\, x_n = u_n, \\ u_1\ \ x_1 + u_2\ \ x_2 + \dots + u_n\ \ x_n = f \end{cases}$$

als ein System von $(n + 1)$ linearen Gleichungen mit den n »Unbekannten« $x_1, x_2, \dots, x_n$. Seine Koeffizientenmatrix hat gleichfalls den Rang e. Um das einzusehen, braucht man nur eine $(e + 1)$-reihige Determinante der Matrix zu nehmen, deren letzte Zeile etwa $u_r, u_s, u_t, \dots$ heißt, jedes dieser Elemente, den Definitionsformeln für die u entsprechend, als Linearform der x zu schreiben und dann die Determinante nach Jacobis Satz als Summe von n bzw. mit den Faktoren $x_1, x_2, \dots, x_n$ behafteten Teildeterminanten $(e + 1)^{\text{ten}}$ Grades darzustellen, die zugleich Minoren von A sind und deshalb sämtlich verschwinden. Die Rangdeterminante der Koeffizientenmatrix ist deshalb auch a. Da aber das obige System bestimmt »Lösungen« $(x_1, x_2, \dots, x_n)$ besitzt, muß nach Rouchés Satz (§ 13) die Rouché-Determinante

$$\begin{vmatrix} a_{11} & a_{12} & \dots & a_{1e} & u_1 \\ a_{21} & a_{22} & \dots & a_{2e} & u_2 \\ \dots & & & & \\ a_{e1} & a_{e2} & \dots & a_{ee} & u_e \\ u_1 & u_2 & \dots & u_e & f \end{vmatrix}$$

verschwinden. Da diese Determinante aber

$$\begin{vmatrix} a_{11} & a_{12} & \dots & a_{1e} & u_1 \\ a_{21} & a_{22} & \dots & a_{2e} & u_2 \\ \dots & & & & \\ a_{e1} & a_{e2} & \dots & a_{ee} & u_e \\ u_1 & u_2 & \dots & u_e & 0 \end{vmatrix} + f\,a$$

ist, so ergibt sich auf Grund des Säumungssatzes (§ 4)

$$a\,f = \sum_{r,\,s}^{1,\,e} \alpha_{rs}\, u_r\, u_s$$

wo α_{rs} die Adjunkte von a_{rs} in a ist. Unsere Form ist also tatsächlich auf eine quadratische Form mit nur e Veränderlichen $(u_1, u_2, \dots, u_e)$ zurückgeführt. Zugleich ist $\alpha_{rs} = \alpha_{sr}$.

Die e Linearformen

$$\begin{aligned} u_1 &= a_{11}\, x_1 + a_{12}\, x_2 + \dots + a_{1n}\, x_n, \\ u_2 &= a_{21}\, x_1 + a_{22}\, x_2 + \dots + a_{2n}\, x_n, \\ &\dots\dots\dots\dots\dots\dots \\ u_e &= a_{e1}\, x_1 + a_{e2}\, x_2 + \dots + a_{en}\, x_n \end{aligned}$$

sind linear unabhängig.

Gäbe es nämlich e nicht sämtlich verschwindende Konstanten λ_1, $\lambda_2, \ldots, \lambda_e$ für die

$$\lambda_1 u_1 + \lambda_2 u_2 + \ldots + \lambda_e u_e = 0$$

wäre, so hätte man die n Relationen

$$\begin{aligned} a_{11} \lambda_1 + a_{21} \lambda_2 + \ldots + a_{e1} \lambda_e &= 0, \\ a_{12} \lambda_1 + a_{22} \lambda_2 + \ldots + a_{e2} \lambda_e &= 0, \\ \cdots\cdots\cdots\cdots\cdots & \\ a_{1n} \lambda_1 + a_{2n} \lambda_2 + \ldots + a_{en} \lambda_e &= 0. \end{aligned}$$

Nach Cramers Regel sind aber schon die e ersten e dieser Relationen nicht miteinander verträglich.

Man nennt eine quadratische Form von n Argumenten **reduzierbar** oder **nichtreduzierbar**, je nachdem sie in eine quadratische Form von weniger als n Variablen verwandelt werden kann oder nicht.

Unser Ergebnis lautet:

Eine quadratische Form ist reduzierbar oder nicht, je nachdem ihre Diskriminante verschwindet oder nicht. Im ersten Falle ist sie als quadratische Form von nur e Variablen darstellbar, wo e der Rang von f ist.

Wir fügen hinzu:

In eine Form von weniger als e Variablen kann f nicht verwandelt werden.

Um auch dies einzusehen, nehmen wir wie oben an, es sei

$$f = \sum_{r,s}^{1,m} b_{rs}\, y_r\, y_s \qquad \text{mit } m < e.$$

Dann ist wie dort

$$a_{\mu\nu} = \sum_{s}^{1,m} c_{s\mu}\, k_{s\nu}$$

oder

$$\begin{pmatrix} a_{11} & a_{12} & \ldots & a_{1n} \\ a_{21} & a_{22} & \ldots & a_{2n} \\ \cdot & \cdot & \cdot & \cdot \\ a_{n1} & a_{n2} & \ldots & a_{nn} \end{pmatrix} = \begin{pmatrix} c_{11} & c_{21} & \ldots & c_{m1} \\ c_{12} & c_{22} & \ldots & c_{m2} \\ \cdot & \cdot & \cdot & \cdot \\ c_{1n} & c_{2n} & \ldots & c_{mn} \end{pmatrix} \cdot \begin{pmatrix} k_{11} & k_{12} & \ldots & k_{1n} \\ k_{21} & k_{22} & \ldots & k_{2n} \\ \cdot & \cdot & \cdot & \cdot \\ k_{m1} & k_{m2} & \ldots & k_{mn} \end{pmatrix}.$$

Da der Rang des links stehenden Produkts den Rang keines der rechts stehenden Faktoren übersteigen kann (§ 11), so ist

$$e \leq m$$

gegen die Voraussetzung.

Äquivalenz.

Die quadratische Form

$$f = \sum_{r,s}^{1,n} a_{rs}\, x_r\, x_s$$

der n Argumente x_1, x_2, ..., x_n geht durch die umkehrbare Linearsubstitution

$$\begin{cases} x_1 = k_{11}\, y_1 + k_{12}\, y_2 + \ldots + k_{1n}\, y_n, \\ x_2 = k_{21}\, y_1 + k_{22}\, y_2 + \ldots + k_{2n}\, y_n, \\ \ldots\ldots\ldots\ldots\ldots\ldots \\ x_n = k_{n1}\, y_1 + k_{n2}\, y_2 + \ldots + k_{nn}\, y_n \end{cases}$$

in eine sog. äquivalente Form

$$g = \sum_{r,s}^{1,n} b_{rs}\, y_r\, y_s$$

über. Dabei ist

$$b_{rs} = \sum_{\mu,\nu}^{1,n} a_{\mu\nu}\, k_{\mu r}\, k_{\nu s} \qquad \text{sowie} \qquad b_{sr} = \sum_{\mu,\nu}^{1,n} a_{\mu\nu}\, k_{\mu s}\, k_{\nu r},$$

mithin

$$\underline{b_{rs} = b_{sr}.}$$

Setzt man

$$\sum_{\mu}^{1,n} a_{\mu\nu}\, k_{\mu r} = h_{\nu r},$$

so kann man auch schreiben

$$b_{rs} = \sum_{\nu}^{1,n} h_{\nu r}\, k_{\nu s}.$$

Aus den beiden letzten Gleichungen folgt

$$|b_{rs}| = |h_{rs}| \cdot |k_{rs}| \qquad \text{und} \qquad |h_{rs}| = |a_{rs}|\, |k_{rs}|$$

und hieraus

$$|b_{rs}| = |k_{rs}|^2 \cdot |a_{rs}|$$

oder, wenn die Diskriminanten der Formen f und g A und B, der Substitutionsmodul (die Substitutionsdeterminante) K genannt werden,

$$\underline{B = K^2 A.}$$

Man erhält die Diskriminante der äquivalenten Form (transformierten Form), indem man die Diskriminante der Ausgangsform mit dem Quadrat des Substitutionsmoduls multipliziert.

Da sich die obige Substitution umkehren läßt, ist etwa

$$\begin{aligned} y_1 &= k^{11}\, x_1 + k^{21}\, x_2 + \ldots + k^{n1}\, x_n, \\ y_2 &= k^{12}\, x_1 + k^{22}\, x_2 + \ldots + k^{n2}\, x_n, \\ &\ldots\ldots\ldots\ldots\ldots\ldots \\ y_n &= k^{1n}\, x_1 + k^{2n}\, x_2 + \ldots + k^{nn}\, x_n \end{aligned}$$

mit

$$k^{\mu\nu} = K_{\mu\nu} : K.$$

Durch diese Umkehrungssubstitution wird g in f transformiert. Die ursprüngliche Form f ist also auch der Form g äquivalent. Man sagt: die Formen f und g sind äquivalent und schreibt $f \sim g$ oder $g \sim f$.

Da es auf die Bezeichnung der Variablen nicht ankommt, schreibt man die neue Form auch einfach

$$g = \Sigma\, b_{rs}\, x_r\, x_s,$$

wobei man sich vorzustellen hat, daß g dadurch aus f hervorgeht, daß jedes x_ν in f durch $k_{\nu 1}\, x_1 + k_{\nu 2}\, x_2 + \ldots + k_{\nu n}\, x_n$ ersetzt wird.

Zwei Formen, die ein und derselben dritten äquivalent sind, sind auch unter sich äquivalent.

Beweis. Es sei $f\,(x_1, x_2, \ldots, x_n) \sim g\,(y_1, y_2, \ldots, y_n)$ und $g\,(y_1, y_2, \ldots, y_n) \sim h\,(z_1, z_2, \ldots, z_n)$. Die Transformationen, die von f nach g und von g nach h führen, seien durch die Matrixgleichungen

$$\mathfrak{x} = \mathfrak{p}\,\mathfrak{y} \qquad \text{und} \qquad \mathfrak{y} = \mathfrak{q}\,\mathfrak{z}$$

gekennzeichnet (§ 32). Aus diesen Gleichungen folgt sofort

$$\mathfrak{x} = \mathfrak{r}\,\mathfrak{z} \qquad \text{mit } \mathfrak{r} = \mathfrak{p}\,\mathfrak{q}.$$

Da aber die Determinanten p und q von $\mathfrak{p}$ und $\mathfrak{q}$ nicht verschwinden, verschwindet auch die Determinante $r = pq$ von $\mathfrak{p}\mathfrak{q}$ nicht. Folglich ist $f \sim h$.

Von besonderer Wichtigkeit ist der Satz:

Äquivalente Formen haben denselben Rang.

Beweis. Der Rang von f bzw. der zu f äquivalenten Form g sei α bzw. β, die Diskriminante A bzw. B, der Modul der Transformation, die von f nach g bzw. von g nach f führt, p bzw. q. Dann ist

$$B = A\, p^2 \qquad \text{und} \qquad A = B\, q^2.$$

Da aber der Rang eines Produkts den Rang keines Faktors übertrifft (§ 11), so ist $\beta \leq \alpha$ und $\alpha \leq \beta$, folglich

$$\alpha = \beta.$$

§ 36. Verwandlung quadratischer Formen in Quadratsummen.

Es ist oft nötig, eine vorgelegte quadratische Form

$$f = \Sigma\, a_{rs}\, x_r\, x_s$$

der n Argumente $x_1, x_2, \ldots, x_n$ durch eine Linearsubstitution

$$x_\mu = k_{\mu 1}\, y_1 + k_{\mu 2}\, y_2 + \ldots + k_{\mu n}\, y_n \qquad (\mu = 1, 2, \ldots, n)$$

mit passenden Koeffizienten $k_{\mu\nu}$ in eine Form

$$g = \sum_s^{1,n} b_s\, y_s^2$$

zu verwandeln, in der keine »rechteckigen« Glieder $y_r\, y_s$ (mit $r \neq s$), sondern nur rein quadratische Glieder y_s^2 vorkommen. Es gibt mehrere

Verfahren, diese Verwandlung zu bewirken; das einfachste von ihnen ist das folgende (Lagrange):

Man reduziert sukzessive f auf f_1, f_1 auf f_2, f_2 auf f_3 usw., wobei jede Reduktion die Anzahl der rechteckigen Glieder herabsetzt, bis schließlich alle rechteckigen Glieder verschwunden sind.

Bei einer derartigen Reduktion sind zwei Fälle zu unterscheiden, je nachdem nämlich die zu reduzierende Form mindestens ein quadratisches Glied enthält oder nur rechteckige Glieder umfaßt. Es wird genügen, diese beiden Fälle an einfachen Beispielen zu erläutern.

I. $$f = a x^2 + 2 b x y + 2 c x z + 2 d x t + \ldots$$

sei eine Form der vier Argumente x, y, z, t, die mindestens ein quadratisches Glied, etwa ax^2, aufweist. Wir schreiben

$$f = \frac{1}{a}[a x + b y + c z + d t]^2 + \varphi,$$

so daß φ eine Form der drei Argumente y, z, t ist. Wir sehen, daß f durch die umkehrbare Substitution

$$\begin{cases} X = a x + b y + c z + d t, \\ Y = \qquad\quad y \qquad\qquad , \\ Z = \qquad\qquad\quad z \qquad , \\ T = \qquad\qquad\qquad\quad t \end{cases}$$

in

$$f_1 = \frac{1}{a} X^2 + \Phi$$

verwandelt wird, wo Φ eine Form von nur noch drei Argumenten Y, Z, T ist.

II. $$f = c x y + a x z + a' x u + a'' x v + b y z + b' y u + b'' y v + \psi$$

sei eine Form der fünf Argumente x, y, z, u, v, die nur rechteckige Glieder hat, und in der ψ eine Form der Argumente z, u, v ist.

Wir schreiben

$$f = \frac{1}{c}(c x + b z + b' u + b'' v)(c y + a z + a' u + a'' v) + \varphi,$$

wo nun φ eine Form ist, die die beiden Argumente x und y nicht, vielmehr nur die andern drei Argumente z, u, v enthält. Wir sehen, daß f durch die umkehrbare Substitution

$$\begin{cases} X' = c x \qquad + b z + b' u + b'' v, \\ Y' = \qquad c y + a z + a' u + a'' v, \\ Z = \qquad\qquad z \qquad\qquad\quad , \\ U = \qquad\qquad\qquad u \\ V = \qquad\qquad\qquad\qquad v \end{cases}$$

in

$$f' = \frac{1}{c} X' Y' + \Phi (Z, U, V)$$

übergeht.

Führen wir hier noch statt X' und Y' die neuen Argumente

$$X = \frac{X' + Y'}{2}, \qquad Y = \frac{X' - Y'}{2}$$

ein, so erhält f' die Gestalt

$$f_1 = \frac{1}{c} X^2 - \frac{1}{c} Y^2 + \Phi,$$

wo die Form Φ nur von den drei Argumenten Z, U, V abhängt.

Arithmetische Invarianten der quadratischen Form.

Wie auch immer die Transformation einer quadratischen Form in eine Summe von Quadraten bewirkt wird, die Anzahl der Quadrate ist stets dieselbe. Es gilt nämlich folgender Satz:

Die Anzahl der Quadrate mit nicht verschwindenden Koeffizienten, die bei reversibler Transformation einer quadratischen Form in eine Summe von Quadraten auftreten, ist stets gleich dem Range der Form.

Beweis. Durch die Substitution

$$x_\nu = k_{\nu 1} y_1 + k_{\nu 2} y_2 + \ldots + k_{\nu n} y_n \qquad (\nu = 1, 2, \ldots, n)$$

gehe die Form f in

$$g = b_1 y_1^2 + b_2 y_2^2 + \ldots + b_m y_m^2$$

über, wo alle Koeffizienten b_ν von Null verschieden sind. Die Diskriminante von g ist

$$B = \begin{vmatrix} b_1 & 0 & 0 & \ldots & 0 \\ 0 & b_2 & 0 & \ldots & 0 \\ 0 & 0 & b_3 & \ldots & 0 \\ \cdot & \cdot & \cdot & \cdot & \cdot \\ 0 & 0 & 0 & \ldots & b_m \end{vmatrix} = b_1 b_2 \ldots b_m,$$

also von Null verschieden. Daher ist der Rang von B und damit der von g m. Da aber f und g gleichen Rang haben, ist der Rang von f auch gleich m, w. z. b. w.

Wegen dieser Unveränderlichkeit der Anzahl der resultierenden Quadrate gegenüber den betreffenden Transformationen, heißt diese Anzahl, zugleich der Rang der Form, eine arithmetische Invariante der quadratischen Form und der Satz Erster Invariantensatz.

Sylvesters Trägheitssatz.

Eine quadratische Form heißt reell, wenn ihre Koeffizienten reell sind. Transformiert man eine solche Form mittels reeller Linearsubstitution (d. h. einer Substitution mit reellen Koeffizienten), so fallen auch die Koeffizienten der neuen Form reell aus. Bei reeller Substitution der Form

$$f_1 = \sum_{r,s}^{1,N} c_{rs}\, v_r\, v_s$$

der N Variablen $v_1, v_2, \ldots, v_N$ in eine Summe von Quadraten geht demnach f in den Ausdruck

$$a_1 x_1^2 + a_2 x_2^2 + \ldots + a_m x_m^2 - b_1 y_1^2 - b_2 y_2^2 - \ldots - b_n y_n^2$$

über, wo die a_s und b_s gewisse positive Konstanten sind, und wo die x_s und y_s gewisse Linearformen der v sind, deren Gesamtzahl $m + n \leq N$ ist. Diese x_s und y_s bilden — wenn $m + n < N$, etwa $m + n = N - l$ ist, mit l gewissen Linearformen z_s der v zusammen — die linke Seite der Umkehrungssubstitution.

Die Anzahl (m) der in der neuen Form auftretenden positiven Koeffizienten heißt der Index der Transformation.

Eine zweite Linearsubstitution verwandle in ähnlicher Weise f in

$$\alpha_1 \xi_1^2 + \alpha_2 \xi_2^2 + \ldots + \alpha_\mu \xi_\mu^2 - \beta_1 \eta_1^2 - \beta_2 \eta_2^2 - \ldots - \beta_\nu \eta_\nu^2,$$

wo wieder die α_s und β_s positive Konstanten, die ξ_s und η_s Linearformen der v sind, deren Gesamtzahl $\mu + \nu \leq N$ ist. Auch hier bilden die ξ_s und η_s mit noch $\lambda = N - \mu - \nu$ andere Linearformen ζ_s der v (wenn nämlich $\mu + \nu < N$ ist) die linke Seite der Umkehrungssubstitution. Diesmal ist der Index μ.

Wir behaupten nun: der Index ist beidemal derselbe: $\mu = m$. In dieser Gleichheit besteht der

Satz von Sylvester[1]):

Wie auch eine reelle quadratische Form durch reelle umkehrbare Linearsubstitutionen in eine Summe von Quadraten transformiert wird, der Index ist allemal derselbe.

Sylvester, der diesen schönen Satz im Jahre 1852 im Philosophical Magazine veröffentlichte, nannte den Satz das Trägheitsgesetz der quadratischen Formen und den Index Trägheitsindex.

Da nach diesem Satze auch der Index eine arithmetische Invariante der quadratischen Form darstellt, kann der Satz auch Zweiter Invariantensatz genannt werden.

---

[1]) James Joseph Sylvester (1814—1897).

Nun zum Beweise des Satzes!

Wären m und μ voneinander verschieden, so müßte m entweder kleiner oder größer als μ sein. Angenommen, es wäre

$$m < \mu.$$

Wir betrachten das Homogensystem der $(m + \nu + \lambda)$ linearen Gleichungen

$$\begin{array}{llll} x_1 = 0, & x_2 = 0, & \ldots, & x_m = 0; \\ \eta_1 = 0, & \eta_2 = 0, & \ldots, & \eta_\nu = 0; \\ \zeta_1 = 0, & \zeta_2 = 0, & \ldots, & \zeta_\lambda = 0 \end{array}$$

mit den N Unbekannten $v_1, v_2, \ldots, v_N$ (die x, η, ζ sind die obigen Linearformen mit bekannten Koeffizienten). Da die Anzahl der Gleichungen kleiner als $\mu + \nu + \lambda = N$, d. h. kleiner als die Anzahl der Unbekannten ist, so besitzt das System mindestens eine eigentliche Lösung v_1, v_2, $\ldots$, v_N (§ 14). Für diese v-Werte verschwinden demnach die $(m + \nu + \lambda)$ Linearformen $x_1, x_2, \ldots, x_m$; $\eta_1, \eta_2, \ldots, \eta_\nu$; $\zeta_1, \zeta_2, \ldots, \zeta_\lambda$.

Aus der Identität

$$\begin{aligned} &a_1 x_1^2 + \ldots + a_m x_m^2 - b_1 y_1^2 - \ldots - b_n y_n^2 = \\ &= \alpha_1 \xi_1^2 + \ldots + \alpha_\mu \xi_\mu^2 - \beta_1 \eta_1^2 - \ldots - \beta_\nu \eta_\nu^2 \end{aligned}$$

(die beiden Seiten dieser Gleichung sind ja die unseren Transformationen entspringenden Ausdrücke für f) folgt dann, daß für die genannten v-Werte

$$-b_1 y_1^2 - b_2 y_2^2 - \ldots - b_n y_n^2 = + \alpha_1 \xi_1^2 + \alpha_2 \xi_2^2 + \ldots + \alpha_\mu \xi_\mu^2$$

ist und hieraus, daß auch alle Linearformen y und ξ für jene v-Werte verschwinden.

Für unsere v-Werte verschwinden daher alle ξ, η, ζ. Diese Tatsache enthält aber einen Widerspruch zu den Gleichungen der zweiten Linearsubstitution, in denen auf den linken Seiten die Variablen v, auf den rechten Seiten Linearformen der ξ, η, ζ stehen, aus denen mithin folgt, daß für verschwindende ξ, η, ζ auch alle v_s verschwinden, während doch unsere v-Werte als Angehörige einer eigentlichen Lösung nicht alle verschwinden.

Durch die Annahme

$$\mu < m$$

kommt man auf einen ähnlichen Widerspruch. Die Annahmen

$$m < \mu \quad \text{und} \quad m > \mu$$

sind daher falsch; bleibt nur übrig

$$m = \mu,$$

w. z. b. w.

Auf ähnliche Weise könnten wir zeigen, daß auch

$$n = \nu$$

ist. Wir gewinnen diese Gleichung aber schneller, wenn wir bedenken, daß nach dem ersten Invariantensatze sowohl $m + n$ als auch $\mu + \nu$ gleich dem Range von f ist. Aus $m + n = \mu + \nu$ und $m = \mu$ folgt dann

$$n = \nu.$$

Aus $m + n = \mu + \nu$ und $m + n + l = \mu + \nu + \lambda \,(= N)$ folgt schließlich noch

$$l = \lambda.$$

Die drei Gleichungen

$$m = \mu, \qquad n = \nu, \qquad l = \lambda$$

können wir folgendermaßen in Worte fassen:

Wie auch immer durch umkehrbare Transformation eine reelle quadratische Form in eine Summe von Quadraten verwandelt wird, stets ergibt sich dieselbe Anzahl von positiven Quadraten, dieselbe Anzahl von negativen Quadraten und auch dieselbe Anzahl von verschwindenden Quadraten.

Durch Verknüpfung der beiden Invariantensätze erhalten wir den

Fundamentalsatz:

Die notwendige und hinreichende Bedingung für die Äquivalenz zweier quadratischer Formen ist ihre Übereinstimmung in Rang und Index.

Daß die Bedingung notwendig ist, folgt ohne weiteres aus der Invarianz von Rang und Index. Daß sie hinreicht, ergibt sich so: Man verwandle die beiden Formen f und g in Quadratsummen:

$$f' \equiv a_1 x_1^2 + \ldots + a_m x_m^2 - b_1 y_1^2 - \ldots - b_n y_n^2,$$
$$g' \equiv \alpha_1 \xi_1^2 + \ldots + \alpha_m \xi_m^2 - \beta_1 \eta_1^2 - \ldots - \beta_n \eta_n^2.$$

Da f' durch die Linearsubstitution

$$x_r = \sqrt{\frac{\alpha_r}{a_r}}\, \xi_r \quad (r = 1, 2, \ldots, m), \qquad y_r = \sqrt{\frac{\beta_r}{b_r}}\, \eta_r \quad (r = 1, 2, \ldots, n)$$

in g' übergeht, ist $g' \sim f'$. Da aber auch $f' \sim f$ und $g' \sim g$ ist, so folgt

$$f \sim g.$$

§ 37. Die Säkulargleichung.

Ein z. B. für die Diskussion der Kurven und Flächen zweiten Grades wichtiges Problem ist das folgende:

Eine gegebene reelle quadratische Form

$$f = \sum a_{rs}\, x_r\, x_s$$

von n Argumenten $x_1, x_2, \ldots, x_n$ durch eine reelle Orthogonalsubstitution

$$x_\nu = k_{\nu 1} y_1 + k_{\nu 2} y_2 + \ldots k_{\nu n} y_n \qquad (\nu = 1, 2, \ldots, n)$$

in eine Summe von Quadraten

$$\lambda_1 y_1^2 + \lambda_2 y_2^2 + \ldots + \lambda_n y_n^2$$

zu transformieren.

Lösung. Ersetzen wir die Argumente x auf Grund der Substitution, so bekommen wir für das Verschwinden der rechteckigen Glieder $y_\mu y_\nu$ $(\mu \neq \nu)$ die Bedingung

$$\sum_{r,s}^{1,n} a_{rs} k_{r\mu} k_{s\nu} = 0$$

oder auch

$$k_{1\mu} \varphi_1 + k_{2\mu} \varphi_2 + \ldots + k_{n\mu} \varphi_n = 0$$

mit

$$\varphi_r = a_{r1} k_{1\nu} + a_{r2} k_{2\nu} + \ldots + a_{rn} k_{n\nu}.$$

Schreiben wir sie für $\mu = 1, 2, \ldots, n$ auf, so entsteht das vollständige Homogensystem

$$\begin{cases} k_{11} \varphi_1 + k_{21} \varphi_2 + \ldots + k_{n1} \varphi_n = 0, \\ k_{12} \varphi_1 + k_{22} \varphi_2 + \ldots + k_{n2} \varphi_n = 0, \\ \dots\dots\dots\dots\dots\dots \\ k_{1n} \varphi_1 + k_{2n} \varphi_2 + \ldots + k_{nn} \varphi_n = 0 \end{cases}$$

für die n Unbekannten $\varphi_1, \varphi_2, \ldots, \varphi_n$.

Nun lautet eine Bedingung für Orthogonalität der Substitution (§ 33)

(1) $$k_{1\mu} k_{1\nu} + k_{2\mu} k_{2\nu} + \ldots + k_{n\mu} k_{n\nu} = 0 \qquad (\mu \neq \nu).$$

Auch in ihr setzen wir $\mu = 1, 2, \ldots, n$ und bekommen das neue vollständige Homogensystem

$$\begin{cases} k_{11} k_{1\nu} + k_{21} k_{2\nu} + \ldots + k_{n1} k_{n\nu} = 0, \\ k_{12} k_{1\nu} + k_{22} k_{2\nu} + \ldots + k_{n2} k_{n\nu} = 0, \\ \dots\dots\dots\dots\dots\dots \\ k_{1n} k_{1\nu} + k_{2n} k_{2\nu} + \ldots + k_{nn} k_{n\nu} = 0 \end{cases}$$

für die Unbekannten $k_{1\nu}, k_{2\nu}, \ldots, k_{n\nu}$.

Da die beiden Systeme dieselbe nicht verschwindende Determinante $|k_{11} k_{22} \ldots k_{nn}| = \pm 1$ haben, so ist das Verhältnis der Unbekannten bestimmt (§ 14). Daher gilt die Proportion

$$\frac{\varphi_1}{k_{1\nu}} = \frac{\varphi_2}{k_{2\nu}} = \ldots = \frac{\varphi_n}{k_{n\nu}}.$$

Wir setzen den gemeinsamen Wert dieser n Brüche gleich λ und erhalten die n Gleichungen

$$\varphi_1 = \lambda k_{1\nu}, \quad \varphi_2 = \lambda k_{2\nu}, \quad \ldots, \quad \varphi_n = \lambda k_{n\nu}$$

oder mit Rücksicht auf die Werte der φ

$$(H)\quad \begin{cases} (a_{11}-\lambda)\,k_{1\nu}+a_{12}\,k_{2\nu}+\ldots+a_{1n}\,k_{n\nu}=0, \\ a_{21}\,k_{1\nu}+(a_{22}-\lambda)\,k_{2\nu}+\ldots+a_{2n}\,k_{n\nu}=0, \\ \dots\dots\dots\dots\dots\dots \\ a_{n1}\,k_{1\nu}+a_{n2}\,k_{2\nu}+\ldots+(a_{nn}-\lambda)\,k_{n\nu}=0. \end{cases}$$

Auch dies ist ein vollständiges Homogensystem für die n Unbekannten $k_{1\nu}, k_{2\nu}, \ldots, k_{n\nu}$. Soll es eine eigentliche Lösung besitzen, so muß nach Bézouts Satze die Systemdeterminante verschwinden:

$$(S)\qquad \Delta = \begin{vmatrix} a_{11}-\lambda & a_{12} & \ldots & a_{1n} \\ a_{21} & a_{22}-\lambda & \ldots & a_{2n} \\ \dots & \dots & \dots & \dots \\ a_{n1} & a_{n2} & \ldots & a_{nn}-\lambda \end{vmatrix} = 0$$

Dies ist eine Gleichung n^{ten} Grades für die Unbekannte λ. Sie hat n Wurzeln $\lambda_1, \lambda_2, \ldots, \lambda_n$. Substituiert man eine von ihnen, λ_ν, in (1), so bekommt man durch Auflösung des Homogensystems (H) das Verhältnis der Unbekannten $k_{1\nu}, k_{2\nu}, \ldots, k_{n\nu}$. Zur endgültigen Festlegung dieser Unbekannten dient dann die — noch nicht berücksichtigte — Orthogonalitätsbedingung

$$(2)\qquad k_{1\nu}^2 + k_{2\nu}^2 + \ldots + k_{n\nu}^2 = 1.$$

Für den Koeffizienten des quadratischen Gliedes y_ν^2 in der transformierten Form ergibt sich jetzt (ähnlich wie oben für den Koeffizienten von $y_\mu\, y_\nu$)

$$\sum_{r,s}^{1,n} a_{rs}\, k_{r\nu}\, k_{s\nu} = \sum_{r}^{1,n} k_{r\nu}\, \varphi_r = \sum_{r}^{1,n} k_{r\nu}\, \lambda_\nu\, k_{r\nu} = \lambda_\nu \sum_{r}^{1,n} k_{r\nu}^2 = \lambda_\nu,$$

so daß

$$f = \lambda_1\, y_1^2 + \lambda_2\, y_2^2 + \ldots + \lambda_n\, y_n^2$$

wird.

Die Gleichung (S) wird Säkulargleichung genannt, weil sie zuerst bei der Untersuchung der säkularen Störungen der Planeten aufgetreten ist (Laplace, Histoire de l'Académie des Sciences, 1772).

Satz von Cauchy:

Die Säkulargleichung hat nur reelle Wurzeln.

Beweis. Angenommen (S) hätte eine komplexe Wurzel $\lambda = p + iq$. Dann ist auch $\bar{\lambda} = p - iq$ eine Wurzel von (S). Hat dann das System (H) für λ die Lösung $k_1, k_2, \ldots, k_n$, so hat es für $\bar{\lambda}$ die Lösung $\bar{k}_1, \bar{k}_2, \ldots, \bar{k}_n$, und wir haben die beiden Systeme

$$\begin{cases} a_{11}\,k_1 + a_{12}\,k_2 + \ldots + a_{1n}\,k_n = k_1\,\lambda, \\ a_{21}\,k_1 + a_{22}\,k_2 + \ldots + a_{2n}\,k_n = k_2\,\lambda, \\ \dots\dots\dots\dots \\ a_{n1}\,k_1 + a_{n2}\,k_2 + \ldots + a_{nn}\,k_n = k_n\,\lambda \end{cases}$$

und

$$\begin{cases} a_{11}\bar{k}_1 + a_{12}\bar{k}_2 + \ldots + a_{1n}\bar{k}_n = \bar{k}_1\bar{\lambda}, \\ a_{21}\bar{k}_1 + a_{22}\bar{k}_2 + \ldots + a_{2n}\bar{k}_n = \bar{k}_2\bar{\lambda}, \\ \ldots\ldots\ldots\ldots\ldots\ldots \\ a_{n1}\bar{k}_1 + a_{n2}\bar{k}_2 + \ldots + a_{nn}\bar{k}_n = \bar{k}_n\bar{\lambda}. \end{cases}$$

Wir multiplizieren die Gleichungen des ersten mit $\bar{k}_1, \bar{k}_2, \ldots, \bar{k}_n$, die des zweiten mit $k_1, k_2, \ldots, k_n$ und addieren die in jedem System entstehenden Gleichungen. Das gibt zwei Gleichungen, deren linke Seiten (wegen der Gleichheit der Teilsummen $a_{rs}\,k_s \cdot \bar{k}_r + a_{sr}\,k_r \cdot \bar{k}_s$ und $a_{rs}\,\bar{k}_s \cdot k_r + a_{sr}\,\bar{k}_r \cdot k_s$) übereinstimmen. Folglich stimmen auch die rechten Seiten überein:

$$\lambda\,(k_1\bar{k}_1 + k_2\bar{k}_2 + \ldots + k_n\bar{k}_n) = \bar{\lambda}\,(\bar{k}_1 k_1 + \bar{k}_2 k_2 + \ldots + \bar{k}_n k_n).$$

Hieraus folgt die sinnlose Gleichung $\lambda = \bar{\lambda}$. Mithin ist unsere Annahme falsch. Keine Wurzel der Säkulargleichung kann komplex sein.

Dagegen können mehrfache Wurzeln auftreten. Über ihre Vielfachheit erteilt Auskunft der

Satz von Weierstraß:

λ ist dann und nur dann eine e-fache Wurzel der Säkulargleichung $\Delta = 0$, wenn die Determinante Δ den Rang $n-e$ hat.

Beweis. Wir schreiben statt $-\lambda$ zunächst x und bekommen die Säkulargleichung in der Gestalt

$$F(x) = \begin{vmatrix} a_{11} + x & a_{12} & \ldots & a_{1n} \\ a_{21} & a_{22} + x & \ldots & a_{2n} \\ \ldots & \ldots & \ldots & \ldots \\ a_{n1} & a_{n2} & \ldots & a_{nn} + x \end{vmatrix} = 0.$$

Die Gleichung $F(x) = 0$ hat bekanntlich eine e-fache Wurzel x, wenn alle Ableitungen des Polynoms $F(x)$ von der 0ten bis zur e^{ten} (ausschließlich) an der Stelle x verschwinden.

Wir bilden diese Ableitungen. Nach der Regel über die Ableitung einer Determinante (§ 17) finden wir

$$F'(x) = F_1 + F_2 + \ldots. + F_n,$$

wo F_ν der $(n-1)$-reihige Hauptminor von F ist, in dem das Element $a_{\nu\nu} + x$ fehlt.

Durch Anwendung derselben Regel auf die $(n-1)$-reihigen Determinanten der rechten Seite der gefundenen Gleichung findet sich

$$F''(x) = \Sigma F_{rs},$$

wo F_{rs} der Hauptminor von F ist, in dem die Elemente $a_{rr} + x$ und $a_{ss} + x$ fehlen, und wo das Zeigerpaar rs alle Zweiterklassevariationen ohne Wiederholung der n Elemente $1, 2, \ldots, n$ durchläuft.

Durch Ableitung der neuen Gleichung folgt ebenso

$$F'''(x) = \Sigma F_{rst},$$

wo F_{rst} der Hauptminor von F ist, in dem die Elemente $a_{rr} + x$, $a_{ss} + x$, $a_{tt} + x$ fehlen, und wo das Zeigertripel $r\,s\,t$ alle Dritterklassevariationen ohne Wiederholung der n Elemente 1, 2, ..., n durchläuft. Usw.

Es sei nun etwa x eine dreifache Wurzel. Dann ist

$$F(x) = 0, \quad F'(x) = 0, \quad F''(x) = 0, \quad F'''(x) \neq 0.$$

Nach dem Hauptminorensatze (§ 19) kann in einer symmetrischen Determinante χ^{ten} Ranges die Summe der χ-reihigen Hauptminoren nicht verschwinden. Da nun

$$F'(x) = \Sigma F_r = 0$$

ist, kann der Rang χ der Determinante $F(x)$ nicht $n - 1$ sein. Da ferner

$$F''(x) = \Sigma F_{rs} = 0$$

ist, kann χ nicht gleich $n - 2$ sein.

Der Rang χ kann aber auch nicht kleiner als $n - 3$ sein. Ist nämlich $\chi < n - 3$, so verschwinden alle $(n - 3)$-reihigen Minoren, insonderheit alle $(n - 3)$-reihigen Hauptminoren. Dann verschwindet auch die Summe dieser Hauptminoren und damit

$$\Sigma F_{rst} = F'''(x),$$

was jedoch nicht sein kann, da $F'''(x)$ als von Null verschieden vorausgesetzt wurde. Daher bleibt als einzige Möglichkeit

$$\chi = n - 3$$

übrig, womit Weierstraß' Satz bewiesen ist.

Sind die Wurzeln der Säkulargleichung untereinander verschieden, so bestimmt jede von ihnen — unter Zuhilfenahme von (1) und (2) — eine Serie von k-Werten, die Wurzel λ_ν etwa die Serie $k_{1\nu}, k_{2\nu}, \ldots, k_{n\nu}$. Daß die n so entstehenden Serien die Koeffizienten der gesuchten Orthogonaltransformation liefern, folgt ähnlich wie oben bei der Betrachtung zweier komplexer Wurzeln λ und $\bar{\lambda}$. Wir schreiben statt λ_ν, λ_μ, $k_{r\nu}$, $k_{r\mu}$ bzw. λ, $\bar{\lambda}$, k_r, $\bar{k}_r$ und erhalten dieselbe Endgleichung wie dort. Aus dieser folgt wegen $\bar{\lambda} \neq \lambda$ die Orthogonalitätsbedingung

$$k_1\bar{k}_1 + k_2\bar{k}_2 + \ldots + k_n\bar{k}_n = 0 \text{ oder } k_{1\nu}k_{1\mu} + k_{2\nu}k_{2\mu} + \ldots + k_{n\nu}k_{n\mu} = 0.$$

Etwas anders liegt die Sache, wenn die Säkulargleichung mehrfache Wurzeln hat. Ist λ eine e-fache Wurzel — entstanden zu denken durch das Zusammenfallen von e einfachen Wurzeln —, so ist der Rang χ von Δ, d. h. zugleich der Rang der Matrix von (H) $n - e$. Nach Rouché-Capellis Satz sind dann e von den Unbekannten $k_{1\nu}$, $k_{2\nu}$, ..., $k_{n\nu}$ frei, willkürlich wählbar; die andern χ, gebundenen, Unbekannten sind Linearkomposita der freien Unbekannten mit bekannten Koeffizienten. Setzen wir die freien Unbekannten unbestimmt an: gleich $p_1, p_2, \ldots, p_e$, so sind die gebundenen etwa

$$p_s = g_1^s p_1 + g_2^s p_2 + \ldots + g_e^s p_e \qquad (s = e+1, e+2, \ldots, n).$$

Ein anderer Ansatz $q_1, q_2, \ldots, q_e$ liefert dann die gebundenen Unbekannten

$$q_s = g_1^s q_1 + g_2^s q_2 + \ldots + g_e^s q_e.$$

Ein dritter Ansatz sei $r_1, r_2, \ldots, r_e$ usw., bis wir, den e zusammenfallenden einfachen Wurzeln entsprechend, e Ansätze zusammen haben.

Diesmal muß das Erfülltsein sämtlicher Orthogonalitätsbedingungen erst noch durch die $e\frac{e+1}{2}$ Forderungen

$$p_1 q_1 + p_2 q_2 + \ldots + p_n q_n = 0, \qquad p_1^2 + p_2^2 + \ldots + p_n^2 = 1, \quad \ldots$$

erzwungen werden. Die Anzahl, $e \cdot \frac{e+1}{2}$, dieser Bestimmungsgleichungen ist um $e\frac{e-1}{2}$ niedriger als die Anzahl, e^2, der freien Unbekannten $p, q, r, \ldots$

Bei e-facher Wurzel λ der Säkulargleichung sind $e\frac{e-1}{2}$ der unbekannten Koeffizienten k willkürlich wählbar.

Geometrische Anwendungen.

§ 38. Der Dreiecksinhalt.

Aufgabe 1. Den Inhalt eines Dreiecks zu bestimmen, dessen Eckpunktskoordinaten gegeben sind.

Wir lösen zuerst die Voraufgabe:

Den Inhalt J eines Dreiecks zu ermitteln, von dem zwei Ecken A und B die Koordinaten (x_1, y_1) und (x_2, y_2) haben und die dritte Ecke C im Koordinatenursprung O liegt.

Der Dreieckswinkel ACB sei γ. Wir denken das Dreieck so gelagert, daß CA durch eine positive Drehung vom Betrage γ um den Drehpunkt O auf CB kommt. (Eine Drehung heißt positiv, wenn sie denselben Sinn hat wie die Drehung um 90^0, die die positive x-Achse auf die positive y-Achse bringt.) Wir führen noch die Projektionen A' und B' der Ecken A und B auf die x-Achse ein.

Der Inhalt J des Dreiecks ABC läßt sich stets durch die Inhalte der Dreiecke OAA' und OBB' und des Trapezes $A'ABB'$ ausdrücken. Die diesbezügliche einfache Rechnung ergibt die Formel

$$2\,J = x_1\,y_2 - y_1\,x_2 = \begin{vmatrix} x_1 & y_1 \\ x_2 & y_2 \end{vmatrix}.$$

Nun zur eigentlichen Aufgabe!

Die Koordinaten der Dreiecksecken seien (x_1, y_1), (x_2, y_2), (x_3, y_3). Wir führen ein neues Koordinatensystem ein, dessen Achsen den alten Achsen parallel laufen, dessen Ursprung mit der Dreiecksecke (x_3, y_3) zusammenfällt. In diesem neuen System haben die andern beiden Ecken die Koordinaten

$$(x_1 - x_3,\ y_1 - y_3) \qquad \text{und} \qquad (x_2 - x_3,\ y_2 - y_3).$$

Nach obiger Formel ist daher das Doppelte des gesuchten Inhalts

$$2\,J = \begin{vmatrix} x_1 - x_3 & y_1 - y_3 \\ x_2 - x_3 & y_2 - y_3 \end{vmatrix}.$$

Diese Determinante säumen wir unten mit x_3, y_3, 1 rechts mit 0, 0, 1 und bekommen

$$2\,J = \begin{vmatrix} x_1 - x_3 & y_1 - y_3 & 0 \\ x_2 - x_3 & y_2 - y_3 & 0 \\ x_3 & y_3 & 1 \end{vmatrix}.$$

Hier addieren wir zur ersten und zweiten Zeile die dritte und erhalten die gesuchte Formel

$$2J = \begin{vmatrix} x_1 & y_1 & 1 \\ x_2 & y_2 & 1 \\ x_3 & y_3 & 1 \end{vmatrix}.$$

Ist das Koordinatensystem nicht rechtwinklig, so muß die Determinante dieser Formel noch mit dem Sinus des Koordinatenachsenwinkels als Faktor behaftet werden.

Zusatz. Liegen die drei Punkte (x_1, y_1), (x_2, y_2), (x_3, y_3) in gerader Linie, so ist J, folglich auch Δ gleich Null. So gewinnen wir das wichtige Nebenergebnis:

Die Gleichung der Verbindungslinie der beiden Punkte (x_1, y_1) und (x_2, y_2) heißt

$$\begin{vmatrix} x & y & 1 \\ x_1 & y_1 & 1 \\ x_2 & y_2 & 1 \end{vmatrix} = 0.$$

Aufgabe 2. Den Inhalt J des von den drei Geraden I $a_1x+b_1y+c_1=0$, II $a_2x+b_2y+c_2=0$, III $a_3x+b_3y+c_3=0$ eingeschlossenen Dreiecks zu bestimmen.

Lösung. Wir erledigen zunächst den Ausnahmefall, daß die drei Geraden durch einen Punkt (x_0, y_0) laufen.

Liegt dieser Punkt im Endlichen, so hat das Homogensystem

$$\begin{cases} a_1 x + b_1 y + c_1 z = 0, \\ a_2 x + b_2 y + c_2 z = 0, \\ a_3 x + b_3 y + c_3 z = 0 \end{cases}$$

die eigentliche Lösung $(x_0, y_0, z_0 = 1)$, verschwindet demgemäß die Determinante

$$d = \begin{vmatrix} a_1 & b_1 & c_1 \\ a_2 & b_2 & c_2 \\ a_3 & b_3 & c_3 \end{vmatrix}.$$

Verschwindet umgekehrt die Determinante d, so hat das genannte Homogensystem eine eigentliche Lösung $(x_0, y_0, 1)$. [Da nämlich keine zwei von den drei Geraden parallel laufen, sind keine zwei Elemente der ersten Spalte von d den homologen Elementen der zweiten Spalte proportional. Mithin ist z. B. die Determinante $a_1 b_2 - a_2 b_1$ von Null verschieden, so daß die Unbekannte z frei ist und gleich 1 gewählt werden darf.]

Liegt aber der Punkt (x_0, y_0) im Unendlichen, so ist die erste Spalte von d der zweiten proportional, d also auch gleich Null.

Die notwendige und hinreichende Bedingung dafür, daß die drei Geraden

$$a_1 x + b_1 y + c_1 = 0, \quad a_2 x + b_2 y + c_2 = 0, \quad a_3 x + b_3 y + c_3 = 0$$

durch einen Punkt laufen ist das Verschwinden der Determinante

$$d = \begin{vmatrix} a_1 & b_1 & c_1 \\ a_2 & b_2 & c_2 \\ a_3 & b_3 & c_3 \end{vmatrix}.$$

Wir setzen daher für die Lösung unserer Aufgabe d als von Null verschieden voraus. Wir nennen den Schnittpunkt der Geraden II und III (x_1, y_1), den von III und I (x_2, y_2), endlich den von I und II (x_3, y_3).

Durch Vergleich der Bestimmungsgleichungen

$$\begin{cases} a_2 x_1 + b_2 y_1 + c_2 = 0, \\ a_3 x_1 + b_3 y_1 + c_3 = 0 \end{cases}$$

für die Unbekannten x_1 und y_1 mit den Entwicklungsformeln

$$a_2 A_1 + b_2 B_1 + c_2 C_1 = 0,$$
$$a_3 A_1 + b_3 B_1 + c_3 C_1 = 0,$$

in denen, wie üblich, die großen Buchstaben die Adjunkten der kleinen (in d) bedeuten, bekommen wir sofort

$$x_1 = A_1 : C_1, \qquad y_1 = B_1 : C_1$$

und in ähnlicher Weise

$$x_2 = A_2 : C_2, \qquad y_2 = B_2 : C_2,$$
$$x_3 = A_3 : C_3, \qquad y_3 = B_3 : C_3.$$

(Da keine zwei Geraden parallel laufen, verschwinden die Nenner C_1, C_2, C_3 nicht.)

Setzen wir die gefundenen Werte in der obigen Determinante für $2J$ ein, so entsteht

$$2J = \begin{vmatrix} x_1 & y_1 & 1 \\ x_2 & y_2 & 1 \\ x_3 & y_3 & 1 \end{vmatrix} = \begin{vmatrix} A_1 & B_1 & C_1 \\ A_2 & B_2 & C_2 \\ A_3 & B_3 & C_3 \end{vmatrix} : C_1 C_2 C_3.$$

Die hier rechts stehende Determinante ist die Reziproke von d und als solche nach dem Reziprokensatze (§ 18) gleich d^2. Unser Ergebnis lautet

$$2J = \begin{vmatrix} a_1 & b_1 & c_1 \\ a_2 & b_2 & c_2 \\ a_3 & b_3 & c_3 \end{vmatrix}^2 : C_1 C_2 C_3.$$

Zusatz. Will man ohne Benutzung des Reziprokensatzes auskommen, so führe man die Hilfswerte

$$h_1 = a_1 x_1 + b_1 y_1 + c_1, \quad h_2 = a_2 x_2 + b_2 y_2 + c_2, \quad h_3 = a_3 x_3 + b_3 y_3 + c_3$$

ein. Um z. B. h_1 zu berechnen, hat man das Homogensystem

$$\begin{cases} a_1 x_1 + b_1 y_1 + (c_1 - h_1) z_1 = 0, \\ a_2 x_1 + b_2 y_1 + \quad c_2 \quad z_1 = 0, \\ a_3 x_1 + b_3 y_1 + \quad c_3 \quad z_1 = 0 \end{cases}$$

mit der Lösung $(x_1, y_1, z_1 = 1)$. Nach Bézouts Satze ist daher

$$\begin{vmatrix} a_1 & b_1 & c_1 - h_1 \\ a_2 & b_2 & c_2 \\ a_3 & b_3 & c_3 \end{vmatrix} = 0,$$

somit

$$h_1 C_1 = d \qquad \text{und} \qquad h_1 = d : C_1.$$

Ebenso wird

$$h_2 = d : C_2, \qquad h_3 = d : C_3.$$

Weiter gibt die Multiplikation der Determinanten

$$d = \begin{vmatrix} a_1 & b_1 & c_1 \\ a_2 & b_2 & c_2 \\ a_3 & b_3 & c_3 \end{vmatrix} \qquad \text{und} \qquad 2J = \begin{vmatrix} x_1 & y_1 & 1 \\ x_2 & y_2 & 1 \\ x_3 & y_3 & 1 \end{vmatrix}$$

(Zeilen mal Zeilen)

$$2dJ = \begin{vmatrix} h_1 & 0 & 0 \\ 0 & h_2 & 0 \\ 0 & 0 & h_3 \end{vmatrix} = h_1 h_2 h_3 = \frac{d^3}{C_1 C_2 C_3},$$

und es entsteht wie oben,

$$2J = d^2 : C_1 C_2 C_3.$$

Die hier gegebene Lösung der zweiten Aufgabe stammt von dem deutschen Mathematiker Joachimsthal (Crelles Journal, Bd. XL).

Aufgabe 3. Den Inhalt eines Dreiecks als Funktion seiner Seiten darzustellen.

Lösung. Das Dreieck habe die Seiten $OA = p$, $OB = q$ und $AB = c$. Wir führen die Vektoren $\overrightarrow{OA} = \mathfrak{p}$, $\overrightarrow{OB} = \mathfrak{q}$, sowie die Projektion $\overrightarrow{OF} = \mathfrak{q}'$ von $\mathfrak{q}$ auf $\mathfrak{p}$ und die zur Grundlinie p gehörige Höhe $\overrightarrow{FB} = \mathfrak{h}$ ein.

Die beiden kollinearen Vektoren $\mathfrak{p}$ und $\mathfrak{q}'$ sind linear abhängig:

$$\alpha \mathfrak{p} + \beta \mathfrak{q}' = 0.$$

[Der Vektor $\mathfrak{q}'$ ist ein gewisser Bruchteil von $\mathfrak{p}$: $\mathfrak{q}' = \varepsilon\,\mathfrak{p}$, also etwa $\alpha = \varepsilon$, $\beta = -1$.] Wir multiplizieren diese Relation skalar zuerst mit $\mathfrak{p}$, dann mit $\mathfrak{q}$. Das gibt

$$\begin{cases} \mathfrak{p}\,\mathfrak{p}\,\alpha + \mathfrak{p}\,\mathfrak{q}'\,\beta = 0, \\ \mathfrak{q}\,\mathfrak{p}\,\alpha + \mathfrak{q}\,\mathfrak{q}'\,\beta = 0. \end{cases}$$

Da dies Homogensystem mit den »Unbekannten« α und β eine eigentliche Lösung besitzt ($\alpha = \varepsilon$, $\beta = -1$), so verschwindet die Systemdeterminante:

$$\begin{vmatrix} \mathfrak{p}\,\mathfrak{p} & \mathfrak{p}\,\mathfrak{q}' \\ \mathfrak{q}\,\mathfrak{p} & \mathfrak{q}\,\mathfrak{q}' \end{vmatrix} = 0.$$

Hier ersetzen wir $\mathfrak{q}'$ durch $\mathfrak{q} - \mathfrak{h}$ und bekommen

$$\begin{vmatrix} \mathfrak{p}\,\mathfrak{p} & \mathfrak{p}\,\mathfrak{q} - \mathfrak{p}\,\mathfrak{h} \\ \mathfrak{q}\,\mathfrak{p} & \mathfrak{q}\,\mathfrak{q} - \mathfrak{q}\,\mathfrak{h} \end{vmatrix} = 0.$$

Da aber $\mathfrak{h}$ auf $\mathfrak{p}$ senkrecht steht, ist $\mathfrak{h}\mathfrak{p} = 0$, und da $\mathfrak{h}$ die Projektion von $\mathfrak{q}$ auf $\mathfrak{h}$ ist, so ist $\mathfrak{q}\,\mathfrak{h} = \mathfrak{h}^2$. Daher ergibt sich

$$\begin{vmatrix} \mathfrak{p}\,\mathfrak{p} & \mathfrak{p}\,\mathfrak{q} \\ \mathfrak{q}\,\mathfrak{p} & \mathfrak{q}\,\mathfrak{q} - \mathfrak{h}^2 \end{vmatrix} = 0$$

oder

$$\begin{vmatrix} \mathfrak{p}\,\mathfrak{p} & \mathfrak{p}\,\mathfrak{q} \\ \mathfrak{q}\,\mathfrak{p} & \mathfrak{q}\,\mathfrak{q} \end{vmatrix} = \mathfrak{p}^2\,\mathfrak{h}^2.$$

Nun ist $\mathfrak{p}\mathfrak{h}$ der doppelte Inhalt $2\,J$ des Dreiecks; folglich wird

$$\underline{4\,J^2 = \begin{vmatrix} \mathfrak{p}\,\mathfrak{p} & \mathfrak{p}\,\mathfrak{q} \\ \mathfrak{q}\,\mathfrak{p} & \mathfrak{q}\,\mathfrak{q} \end{vmatrix}.}$$

Durch diese wichtige Formel wird das Inhaltsquadrat des Dreiecks als Funktion der Dreiecksseiten dargestellt.

Es ist nämlich

$$\mathfrak{p}\,\mathfrak{p} = p^2, \qquad \mathfrak{p}\,\mathfrak{q} = \mathfrak{q}\,\mathfrak{p} = \frac{p^2 + q^2 - c^2}{2}, \qquad \mathfrak{q}\,\mathfrak{q} = q^2.$$

Schreiben wir nun mittels dieser Werte die Determinante um und beseitigen bei dieser Gelegenheit auch den Nenner 2, so entsteht schließlich

$$16\,J^2 = \begin{vmatrix} 2\,p^2 & p^2 + q^2 - c^2 \\ p^2 + q^2 - c^2 & 2\,q^2 \end{vmatrix}.$$

Von dieser Formel zur Heronischen ist nur noch ein Schritt.

§ 39. Die Cosinusrelation.

Aufgabe 1. Die Beziehung zwischen den Cosinus der Winkel eines Dreiecks zu finden.

Lösung. Wir nennen die Seiten des Dreiecks x, y, z, die Cosinus seiner Winkel a, b, c und benutzen die Tatsache, daß die Summe der Projektionen zweier Seiten auf die dritte, diese dritte Seite ergibt.

Bilden wir diese Beziehung für jedes Seitenpaar, so entstehen die drei Formeln

$$\begin{cases} \iota x + c y + b z = 0, \\ c x + \iota y + a z = 0, \\ b x + a y + \iota z = 0. \end{cases}$$

Da diese ein Homogensystem von drei linearen Gleichungen mit den nicht verschwindenden Unbekannten x, y, z darstellen, so verschwindet nach Bézouts Satze (§ 14) die Systemdeterminante:

$$\varDelta = \begin{vmatrix} \iota & c & b \\ c & \iota & a \\ b & a & \iota \end{vmatrix} = 0.$$

Dies ist die gesuchte Beziehung.

Die Ausrechnung der Determinante $\varDelta$ liefert

$$\varDelta = a^2 + b^2 + c^2 + 2\,a\,b\,c - 1$$

so daß die Beziehung die Form

$$\underline{a^2 + b^2 + c^2 + 2\,a\,b\,c = 1}$$

annimmt. Zugleich erkennen wir:

Die Determinante $\varDelta$ ist nicht nur symmetrisch, sie ist außerdem eine symmetrische Funktion der drei Elemente a, b, c.

Man kann die drei Elemente a, b, c also beliebig miteinander vertauschen, ohne daß die Determinante ihren Wert ändert. Daher ist es ganz gleichgültig, wie man die erste Zeile schreibt: jede der sechs Möglichkeiten

$$(\iota, b, c), \quad (\iota, c, b), \quad (\iota, c, a), \quad (\iota, a, c), \quad (\iota, a, b), \quad (\iota, b, a)$$

liefert eine die Hauptdiagonale unverändert lassende Fortsetzung. Z. B. ist

$$\varDelta = \begin{vmatrix} \iota & a & b \\ a & \iota & c \\ b & c & \iota \end{vmatrix}.$$

Aufgabe 2. Die Beziehung zwischen den Cosinus von drei Winkeln zu finden, deren Summe vier Rechte ausmacht.

Lösung. Die Winkel seien α, β, γ, ihre Cosinus a, b, c, ihre Supplemente $\overline{\alpha}$, $\overline{\beta}$, $\overline{\gamma}$, so daß

$$\overline{\alpha} + \overline{\beta} + \overline{\gamma} = 180^0$$

ist. Wir können also das Ergebnis der vorigen Aufgabe auf die drei Winkel $\overline{\alpha}$, $\overline{\beta}$, $\overline{\gamma}$ anwenden, deren Cosinus $-a$, $-b$, $-c$ sind. So ergibt sich die Formel

$$\begin{vmatrix} -1 & -a & -b \\ -a & -1 & -c \\ -b & -c & -1 \end{vmatrix} = 0$$

oder, indem wir alle Vorzeichen umkehren,

$$\begin{vmatrix} 1 & a & b \\ a & 1 & c \\ b & c & 1 \end{vmatrix} = 0,$$

ausgerechnet:

$$\underline{a^2 + b^2 + c^2 - 2\,a\,b\,c = 1.}$$

Auch die hier auftretende Determinante ist symmetrisch und zugleich eine symmetrische Funktion der drei Cosinus a, b, c.

Die zweite Behauptung ergibt sich sofort aus der Gleichung

$$\begin{vmatrix} 1 & a & b \\ a & 1 & c \\ b & c & 1 \end{vmatrix} = 1 - a^2 - b^2 - c^2 + 2\,a\,b\,c.$$

Die beiden gefundenen Ergebnisse lassen sich in eine einzige Aussage zusammenziehen.

α, β, γ seien drei Winkel, deren Cosinus a, b, c sind, und deren Summe ein ganzzahliges Vielfache, $s\,\pi$, von π ist:

$$\alpha + \beta + \gamma = s\,\pi.$$

Schreiben wir diese Beziehung

$$\beta + \gamma = s\,\pi - \alpha, \qquad \gamma + \alpha = s\,\pi - \beta, \qquad \alpha + \beta = s\,\pi - \gamma,$$

und wenden auf jede dieser Gleichungen beiderseits das Additionstheorem der Sinusfunktion an, wobei wir statt $\sin\alpha$, $\sin\beta$, $\sin\gamma$ x, y, z schreiben und bedenken, daß

$$\sin s\,\pi = 0, \qquad \cos s\,\pi = \iota^s$$

ist, so entstehen die drei Gleichungen

$$\begin{cases} \iota^s x + c\;y + b\;z = 0, \\ c\;x + \iota^s y + a\;z = 0, \\ b\;x + a\;y + \iota^s z = 0. \end{cases}$$

Setzen wir voraus, daß wenigstens einer der drei Winkel kein ganzzahliges Vielfaches von π ist, so besitzt das entstandene Homogensystem seine eigentliche Lösung, so daß seine Determinante nach Bézouts Satz verschwindet:

$$\begin{vmatrix} \iota^8 & c & b \\ c & \iota^8 & a \\ b & a & \iota^8 \end{vmatrix} = 0.$$

Eine kurze Prüfung zeigt, daß die erhaltene Determinante auch in dem Ausnahmefalle verschwindet, wo alle drei Winkel ganzzahlige Vielfache von π sind.

Damit lassen sich die Überlegungen dieses Paragraphen folgendermaßen zusammenfassen:

Fundamentalsatz:

Die Cosinus a, b, c dreier Winkel, deren Summe ein ganzzahliges Vielfaches von π ist, befriedigen die Relation

$$\Delta = 0,$$

in der

$$\Delta = \begin{vmatrix} \varepsilon & a & b \\ a & \varepsilon & c \\ b & c & \varepsilon \end{vmatrix}$$

ist, und ε die positive oder negative Einheit bedeutet, je nachdem es sich um ein gerades oder ungerades Vielfaches handelt.

Die Determinante Δ heißt Cosinusdeterminante, die Relation

$$\Delta = 0$$

Cosinusrelation.

Die Cosinusdeterminante ist symmetrisch und zugleich symmetrische Funktion ihrer Elemente a, b, c, welch letztere Tatsache aus dem Anblick der Entwicklungsformel

$$\Delta = \varepsilon\,(1 - a^2 - b^2 - c^2) + 2\,a\,b\,c$$

sofort hervorgeht.

§ 40. Die Vierpunktrelation.

Zwischen vier Punkten einer Ebene gibt es im ganzen sechs Verbindungsstrecken; wie lautet die Beziehung, in der diese zueinander stehen?

Um diese Frage zu beantworten, nennen wir die vier Punkte A, B, C, O und setzen

$$BC = a, \qquad CA = b, \qquad AB = c,$$
$$OA = p, \qquad OB = q, \qquad OC = r.$$

Wir führen außerdem die drei Vektoren

$$\overrightarrow{OA} = \mathfrak{p}, \qquad \overrightarrow{OB} = \mathfrak{q}, \qquad \overrightarrow{OC} = \mathfrak{r}$$

ein.

Nun sind drei komplanare Vektoren stets linear abhängig. Das folgt beispielsweise aus dem Fundamentalsatz von § 15, läßt sich aber auch leicht direkt einsehen, insofern von drei komplanaren Vektoren stets einer als Linearkompositum der beiden andern dargestellt werden kann, falls diese beiden nicht verschwinden.

Es gibt demnach drei nicht sämtlich verschwindende Zahlen α, β, γ derart, daß

$$\alpha\mathfrak{p} + \beta\mathfrak{q} + \gamma\mathfrak{r} = 0$$

ist. Wir multiplizieren diese Gleichung skalar sukzessive mit $\mathfrak{p}$, $\mathfrak{q}$, $\mathfrak{r}$ und bekommen

$$\begin{cases} \mathfrak{p}\mathfrak{p}\,\alpha + \mathfrak{p}\mathfrak{q}\,\beta + \mathfrak{p}\mathfrak{r}\,\gamma = 0, \\ \mathfrak{q}\mathfrak{p}\,\alpha + \mathfrak{q}\mathfrak{q}\,\beta + \mathfrak{q}\mathfrak{r}\,\gamma = 0, \\ \mathfrak{r}\mathfrak{p}\,\alpha + \mathfrak{r}\mathfrak{q}\,\beta + \mathfrak{r}\mathfrak{r}\,\gamma = 0. \end{cases}$$

Dies ist ein vollständiges Homogensystem linearer Gleichungen für die Unbekannten α, β, γ mit einer eigentlichen Lösung. Nach Bézouts Satze verschwindet dann die Systemdeterminante:

$$\begin{vmatrix} \mathfrak{p}\mathfrak{p} & \mathfrak{p}\mathfrak{q} & \mathfrak{p}\mathfrak{r} \\ \mathfrak{q}\mathfrak{p} & \mathfrak{q}\mathfrak{q} & \mathfrak{q}\mathfrak{r} \\ \mathfrak{r}\mathfrak{p} & \mathfrak{r}\mathfrak{q} & \mathfrak{r}\mathfrak{r} \end{vmatrix} = 0.$$

Dies ist die gesuchte Relation. In der Tat: Was zunächst die Hauptdiagonalelemente anbetrifft, so sind sie

$$\mathfrak{p}\mathfrak{p} = p^2, \qquad \mathfrak{q}\mathfrak{q} = q^2, \qquad \mathfrak{r}\mathfrak{r} = r^2.$$

Ein anderes Element z. B. $\mathfrak{q}\mathfrak{r}$ ist $q\,r\cos\lambda$, wo λ den Zwischenwinkel von $\mathfrak{q}$ und $\mathfrak{r}$ bedeutet. Nach dem Cosinussatze ist aber

$$2\,q\,r\cos\lambda = q^2 + r^2 - a^2,$$

mithin

$$\mathfrak{q}\mathfrak{r} = \frac{q^2 + r^2 - a^2}{2}.$$

Ebenso ergibt sich

$$\mathfrak{r}\mathfrak{p} = \frac{r^2 + p^2 - b^2}{2}, \qquad \mathfrak{p}\mathfrak{q} = \frac{p^2 + q^2 - c^2}{2}.$$

Alle Elemente unserer Determinante sind demnach einfache quadratische Ausdrücke der sechs Strecken a, b, c, p, q, r.

Ergebnis:

Die sechs Distanzen, die zwischen vier komplanaren Punkten möglich sind, befriedigen die »Vierpunktrelation«

$$\begin{vmatrix} \mathfrak{p}\mathfrak{p} & \mathfrak{p}\mathfrak{q} & \mathfrak{p}\mathfrak{r} \\ \mathfrak{q}\mathfrak{p} & \mathfrak{q}\mathfrak{q} & \mathfrak{q}\mathfrak{r} \\ \mathfrak{r}\mathfrak{p} & \mathfrak{r}\mathfrak{q} & \mathfrak{r}\mathfrak{r} \end{vmatrix} = 0.$$

Setzt man die oben aufgeführten Werte für die Skalarprodukte in der Determinante ein und rechnet letztere aus, so nimmt die Vierpunktrelation die Form an:

$$AP(B+C-A+Q+R-P)+BQ(C+A-B+R+P-Q)$$
$$+CR(A+B-C+P+Q-R)=AQR+BRP+CPQ+ABC,$$

wo A, B, C, P, Q, R die Quadrate von a, b, c, p, q, r bedeuten.

§ 41. Ähnlichkeitsachsen.

Der von dem französischen Mathematiker und Philosophen D'Alembert (1717—1783) herrührende Satz von den Ähnlichkeitspunkten dreier Kreise lautet bekanntlich:

Faßt man drei Kreise I, II, III zu Paaren: (II, III), (III, I), (I, II) zusammen, so liegen die äußeren Ähnlichkeitspunkte der drei Paare auf einer Geraden; ebenso liegen der äußere Ähnlichkeitspunkt eines Paares und die inneren Ähnlichkeitspunkte der beiden andern Paare auf einer Geraden, der sog. Ähnlichkeitsachse.

Wir stellen uns hier die Aufgabe: Die Gleichungen der Ähnlichkeitsachsen dreier Kreise zu finden.

Lösung. Wir verwenden ein beliebiges Koordinatensystem xy und nennen die Radien der drei Kreise r_1, r_2, r_3, die Koordinaten ihrer Mittelpunkte $a_1|b_1$, $a_2|b_2$, $a_3|b_3$.

Dann sind z. B. die Koordinaten des äußeren bzw. inneren Ähnlichkeitspunktes der beiden Kreise I und II, wie leicht festzustellen,

$$\frac{r_2 a_1 \mp r_1 a_2}{r_2 \mp r_1}, \quad \frac{r_2 b_1 \mp r_1 b_2}{r_2 \mp r_1},$$

wo die oberen Zeichen für den äußeren, die unteren für den inneren Ähnlichkeitspunkt gelten.

Da die drei Mittelpunkte nicht in gerader Linie liegen sollen, so verschwindet die Determinante

$$\mathfrak{D} = \begin{vmatrix} a_1 & b_1 & c_1 \\ a_2 & b_2 & c_2 \\ a_3 & b_3 & c_3 \end{vmatrix} \qquad (\text{mit } c_1 = c_2 = c_3 = 1)$$

nicht (§ 38). Neben $\mathfrak{D}$ betrachten wir die Determinante

$$\varDelta = \begin{vmatrix} a & b & c & d \\ a_1 & b_1 & c_1 & d_1 \\ a_2 & b_2 & c_2 & d_2 \\ a_3 & b_3 & c_3 & d_3 \end{vmatrix},$$

in der sämtliche Elemente der ersten Zeile verschwinden, während die Elemente der vierten Spalte außer d nicht verschwinden. Die Adjunkten ihrer ersten Zeile sind

$$A = \begin{vmatrix} b_1 & c_1 & d_1 \\ b_2 & c_2 & d_2 \\ b_3 & c_3 & d_3 \end{vmatrix}, \quad B = -\begin{vmatrix} a_1 & c_1 & d_1 \\ a_2 & c_2 & d_2 \\ a_3 & c_3 & d_3 \end{vmatrix}, \quad C = \begin{vmatrix} a_1 & b_1 & d_1 \\ a_2 & b_2 & d_2 \\ a_3 & b_3 & d_3 \end{vmatrix}, \quad D = -\begin{vmatrix} a_1 & b_1 & c_1 \\ a_2 & b_2 & c_2 \\ a_3 & b_3 & c_3 \end{vmatrix}.$$

Da $D = -\mathfrak{D}$ ist, verschwindet es nicht. Aber auch die andern drei Adjunkten können wenigstens nicht alle zugleich verschwinden. Wäre es nämlich der Fall, so hätte die Determinante

$$\begin{vmatrix} a_1 & b_1 & c_1 & 0 \\ a_1 & b_1 & c_1 & d_1 \\ a_2 & b_2 & c_2 & d_2 \\ a_3 & b_3 & c_3 & d_3 \end{vmatrix},$$

da sie gleich $a_1 A + b_1 B + c_1 C$ ist, den Wert Null. Subtrahiert man aber in ihr die zweite Zeile von der ersten, so kommt

$$\begin{vmatrix} 0 & 0 & 0 & -d_1 \\ a_1 & b_1 & c_1 & d_1 \\ a_2 & b_2 & c_2 & d_2 \\ a_3 & b_3 & c_3 & d_3 \end{vmatrix},$$

und diese Determinante ist gleich $-d_1 D$, also nicht gleich Null.

Wir behaupten jetzt

Die drei äußeren Ähnlichkeitspunkte liegen auf der Geraden

$$u = \begin{vmatrix} x & y & 1 & 0 \\ a_1 & b_1 & c_1 & d_1 \\ a_2 & b_2 & c_2 & d_2 \\ a_3 & b_3 & c_3 & d_3 \end{vmatrix} = 0,$$

wo d_1, d_2, d_3 die Radien r_1, r_2, r_3 der drei Kreise bedeuten.

Beweis. Die Koordinaten des äußeren Ähnlichkeitspunkts etwa der beiden Kreise I und II, seien X, Y, so daß

$$X = \frac{d_2 a_1 - d_1 a_2}{d_2 - d_1}, \qquad Y = \frac{d_2 b_1 - d_1 b_2}{d_2 - d_1}$$

ist. An der Stelle $X|Y$ nimmt u den Wert $U = XA + YB + C$ an. Es ist nun (mit $d_2 - d_1 = \delta$)

$$\delta U = d_2(a_1 A + b_1 B + c_1 C) - d_1(a_2 A + b_2 B + c_2 C) =$$
$$= d_2(a_1 A + b_1 B + c_1 C + d_1 D) - d_1(a_2 A + b_2 B + c_2 C + d_2 D).$$

Nach der auf Δ angewandten Entwicklungsformel verschwindet aber jeder der viergliedrigen Klammerausdrücke. Folglich verschwindet auch U.

Für die beiden andern Ähnlichkeitspunkte ist es analog. Die Funktion u verschwindet somit in allen drei Ähnlichkeitspunkten; folglich ist $u = 0$ die Gleichung der äußeren Ähnlichkeitsachse.

Wir behaupten zweitens:

Die inneren Ähnlichkeitspunkte der beiden Paare (I, II) und (II, III) und der äußere Ähnlichkeitspunkt des Paares (I, III) liegen auf der Geraden

$$v = \begin{vmatrix} x & y & 1 & 0 \\ a_1 & b_1 & c_1 & d_1 \\ a_2 & b_2 & c_2 & d_2 \\ a_3 & b_3 & c_3 & d_3 \end{vmatrix} = 0,$$

wo d_1 und d_3 die Radien r_1 und r_3 von I und III, d_2 aber den entgegengesetzten Radius, $-r_2$, von II bedeuten.

Beweis. Daß der genannte äußere Ähnlichkeitspunkt auf der Geraden $v = 0$ liegt, folgt wie oben. Wir brauchen nur zu zeigen, daß z. B. der innere Ähnlichkeitspunkt $\xi|\eta$ von I und II auf ihr liegt. An der Stelle $\xi|\eta$ nimmt nun v den Wert $\varphi = A\xi + B\eta + C$ an. Da aber

$$\xi = \frac{d_2 a_1 - d_1 a_2}{d_2 - d_1}, \quad \eta = \frac{d_2 b_1 - d_1 b_2}{d_2 - d_1}$$

ist, so ergibt sich, ganz wie oben (mit $d_2 - d_1 = \delta$)

$$\delta\varphi = d_2(a_1 A + b_1 B + c_1 C + d_1 D) - d_1(a_2 A + b_2 B + c_2 C + d_2 D),$$

d. h.

$$\delta\varphi = 0 \quad \text{und} \quad \varphi = 0.$$

Die Gerade $v = 0$ läuft also durch alle drei Ähnlichkeitspunkte.

§ 42. Der Monge-Kreis.

Der französische Mathematiker Monge (1746—1818) löste geometrisch zeichnerisch die Aufgabe »Einen Kreis zu zeichnen, der auf drei gegebenen Kreisen senkrecht steht«.

Wir stellen uns hier die Aufgabe, die Gleichung dieses Orthogonalkreises zu ermitteln.

In einem rechtwinkligen Koordinatensystem xy seien die Gleichungen der drei gegebenen Kreise $\mathfrak{K}_1$, $\mathfrak{K}_2$, $\mathfrak{K}_3$ (mit den Radien r_1, r_2, r_3)

$$x^2 + y^2 - 2\,a_\nu\, x - 2\,b_\nu\, y + \pi_\nu = 0 \qquad (\nu = 1, 2, 3),$$

die Gleichung des gesuchten Orthogonalkreises $\mathfrak{K}$ (mit dem Radius r)

$$x^2 + y^2 - 2\,a\,x - 2\,b\,y + \pi = 0.$$

Dabei bedeutet a_ν die Abszisse, b_ν die Ordinate des Mittelpunkts von $\mathfrak{K}_\nu$, π_ν die Potenz dieses Kreises im Ursprung O der Koordinaten, ebenso a die Abszisse, b die Ordinate des Mittelpunkts von $\mathfrak{K}$ und π die Potenz dieses Kreises in O.

Nun stehen zwei Kreise aufeinander senkrecht, wenn die Summe ihrer Halbmesserquadrate mit dem Quadrat ihrer Zentrale übereinstimmt. Die Zentrale c_ν von $\mathfrak{K}$ und $\mathfrak{K}_\nu$ befriedigt demnach die Beziehung

$$c_\nu^2 = r^2 + r_\nu^2.$$

Durch die Gleichung

$$c_\nu^2 = (a - a_\nu)^2 + (b - b_\nu)^2$$

verwandelt sich die Orthogonalitätsbedingung in

$$\pi + \pi_\nu = 2\,a\,a_\nu + 2\,b\,b_\nu.$$

Wir haben also folgende Gleichungen

$$\begin{aligned} x^2 + y^2 - 2\,a\,x - 2\,b\,y + \pi &= 0,\\ \pi_1 - 2\,a\,a_1 - 2\,b\,b_1 + \pi &= 0,\\ \pi_2 - 2\,a\,a_2 - 2\,b\,b_2 + \pi &= 0,\\ \pi_3 - 2\,a\,a_3 - 2\,b\,b_3 + \pi &= 0. \end{aligned}$$

Wir setzen

$$x^2 + y^2 = G, \qquad x = h, \qquad y = k$$

und erkennen, daß das Homogensystem der vier linearen Gleichungen

$$\begin{aligned} G\,\tau + h\,\xi + k\,\eta + \zeta &= 0,\\ \pi_1\tau + a_1\xi + b_1\eta + \zeta &= 0,\\ \pi_2\tau + a_2\xi + b_2\eta + \zeta &= 0,\\ \pi_3\tau + a_3\xi + b_3\eta + \zeta &= 0 \end{aligned}$$

für die vier Unbekannten τ, ξ, η, ζ die eigentliche Lösung

$$\tau = 1, \qquad \xi = -2\,a, \qquad \eta = -2\,b, \qquad \zeta = \pi$$

besitzt. Daher verschwindet nach Bézouts Satze die Determinante

$$\begin{vmatrix} G & h & k & 1\\ \pi_1 & a_1 & b_1 & 1\\ \pi_2 & a_2 & b_2 & 1\\ \pi_3 & a_3 & b_3 & 1 \end{vmatrix}$$

des Systems. Folglich gilt die Gleichung

$$\begin{vmatrix} x^2+y^2 & x & y & 1 \\ \pi_1 & a_1 & b_1 & 1 \\ \pi_2 & a_2 & b_2 & 1 \\ \pi_3 & a_3 & b_3 & 1 \end{vmatrix} = 0.$$

Sie ist die Gleichung des Monge-Kreises, des Kreises, der auf den drei gegebenen Kreisen senkrecht steht.

§ 43. Kegelschnitt als Geradenpaar.

Aufgabe: Die Bedingung aufzustellen, unter welcher der Kegelschnitt

$$a_{11}x^2 + 2a_{12}xy + a_{22}y^2 + 2a_{13}x + 2a_{23}y + a_{33} = 0$$

ein Geradenpaar darstellt.

Lösung. Wir nennen die linke Seite der Kurvengleichung f oder $f(x, y)$, führen die drei Linearfunktionen

$$u = a_{11}x + a_{12}y + a_{13}, \quad v = a_{21}x + a_{22}y + a_{23}, \quad w = a_{31}x + a_{32}y + a_{33}$$

(mit $a_{rs} = a_{sr}$) ein und haben zunächst

$$f = xu + yv + zw.$$

Ist nun $f = 0$ ein Geradenpaar mit dem Schnittpunkte $x_0|y_0$, so transformieren wir zu neuen Koordinaten $X|Y$ gemäß den Transformationsgleichungen

$$x = x_0 + X, \qquad y = y_0 + Y.$$

Im neuen System heißt dann die Kurvengleichung

$$a_{11}X^2 + 2a_{12}XY + a_{22}Y^2 + 2u_0X + 2v_0Y + f_0 = 0$$

mit

$$u_0 = a_{11}x_0 + a_{12}y_0 + a_{13}, \qquad v_0 = a_{21}x_0 + a_{22}y_0 + a_{23}$$

und

$$f_0 = f(x_0, y_0).$$

Wenn die Gleichung ein Geradenpaar bedeuten soll, dessen Schnittpunkt im neuen Ursprung liegt, so muß sie die Form

$$(aX + bY)(cX + dY) = 0$$

haben, darf ihre linke Seite m. a. W. nur Glieder mit X^2, XY und Y^2 enthalten. Die gesuchte Bedingung lautet demnach

$$u_0 = 0, \qquad v_0 = 0, \qquad f_0 = 0.$$

Nun ist aber

$$f_0 = x_0u_0 + y_0v_0 + w_0 \qquad \text{mit } w_0 = a_{31}x_0 + a_{32}y_0 + a_{33},$$

so daß wir die Bedingung auch

$$u_0 = 0, \qquad v_0 = 0, \qquad w_0 = 0$$

schreiben können, ausführlich:

$$\begin{cases} a_{11} x_0 + a_{12} y_0 + a_{13} = 0, \\ a_{21} x_0 + a_{22} y_0 + a_{23} = 0, \\ a_{31} x_0 + a_{32} y_0 + a_{33} = 0. \end{cases}$$

M. a. W.: Das Homogensystem

$$\begin{cases} a_{11} x + a_{12} y + a_{13} z = 0, \\ a_{21} x + a_{22} y + a_{23} z = 0, \\ a_{31} x + a_{32} y + a_{33} z = 0 \end{cases}$$

muß die eigentliche Lösung $x = x_0$, $y = y_0$, $z = 1$ haben. Das ist nach Bézouts Satze nur möglich, wenn die Systemdeterminante verschwindet.

Damit die Kurve $f = 0$ ein Geradenpaar darstellt, ist sonach erforderlich, daß die Determinante

$$\Delta = \begin{vmatrix} a_{11} & a_{12} & a_{13} \\ a_{21} & a_{22} & a_{23} \\ a_{31} & a_{32} & a_{33} \end{vmatrix}$$

verschwindet.

Ist umgekehrt $\Delta = 0$, so gestattet das genannte Homogensystem (§ 13 oder 14), falls die Adjunkte A_{33} von a_{33} nicht verschwindet, eine eigentliche Lösung x_0, y_0, 1, und die obige Transformation verwandelt die gegebene Kurvengleichung in die Gleichung

$$a_{11} X_2 + 2 a_{12} X Y + a_{22} Y^2 = 0$$

eines Geradenpaares.

Im Ausnahmefalle, wo (neben Δ) A_{33} verschwindet, existiert die Lösung x_0, y_0, 1 nicht. In diesem Falle verschwinden alle drei Adjunkten A_{31}, A_{32}, A_{33} der dritten Zeile von Δ. Um das einzusehen, schreiben wir für den Augenblick $a_{23} = a_{32} = u$, $a_{13} = a_{31} = v$ und bekommen durch Entwicklung von Δ nach der dritten Zeile

$$2 a_{12} u v - a_{11} u^2 - a_{22} v^2 = 0,$$

was wir sowohl $(a_{12} u - a_{22} v)^2 = 0$ als auch $(a_{21} v - a_{11} u)^2 = 0$ schreiben können. Mithin ist sowohl A_{31} als auch A_{32} gleich Null.

Im Ausnahmefalle sind daher die Elemente der zweiten Zeile denen der ersten proportional. Setzen wir die der ersten

$$a_{11} = a\,a, \qquad a_{12} = a\,b, \qquad a_{13} = a\,c,$$

so sind die der zweiten

$$a_{21} = b\,a, \qquad a_{22} = b\,b, \qquad a_{23} = b\,c$$

und die der dritten

$$a_{31} = c\,a, \qquad a_{32} = c\,b, \qquad a_{33} \text{ etwa} = E.$$

Die Gleichung $f = 0$ schreibt sich dann

$$(a\,x + b\,y + h)\,(a\,x + by + k) = 0,$$

wobei h und k den Bedingungen $h + k = 2\,c$ und $hk = E$ entsprechende Größen sind. Sie stellt also im Ausnahmefalle ein Paar paralleler Geraden dar. Diese beiden Parallelen fallen zusammen, wenn h und k beide gleich c sind und $E = c\,c$ ist. In diesem Sonderfalle verschwinden sämtliche zweireihigen Minoren von Δ.

Ergebnis:

Der Kegelschnitt

$$a_{11}\,x^2 + 2\,a_{12}\,x\,y + a_{22}\,y^2 + 2\,a_{13}\,x + 2\,a_{23}\,y + a_{33} = 0$$

ist ein Geradenpaar dann und nur dann, wenn die Determinante

$$\begin{vmatrix} a_{11} & a_{12} & a_{13} \\ a_{21} & a_{22} & a_{23} \\ a_{31} & a_{32} & a_{33} \end{vmatrix}$$

verschwindet. Die beiden Geraden laufen insonderheit parallel, wenn auch noch die Adjunkte A_{33} von a_{33} verschwindet; sie fallen in eine Gerade zusammen, wenn die Adjunkten aller Elemente der Determinante verschwinden.

§ 44. Steiners Problem.

Den Ort des Punktes zu bestimmen, dessen Verbindungslinien mit vier gegebenen Punkten ein konstantes Doppelverhältnis bilden.

Lösung. Wir nennen die Koordinaten der vier gegebenen Punkte P_1, P_2, P_3, P_4 in einem beliebigen xy-Koordinatensystem $(x_1,\ y_1)$, $(x_2,\ y_2)$, $(x_3,\ y_3)$, $(x_4,\ y_4)$, die des beweglichen Punktes $P\ (x,\ y)$.

Die Gleichung der Sekante PP_ν lautet, wenn die laufenden Koordinaten ihrer Punkte $(\xi,\ \eta)$ genannt werden (§ 38)

$$\begin{vmatrix} \xi & \eta & 1 \\ x & y & 1 \\ x_\nu & y_\nu & 1 \end{vmatrix} = 0.$$

Um das Doppelverhältnis der vier Strahlen PP_1, PP_2, PP_3, PP_4 zu ermitteln, bringen wir die vier Sekanten mit einer Koordinatenachse, etwa der x-Achse zum Schnitt. Die Abszisse ξ_ν des Schnittpunktes der Sekante PP_ν mit der x-Achse bestimmt sich dann durch die Gleichung

$$\begin{vmatrix} \xi_\nu & 0 & 1 \\ x & y & 1 \\ x_\nu & y_\nu & 1 \end{vmatrix} = 0,$$

ist sonach

$$\xi_\nu = - \frac{x\, y_\nu - y\, x_\nu}{y - y_\nu}.$$

Nun ist das erwähnte Doppelverhältnis

$$\frac{\xi_3 - \xi_1}{\xi_3 - \xi_2} : \frac{\xi_4 - \xi_1}{\xi_4 - \xi_2},$$

so daß es darauf ankommt, die vier in ihm auftretenden Differenzen zu ermitteln.

Wir berechnen z. B. $\xi_3 - \xi_1$ und betrachten zu dem Zwecke die Determinante

$$\Delta_{13} = \begin{vmatrix} x & y & z \\ x_1 & y_1 & z_1 \\ x_3 & y_3 & z_3 \end{vmatrix},$$

in der z, z_1, z_3 Schreibweisen für die Einheit sind, die hier gewählt werden, um die Elemente der dritten Spalte auseinanderhalten zu können, sowie um zweckmäßige Bezeichnungen — Z, Z_1, Z_3 — für ihre Adjunkten zu haben.

Aus

$$\xi_1 = - \frac{x\, y_1 - y\, x_1}{y - y_1} \qquad \text{und} \qquad \xi_3 = - \frac{x\, y_3 - y\, x_3}{y - y_3}$$

folgt nun zunächst

$$\xi_1 = - \frac{Z_3}{y - y_1}, \qquad \xi_3 = + \frac{Z_1}{y - y_3},$$

sodann

$$\xi_3 - \xi_1 = \frac{Z_1}{y - y_3} + \frac{Z_3}{y - y_1} = \frac{y\,(Z_1 + Z_3) - y_1 Z_1 - y_3 Z_3}{u_1 u_3},$$

wenn wir $y - y_\nu = u_\nu$ setzen.

Nun ist nach der Entwicklungsformel

$$y\, Z + y_1 Z_1 + y_3 Z_3 = 0,$$

mithin

$$\xi_3 - \xi_1 = y \frac{Z + Z_1 + Z_3}{u_1 u_3}.$$

Da aber

$$Z + Z_1 + Z_3 = Z\, z + Z_1 z_1 + Z_3 z_3 = \Delta_{13}$$

ist, wird einfach

$$\xi_3 - \xi_1 = y \frac{\Delta_{13}}{u_1 u_3}.$$

Ganz ähnlich finden wir

$$\xi_3 - \xi_2 = y \frac{\Delta_{23}}{u_2 u_3}$$

mit

$$\Delta_{23} = \begin{vmatrix} x & y & z \\ x_2 & y_2 & z_2 \\ x_3 & y_3 & z_3 \end{vmatrix}.$$

Daraus folgt

$$\frac{\xi_3 - \xi_1}{\xi_3 - \xi_2} = \frac{\Delta_{13}}{\Delta_{23}} \cdot \frac{u_2}{u_1}.$$

Ebenso wird

$$\frac{\xi_4 - \xi_1}{\xi_4 - \xi_2} = \frac{\Delta_{14}}{\Delta_{24}} \cdot \frac{u_2}{u_1}.$$

Das gesuchte Doppelverhältnis hat daher den Wert

$$\frac{\Delta_{13}}{\Delta_{23}} : \frac{\Delta_{14}}{\Delta_{21}}.$$

Da es konstant, etwa gleich k, sein soll, heißt die Gleichung des Orts

$$\frac{\Delta_{13}}{\Delta_{23}} = k \frac{\Delta_{14}}{\Delta_{24}}$$

oder

$$\Delta_{13} \Delta_{24} = k \Delta_{14} \Delta_{23},$$

ausführlich geschrieben:

$$\begin{vmatrix} x & y & z \\ x_1 & y_1 & z_1 \\ x_3 & y_3 & z_3 \end{vmatrix} \cdot \begin{vmatrix} x & y & z \\ x_2 & y_2 & z_2 \\ x_4 & y_4 & z_4 \end{vmatrix} = k \begin{vmatrix} x & y & z \\ x_1 & y_1 & z_1 \\ x_4 & y_4 & z_4 \end{vmatrix} \cdot \begin{vmatrix} x & y & z \\ x_2 & y_2 & z_2 \\ x_3 & y_3 & z_3 \end{vmatrix}$$

oder kürzer

$$\begin{vmatrix} x & y & 1 \\ x_1 & y_1 & 1 \\ x_3 & y_3 & 1 \end{vmatrix} \cdot \begin{vmatrix} x & y & 1 \\ x_2 & y_2 & 1 \\ x_4 & y_4 & 1 \end{vmatrix} = k \begin{vmatrix} x & y & 1 \\ x_1 & y_1 & 1 \\ x_4 & y_4 & 1 \end{vmatrix} \cdot \begin{vmatrix} x & y & 1 \\ x_2 & y_2 & 1 \\ x_3 & y_3 & 1 \end{vmatrix}.$$

Sie ist eine Gleichung zweiten Grades und stellt daher einen Kegelschnitt dar. Setzen wir in ihr $x = x_\nu$, $y = y_\nu$, so verschwinden beide Seiten der Gleichung; d. h. jeder der vier gegebenen Punkte P_1, P_2, P_3, P_4 gehört dem Orte an.

Ergebnis:

Der Ort des Punktes, dessen Verbindungslinien mit vier gegebenen Punkten ein konstantes Doppelverhältnis bilden, ist ein Kegelschnitt, der durch die vier gegebenen Punkte läuft.

§ 45. Tangentialgleichung der Kegelschnitte.

Aufgabe. Die Tangentialgleichung des Kegelschnitts

$$a_{11} x^2 + 2 a_{12} x y + a_{22} y^2 + 2 a_{13} x + 2 a_{23} y + a_{33} = 0$$

zu ermitteln.

Lösung. Die Gleichung der durch den Kegelschnittpunkt $x|y$ laufenden Tangente lautet bekanntlich

$$u X + v Y + w = 0,$$

wo

$$\begin{aligned} u &= a_{11} x + a_{12} y + a_{13}, \\ v &= a_{21} x + a_{22} y + a_{23}, \\ w &= a_{31} x + a_{32} y + a_{33} \end{aligned}$$

(mit $a_{12} = a_{21}$, $a_{13} = a_{31}$, $a_{23} = a_{32}$) ist und X, Y die laufenden Koordinaten der Tangente sind.

Die Plückerschen Linienkoordinaten der Tangente (d. h. die entgegengesetzt reziproken Werte ihrer Achsenabschnitte), kurzweg die Koordinaten der Tangente genannt, sind

$$\xi = u : w, \qquad \eta = v : w.$$

Da der Punkt $x|y$ der Tangente angehört, so gilt außerdem die Bedingung des Ineinanderliegens

$$x \xi + y \eta + 1 = 0.$$

Wir schreiben die gefundenen Bedingungen

$$\begin{aligned} a_{11} x + a_{12} y + a_{13} - \xi w &= 0, \\ a_{21} x + a_{22} y + a_{23} - \eta w &= 0, \\ a_{31} x + a_{32} y + a_{33} - w &= 0, \\ \xi x + \eta y + 1 \phantom{{}- \eta w} &= 0, \end{aligned}$$

vergleichen sie mit dem Homogensystem

$$\left\{ \begin{aligned} a_{11} x + a_{12} y + a_{13} z + \xi t &= 0, \\ a_{21} x + a_{22} y + a_{23} z + \eta t &= 0, \\ a_{31} x + a_{32} y + a_{33} z + 1 t &= 0, \\ \xi x + \eta y + z + 0 t &= 0 \end{aligned} \right.$$

und stellen fest, daß das System die eigentliche Lösung x, y, $z = 1$, $t = -w$ hat. Daher verschwindet nach Bézouts Satz die Determinante des Systems, und wir erhalten

$$\begin{vmatrix} a_{11} & a_{12} & a_{13} & \xi \\ a_{21} & a_{22} & a_{23} & \eta \\ a_{31} & a_{32} & a_{33} & 1 \\ \xi & \eta & 1 & 0 \end{vmatrix} = 0.$$

Dies ist die gesuchte Tangentialgleichung des Kegelschnitts.

Entwickeln wir die Determinante nach dem Säumungssatze, so nimmt die Kegelmittsgleichung die Form

$$\underline{A_{11}\xi^2 + 2A_{12}\xi\eta + A_{22}\eta^2 + 2A_{13}\xi + 2A_{23}\eta + A_{33} = 0}$$

an, wo der Koeffizient A_{rs} die Adjunkte des Elements a_{rs} in der Determinante

$$\begin{vmatrix} a_{11} & a_{12} & a_{13} \\ a_{21} & a_{22} & a_{23} \\ a_{31} & a_{32} & a_{33} \end{vmatrix}$$

ist. Die gefundene Gleichung ist die Gleichung des gegebenen Kegelschnitts in Tangentialkoordinaten ξ, η.

§ 46. Winkelbeziehungen.

Wir legen den drei Aufgaben dieses Paragraphen ein schiefwinkliges Koordinatensystem xyz zugrunde, nennen die von den Achsen eingeschlossenen Winkel $\varkappa_1$, $\varkappa_2$, $\varkappa_3$, die die Achsenrichtungen anzeigenden Grundvektoren (Einheitsvektoren) $\mathfrak{e}$, $\mathfrak{o}$, $\mathfrak{u}$ und setzen die Matrix

$$\begin{pmatrix} \mathfrak{e}\mathfrak{e} & \mathfrak{e}\mathfrak{o} & \mathfrak{e}\mathfrak{u} \\ \mathfrak{o}\mathfrak{e} & \mathfrak{o}\mathfrak{o} & \mathfrak{o}\mathfrak{u} \\ \mathfrak{u}\mathfrak{e} & \mathfrak{u}\mathfrak{o} & \mathfrak{u}\mathfrak{u} \end{pmatrix} = \begin{pmatrix} k_{11} & k_{12} & k_{13} \\ k_{21} & k_{22} & k_{23} \\ k_{31} & k_{32} & k_{33} \end{pmatrix},$$

so daß

$$k_{11} = k_{22} = k_{33} = 1$$

$$k_{23} = k_{32} = \cos\varkappa_1, \qquad k_{31} = k_{13} = \cos\varkappa_2, \qquad k_{12} = k_{21} = \cos\varkappa_3$$

ist.

Unter den Richtungscosinus einer Geraden verstehen wir die Cosinus der Winkel, die diese Gerade mit den Achsen bildet, d. h. die Skalarprodukte $\mathfrak{e}\mathfrak{g}$, $\mathfrak{o}\mathfrak{g}$, $\mathfrak{u}\mathfrak{g}$ aus den Grundvektoren und dem die Richtung der Geraden anzeigenden Einheitsvektor $\mathfrak{g}$.

Aufgabe 1. Die Beziehung zwischen den Winkeln zu ermitteln, die eine gegebene Gerade mit den Achsen bildet.

Lösung: Die Richtungscosinus der Geraden seien λ, μ, ν. Wir führen den die Richtung der Geraden anzeigenden Einheitsvektor $\mathfrak{g}$ ein [für den

$$\mathfrak{e}\mathfrak{g} = \lambda, \qquad \mathfrak{o}\mathfrak{g} = \mu, \qquad \mathfrak{u}\mathfrak{g} = \nu$$

ist].

Nun sind vier dreigliedrige Vektoren linear abhängig (§ 15); mithin existieren vier eigentliche Zahlen α, β, γ, δ derart, daß

$$\alpha\mathfrak{e} + \beta\mathfrak{o} + \gamma\mathfrak{u} + \delta\mathfrak{g} = 0$$

ist. [Diese Beziehung erhält man auch, wenn man erwägt, daß jeder Vektor — also auch $\mathfrak{g}$ — Linearkompositum der drei Grundvektoren $\mathfrak{e}$, $\mathfrak{o}$, $\mathfrak{u}$ ist.]

Wir multiplizieren diese Gleichung skalar sukzessive mit $\mathfrak{e}$, $\mathfrak{o}$, $\mathfrak{u}$, $\mathfrak{g}$ und erhalten das Homogensystem

$$\begin{cases} \mathfrak{e}\mathfrak{e}\,\alpha + \mathfrak{e}\mathfrak{o}\,\beta + \mathfrak{e}\mathfrak{u}\,\gamma + \mathfrak{e}\mathfrak{g}\,\delta = 0, \\ \mathfrak{o}\mathfrak{e}\,\alpha + \mathfrak{o}\mathfrak{o}\,\beta + \mathfrak{o}\mathfrak{u}\,\gamma + \mathfrak{o}\mathfrak{g}\,\delta = 0, \\ \mathfrak{u}\mathfrak{e}\,\alpha + \mathfrak{u}\mathfrak{o}\,\beta + \mathfrak{u}\mathfrak{u}\,\gamma + \mathfrak{u}\mathfrak{g}\,\delta = 0, \\ \mathfrak{g}\mathfrak{e}\,\alpha + \mathfrak{g}\mathfrak{o}\,\beta + \mathfrak{g}\mathfrak{u}\,\gamma + \mathfrak{g}\mathfrak{g}\,\delta = 0 \end{cases}$$

mit der eigentlichen Lösung α, β, γ, δ. Nach Bézouts Satze verschwindet die Systemdeterminante:

$$\begin{vmatrix} \mathfrak{e}\mathfrak{e} & \mathfrak{e}\mathfrak{o} & \mathfrak{e}\mathfrak{u} & \mathfrak{e}\mathfrak{g} \\ \mathfrak{o}\mathfrak{e} & \mathfrak{o}\mathfrak{o} & \mathfrak{o}\mathfrak{u} & \mathfrak{o}\mathfrak{g} \\ \mathfrak{u}\mathfrak{e} & \mathfrak{u}\mathfrak{o} & \mathfrak{u}\mathfrak{u} & \mathfrak{u}\mathfrak{g} \\ \mathfrak{g}\mathfrak{e} & \mathfrak{g}\mathfrak{o} & \mathfrak{g}\mathfrak{u} & \mathfrak{g}\mathfrak{g} \end{vmatrix} = 0.$$

Die gesuchte Beziehung lautet also

$$\begin{vmatrix} k_{11} & k_{12} & k_{13} & \lambda \\ k_{21} & k_{22} & k_{23} & \mu \\ k_{31} & k_{32} & k_{33} & \nu \\ \lambda & \mu & \nu & 1 \end{vmatrix} = 0.$$

Für rechtwinklige Koordinatensysteme ($k_{23} = k_{31} = k_{12} = 0$) geht sie in die bekannte Relation über

$$\underline{\lambda^2 + \mu^2 + \nu^2 = 1.}$$

Aufgabe 2. Den Winkel Θ zu bestimmen, den zwei durch ihre Richtungscosinus gegebene Geraden miteinander bilden.

Lösung. Die Einheitsvektoren der beiden Geraden seien $\mathfrak{g}$ und $\mathfrak{G}$, die gegebenen Richtungscosinus

$$l = \mathfrak{e}\mathfrak{g},\ m = \mathfrak{o}\mathfrak{g},\ n = \mathfrak{u}\mathfrak{g} \quad \text{und} \quad L = \mathfrak{e}\mathfrak{G},\ M = \mathfrak{o}\mathfrak{G},\ N = \mathfrak{u}\mathfrak{G}.$$

Wir multiplizieren die von Aufgabe 1 her bekannte Relation

$$\alpha\mathfrak{e} + \beta\mathfrak{o} + \gamma\mathfrak{u} + \delta\mathfrak{g} = 0$$

sukzessive mit $\mathfrak{e}$, $\mathfrak{o}$, $\mathfrak{u}$ und $\mathfrak{G}$ und erhalten das Homogensystem

$$\begin{cases} \mathfrak{e}\mathfrak{e}\,\alpha + \mathfrak{e}\mathfrak{o}\,\beta + \mathfrak{e}\mathfrak{u}\,\gamma + \mathfrak{e}\mathfrak{g}\,\delta = 0, \\ \mathfrak{o}\mathfrak{e}\,\alpha + \mathfrak{o}\mathfrak{o}\,\beta + \mathfrak{o}\mathfrak{u}\,\gamma + \mathfrak{o}\mathfrak{g}\,\delta = 0, \\ \mathfrak{u}\mathfrak{e}\,\alpha + \mathfrak{u}\mathfrak{o}\,\beta + \mathfrak{u}\mathfrak{u}\,\gamma + \mathfrak{u}\mathfrak{g}\,\delta = 0, \\ \mathfrak{G}\mathfrak{e}\,\alpha + \mathfrak{G}\mathfrak{o}\,\beta + \mathfrak{G}\mathfrak{u}\,\gamma + \mathfrak{G}\mathfrak{g}\,\delta = 0 \end{cases}$$

mit der eigentlichen Lösung α, β, γ, δ. Nach Bézouts Satze verschwindet die Systemdeterminante

$$\begin{vmatrix} \mathfrak{e}\mathfrak{e} & \mathfrak{e}\mathfrak{o} & \mathfrak{e}\mathfrak{u} & \mathfrak{e}\mathfrak{g} \\ \mathfrak{o}\mathfrak{e} & \mathfrak{o}\mathfrak{o} & \mathfrak{o}\mathfrak{u} & \mathfrak{o}\mathfrak{g} \\ \mathfrak{u}\mathfrak{e} & \mathfrak{u}\mathfrak{o} & \mathfrak{u}\mathfrak{u} & \mathfrak{u}\mathfrak{g} \\ \mathfrak{G}\mathfrak{e} & \mathfrak{G}\mathfrak{o} & \mathfrak{G}\mathfrak{u} & \mathfrak{G}\mathfrak{g} \end{vmatrix} = 0.$$

Der gesuchte Winkel Θ bestimmt sich demnach durch die Formel

$$\begin{vmatrix} k_{11} & k_{12} & k_{13} & l \\ k_{21} & k_{22} & k_{23} & m \\ k_{31} & k_{32} & k_{33} & n \\ L & M & N & \cos\Theta \end{vmatrix} = 0.$$

Ist das Koordinatensystem rechtwinklig, so nimmt sie die Gestalt

$$\begin{vmatrix} 1 & 0 & 0 & l \\ 0 & 1 & 0 & m \\ 0 & 0 & 1 & n \\ L & M & N & \cos\Theta \end{vmatrix} = 0$$

an. Entwickelt man diese Determinante nach der Säumungsformel aus § 4, so entsteht die bekannte Formel

$$\underline{\cos\Theta = Ll + Mm + Nn.}$$

Aufgabe 3. Die Beziehung zwischen den Winkeln zu ermitteln, die vier Gerade mit gegebenen Richtungscosinus untereinander bilden.

Lösung. Die vier Einheitsvektoren der gegebenen Geraden seien $\mathfrak{A}$, $\mathfrak{B}$, $\mathfrak{C}$, $\mathfrak{D}$, die Cosinus der in Rede stehenden Winkel

$$\mathfrak{A}\,\mathfrak{D} = p, \quad \mathfrak{B}\,\mathfrak{D} = q, \quad \mathfrak{C}\,\mathfrak{D} = r; \quad \mathfrak{B}\mathfrak{C} = a, \quad \mathfrak{C}\,\mathfrak{A} = b, \quad \mathfrak{A}\,\mathfrak{B} = c.$$

Nun sind die vier Vektoren $\mathfrak{A}$, $\mathfrak{B}$, $\mathfrak{C}$, $\mathfrak{D}$ linear abhängig, so daß eine Relation

$$\alpha\,\mathfrak{A} + \beta\,\mathfrak{B} + \gamma\mathfrak{C} + \delta\mathfrak{D} = 0$$

mit eigentlichen Koeffizienten statt hat.

Wir multiplizieren die Relation sukzessive mit $\mathfrak{A}$, $\mathfrak{B}$, $\mathfrak{C}$, $\mathfrak{D}$ und bekommen das Homogensystem

$$\begin{cases} \mathfrak{A}\mathfrak{A}\,\alpha + \mathfrak{A}\mathfrak{B}\,\beta + \mathfrak{A}\mathfrak{C}\,\gamma + \mathfrak{A}\mathfrak{D}\,\delta = 0, \\ \mathfrak{B}\mathfrak{A}\,\alpha + \mathfrak{B}\mathfrak{B}\,\beta + \mathfrak{B}\mathfrak{C}\,\gamma + \mathfrak{B}\mathfrak{D}\,\delta = 0, \\ \mathfrak{C}\mathfrak{A}\,\alpha + \mathfrak{C}\mathfrak{B}\,\beta + \mathfrak{C}\mathfrak{C}\,\gamma + \mathfrak{C}\mathfrak{D}\,\delta = 0, \\ \mathfrak{D}\mathfrak{A}\,\alpha + \mathfrak{D}\mathfrak{B}\,\beta + \mathfrak{D}\mathfrak{C}\,\gamma + \mathfrak{D}\mathfrak{D}\,\delta = 0. \end{cases}$$

Es führt wie in den beiden obigen Fällen zu der gesuchten Beziehung:

$$\begin{vmatrix} 1 & c & b & p \\ c & 1 & a & q \\ b & a & 1 & r \\ p & q & r & 1 \end{vmatrix} = 0.$$

§ 47. Abstand windschiefer Geraden.

Aufgabe: Den Abstand von zwei windschiefen Geraden zu bestimmen, deren Gleichungen gegeben sind.

Lösung. Die Gleichungen der beiden Geraden in einem rechtwinkligen Koordinatensystem seien

$$\frac{x-a}{l} = \frac{y-b}{m} = \frac{z-c}{n} \quad \text{und} \quad \frac{x-A}{L} = \frac{y-B}{M} = \frac{z-C}{N},$$

unter (l, m, n) und (L, M, N) die Richtungscosinus der beiden Geraden verstanden. Wir nennen den vom Punkte $a|b|c$ zum Punkte $A|B|C$ führenden Vektor mit den Komponenten

$$\alpha = A - a, \qquad \beta = B - b, \qquad \gamma = C - c$$

$\mathfrak{d}$, die Einheitsvektoren der beiden Geraden $\mathfrak{e}$ und $\mathfrak{E}$, den von ihnen gebildeten Winkel ω, so daß (§ 46)

$$\underline{\cos\omega = Ll + Mm + Nn}$$

ist.

Nun steht der kürzeste Abstand k der beiden Geraden auf beiden Geraden, mithin auch auf $\mathfrak{e}$ und $\mathfrak{E}$ senkrecht und hat deshalb die Richtung des Vektors $\mathfrak{p} = \mathfrak{e} \times \mathfrak{E}$. Da k die Projektion von $\mathfrak{d}$ auf k darstellt, ist es auch die Projektion von $\mathfrak{d}$ auf $\mathfrak{p}$. Die Projektion eines Vektors $\mathfrak{d}$ auf einen Vektor $\mathfrak{p}$ ist aber $\mathfrak{d} \cdot \mathfrak{p} : p$ (wo p die Länge von $\mathfrak{p}$ bedeutet). Folglich ist k gleich $\mathfrak{d} \cdot \mathfrak{p} : p$ oder, da $p = \sin\omega$ ist,

$$k = \mathfrak{d} \cdot \mathfrak{p} : \sin\omega.$$

Nunmehr betrachten wir die Determinante

$$\Delta = \begin{vmatrix} \alpha & \beta & \gamma \\ l & m & n \\ L & M & N \end{vmatrix}.$$

Die Elemente ihrer ersten Zeile sind die Komponenten des Vektors $\mathfrak{d}$, die Adjunkten der ersten Zeile sind die Komponenten des Vektors $\mathfrak{p}$; mithin ist sie selbst (nach dem Entwicklungssatze) das Skalarprodukt der Vektoren $\mathfrak{d}$ und $\mathfrak{p}$:

$$\Delta = \mathfrak{d} \cdot \mathfrak{p}.$$

Der Abstand der beiden windschiefen Geraden ist also $\Delta : \sin\omega$.

§ 48. Der Eckensinus.

Von einem Einheitsspat, d. h. einem Spat (Parallelepiped), dessen Kanten alle die Länge 1 haben, sind die Winkel α, β, γ, die die von einer Spatecke ausgehenden Kanten einschließen, gegeben; gesucht wird der Inhalt I des Spats.

Die Aufgabe ist von Bedeutung, da vielen geometrischen Untersuchungen ein schiefwinkliges Koordinatensystem zugrunde gelegt wird, dessen Achsen die Winkel α, β, γ einschließen, und in solchen Fällen der genannte Einheitsspat zweckmäßig als Raumeinheit dienen kann.

Wir führen die Lösung der Aufgabe auf die Cosinusrelation (§ 39) zurück.

Der Spat habe die Gegeneckenpaare (O, O'), (A, A'), (B, B'), (C, C'), die von der Ecke O auslaufenden Kanten

$$OA = 1, \qquad OB = 1, \qquad OC = 1$$

und die von diesen Kanten eingeschlossenen Winkel

$$\sphericalangle BOC = \alpha, \qquad \sphericalangle COA = \beta, \qquad \sphericalangle AOB = \gamma,$$

deren Cosinus a, b, c sein mögen. Wir wählen das Parallelogramm $OAC'B$ als Grundfläche und fällen auf sie von C das Lot CF, darauf neue Lote FU und FV auf die Kanten OA und OB, so daß auch CU auf OA und CV auf OB senkrecht steht. Die Projektion OF von OC bilde mit den Kanten OA, OB, OC die Winkel φ, ψ, λ, deren Cosinus u, v, l sein mögen.

Aus dem rechtwinkligen Dreieck OCF folgt

$$OF = OC \cos \lambda = l,$$

aus den rechtwinkligen Dreiecken OCU und OCV

$$OU = OC \cos \beta = b, \qquad OV = OC \cos \alpha = a$$

und aus den rechtwinkligen Dreiecken OFU und OFV

$$OU = OF \cos \varphi = lu, \qquad OV = OF \cos \psi = lv,$$

so daß

$$a = lv, \qquad b = lu$$

ist.

Da nun die drei Winkel φ, ψ, $-\gamma$ die Summe Null haben, gilt die Cosinusrelation

$$\begin{vmatrix} 1 & v & u \\ v & 1 & c \\ u & c & 1 \end{vmatrix} = 0.$$

Wir multiplizieren die erste Zeile und erste Spalte der Determinante mit l und bekommen

$$\begin{vmatrix} l^2 & a & b \\ a & 1 & c \\ b & c & 1 \end{vmatrix} = 0.$$

Hier ersetzen wir l^2 durch $1 - h^2$, wo h den Sinus von λ bedeutet und erhalten

$$\begin{vmatrix} 1 - h^2 & a & b \\ a & 1 & c \\ b & c & 1 \end{vmatrix} = 0$$

oder

$$\begin{vmatrix} 1 & a & b \\ a & 1 & c \\ b & c & 1 \end{vmatrix} = h^2 \begin{vmatrix} 1 & c \\ c & 1 \end{vmatrix} = \sin^2\lambda \sin^2\gamma.$$

Nun ist aber die Grundfläche des Spats

$$G = OA \cdot OB \cdot \sin\gamma = \sin\gamma,$$

die zugehörige Höhe

$$FC = OC \sin\lambda = \sin\lambda,$$

folglich der Rauminhalt

$$\underline{I = \sin\gamma \sin\lambda.}$$

Damit ergibt sich die

Fundamentalformel:

$$I^2 = \begin{vmatrix} 1 & a & b \\ a & 1 & c \\ b & c & 1 \end{vmatrix}.$$

In Worten:

Das Inhaltsquadrat eines Einheitsspats ist gleich der Cosinusdeterminante der drei Winkel, die die von einer Spatecke auslaufenden Kanten miteinander bilden.

Die Cosinusdeterminante hat also eine einfache geometrische Bedeutung: ihre Quadratwurzel ist der Inhalt des Einheitsspats.

Zusatz 1. Hat ein Spat die von einer Ecke ausgehenden Kanten p, q, r, und schließen diese die Winkel α, β, γ ein, so ist das Volumen des Spats natürlich das pqr-fache von I.

Das Volumen eines Spats, von dem die drei aus einer Ecke kommenden Kanten p, q, r und deren Zwischenwinkel gegeben sind, ist

$$V = pqr\sqrt{\Delta},$$

wo Δ die Cosinusdeterminante der drei Winkel bedeutet.

Zusatz 2. Um das Volumen eines Tetraeders zu bestimmen, von dem drei aus einer Ecke kommende Kanten p, q, r und deren Zwischenwinkel gegeben sind, ergänzt man das Tetraeder in bekannter Weise zu einem Spat von sechsfachem Inhalt. Folglich:

Das Volumen eines Tetraeders, von dem die drei aus einer Ecke kommenden Kanten p, q, r und deren Zwischenwinkel gegeben sind, ist

$$V = \frac{1}{6} pqr\sqrt{\Delta},$$

wo Δ die Cosinusdeterminante der drei Zwischenwinkel bedeutet.

Zusatz 3. Vergleicht man die beiden Schlußformeln mit den bekannten Inhaltsformeln

$$J = pq \sin\gamma \qquad \text{und} \qquad J = \frac{1}{2} pq \sin\gamma$$

für das Parallelogramm bzw. Dreieck mit den Seiten p und q und dem Zwischenwinkel γ, so erkennen wir, daß $\sqrt{\Delta}$ bei Spat und Tetraeder eine ähnliche Rolle spielt wie der Sinus des Zwischenwinkels γ bei Parallelogramm und Dreieck.

Der deutsche Mathematiker v. Staudt nannte deshalb die Quadratwurzel aus der Cosinusdeterminante der obigen drei Winkel α, β, γ den Sinus der Ecke, aus der die Kanten p, q, r hervorkommen.

§ 49. Der Tetraederinhalt.

Aufgabe I. Den Inhalt eines Tetraeders zu ermitteln, wenn die Koordinaten der vier Eckpunkte des Tetraeders gegeben sind.

Wir lösen zunächst die

Voraufgabe: Das Volumen V eines Tetraeders zu bestimmen, von dem eine Ecke im Koordinatenursprung O liegt, dessen andere drei Ecken A, B, C die Koordinaten

$$(x_1, y_1, z_1), \quad (x_2, y_2, z_2), \quad (x_3, y_3, z_3)$$

haben.

Erste Lösung. Das Koordinatensystem sei zunächst rechtwinklig. Wir achten auf die Gleichung der Ebene ABC. Sie lautet

$$\begin{vmatrix} x & y & z & 1 \\ x_1 & y_1 & z_1 & 1 \\ x_2 & y_2 & z_2 & 1 \\ x_3 & y_3 & z_3 & 1 \end{vmatrix} = 0.$$

In der Tat: Da diese Gleichung in den Koordinaten x, y, z linear ist, bedeutet sie eine Ebene E, und da ihre linke Seite an den Stellen (x_1, y_1, z_1), (x_2, y_2, z_2), (x_3, y_3, z_3) verschwindet (§ 5, Nullsatz 1), so liegen die Punkte A, B, C in E.

Entwickeln wir die Determinante nach der ersten Zeile, so entsteht die Gleichung

$$(1) \qquad Lx + My + Nz = \Delta,$$

in der

$$L = \begin{vmatrix} y_1 & z_1 & 1 \\ y_2 & z_2 & 1 \\ y_3 & z_3 & 1 \end{vmatrix}, \qquad M = \begin{vmatrix} z_1 & x_1 & 1 \\ z_2 & x_2 & 1 \\ z_3 & x_3 & 1 \end{vmatrix}, \qquad N = \begin{vmatrix} x_1 & y_1 & 1 \\ x_2 & y_2 & 1 \\ x_3 & y_3 & 1 \end{vmatrix}$$

und

$$\Delta = \begin{vmatrix} x_1 & y_1 & z_1 \\ x_2 & y_2 & z_2 \\ x_3 & y_3 & z_3 \end{vmatrix}$$

ist.

Die drei Determinanten L, M, N haben eine einfache geometrische Bedeutung: sie sind die doppelten Inhalte der Projektionen des Dreiecks ABC auf die yz-Ebene, zx-Ebene, xy-Ebene (§ 38). Die Bedeutung von Δ wird sich sogleich ergeben.

Wir schreiben die Gleichung der Ebene E noch in der Hesse-Form:

$$l\,x + m\,y + n\,z = p.$$

Hier sind l, m, n die Cosinus der Winkel, die das von O auf E gefällte Lot p mit den Koordinatenachsen bildet. Um sie in (1) überzuführen, multiplizieren wir sie mit dem doppelten Inhalt $2F$ des Dreiecks ABC, insofern ja die Projektionen dieses Dreiecks auf die drei Koordinatenebenen die Inhalte lF, mF, nF haben. [Die Projektion einer ebenen Fläche auf eine Ebene wird gefunden, indem man die Fläche mit dem Cosinus ihrer Neigung gegen die Ebene multipliziert. Hier sind die Neigungen der Fläche ABC gegen die Koordinatenebenen dieselben wie die Neigungen des Lots p gegen die Koordinatenachsen.] Sie nimmt dann die Form

$$(2) \qquad 2\,l\,F\,x + 2\,m\,F\,y + 2\,n\,F\,z = 2\,F\,p$$

an. Da (2) mit (1) identisch ist, so wird

$$2\,F\,p = \Delta.$$

Nun stellt aber $F\,p$ das dreifache Volumen des Tetraeders dar, da p die zur Grundfläche ABC gehörige Höhe ist. Mithin wird

$$6\,V = \Delta$$

oder

$$V = \frac{1}{6}\begin{vmatrix} x_1 & y_1 & z_1 \\ x_2 & y_2 & z_2 \\ x_3 & y_3 & z_3 \end{vmatrix}.$$

Zweite Lösung. Wir betrachten die drei Vektoren

$$\overrightarrow{OA} = \mathfrak{A}, \qquad \overrightarrow{OB} = \mathfrak{B}, \qquad \overrightarrow{OC} = \mathfrak{C}.$$

Das Vektorprodukt $\mathfrak{P} = \mathfrak{A} \times \mathfrak{B}$ ist ein Vektor, der auf der Ebene OAB senkrecht steht und eine Länge P hat, die numerisch mit dem doppelten Inhalt $2G$ des Dreiecks OAB übereinstimmt: $P = 2G$.

Das Skalarprodukt $\mathfrak{P} \cdot \mathfrak{C}$ ist gleich $\mathfrak{P} \cdot \mathfrak{C}'$, wo $\mathfrak{C}'$ die zu $\mathfrak{P}$ parallele Komponente von $\mathfrak{C}$ m. a. W. die zur Grundfläche OAB des Tetraeders gehörige Höhe bedeutet. Nennen wir die Länge dieser Höhe h, so ist $\mathfrak{P} \cdot \mathfrak{C}' = Ph$, wenn wir $\mathfrak{A}$ und $\mathfrak{B}$ so wählen, daß $\mathfrak{P}$ nach der Seite der Fläche OAB gerichtet ist, nach der auch $\mathfrak{C}$ gerichtet ist. Da aber $Ph = 2\,Gh$ das sechsfache Tetraedervolumen darstellt, so erhalten wir die

Fundamentalformel:

$$\underline{6\,V = \mathfrak{A} \times \mathfrak{B} \cdot \mathfrak{C}.}$$

Das sechsfache Volumen eines Tetraeders ist das Mischprodukt der drei von einer Ecke ausgehenden Kantenvektoren.

Nun haben die drei Vektoren $\mathfrak{A}$, $\mathfrak{B}$, $\mathfrak{C}$ in unserem Koordinatensystem bzw. die Komponenten

$$(x_1, y_1, z_1), \qquad (x_2, y_2, z_2), \qquad (x_3, y_3, z_3).$$

Das Vektorprodukt $\mathfrak{P} = \mathfrak{A} \times \mathfrak{B}$ hat also die Komponenten

$$\xi = y_1 z_2 - y_2 z_1, \qquad \eta = z_1 x_2 - z_2 x_1, \qquad \zeta = x_1 y_2 - x_2 y_1$$

und das Skalarprodukt $\mathfrak{P} \cdot \mathfrak{C}$ den Wert

$$\mathfrak{A} \times \mathfrak{B} \cdot \mathfrak{C} = \xi x_3 + \eta y_3 + \zeta z_3.$$

Da aber die rechte Seite der letzten Gleichung (nach dem Entwicklungssatze) die Determinante Δ ist, so entsteht die Formel

$$V = \frac{1}{6} \begin{vmatrix} x_1 & y_1 & z_1 \\ x_2 & y_2 & z_2 \\ x_3 & y_3 & z_3 \end{vmatrix}.$$

Nach Erledigung der Voraufgabe ist die Lösung der eigentlichen Aufgabe einfach.

Die Koordinaten der vier Tetraederecken seien

$$(x_1, y_1, z_1), \qquad (x_2, y_2, z_2), \qquad (x_3, y_3, z_3), \qquad (x_4, y_4, z_4),$$

das gesuchte Volumen sei V.

Wir denken uns ein neues Koordinatensystem, dessen Ursprung in der vierten Ecke liegt, dessen Achsen den alten Achsen parallel laufen. In diesem System haben die drei ersten Ecken die Koordinaten

$$(x_1 - x_4,\ y_1 - y_4,\ z_1 - z_4),\ (x_2 - x_4,\ y_2 - y_4,\ z_2 - z_4),\ (x_3 - x_4,\ y_3 - y_4,\ z_3 - z_4).$$

Nach der in der Voraufgabe entwickelten Formel ist also das Sechsfache des gesuchten Volumens

$$6\,V = \begin{vmatrix} x_1 - x_4 & y_1 - y_4 & z_1 - z_4 \\ x_2 - x_4 & y_2 - y_4 & z_2 - z_4 \\ x_3 - x_4 & y_3 - y_4 & z_3 - z_4 \end{vmatrix}.$$

Wir säumen diese Determinante unten mit $x_4, y_4, z_4, 1$, rechts mit $0, 0, 0, 1$ und bekommen

$$6\,V = \begin{vmatrix} x_1 - x_4 & y_1 - y_4 & z_1 - z_4 & 0 \\ x_2 - x_4 & y_2 - y_4 & z_2 - z_4 & 0 \\ x_3 - x_4 & y_3 - y_4 & z_3 - z_4 & 0 \\ x_4 & y_4 & z_4 & 1 \end{vmatrix}.$$

Hier addieren wir die vierte Zeile zur ersten, zweiten und dritten und erhalten

$$V = \frac{1}{6} \begin{vmatrix} x_1 & y_1 & z_1 & 1 \\ x_2 & y_2 & z_2 & 1 \\ x_3 & y_3 & z_3 & 1 \\ x_4 & y_4 & z_4 & 1 \end{vmatrix},$$

womit unsere Aufgabe gelöst ist.

Zusatz. Ist das Koordinatensystem schiefwinklig, so muß das Ergebnis noch mit dem Sinus I der von den Koordinatenachsen gebildeten Ecke multipliziert werden (§ 48). Dieser Sinus ist die Quadratwurzel aus der Cosinusdeterminante

$$\varDelta = \begin{vmatrix} 1 & a & b \\ a & 1 & c \\ b & c & 1 \end{vmatrix},$$

in der a, b, c die Cosinus der drei Winkel bedeuten, die die Koordinatenachsen miteinander bilden. Die Formel für das Tetraedervolum V lautet dann also

$$V = \frac{1}{6} I \cdot \begin{vmatrix} x_1 & y_1 & z_1 & 1 \\ x_2 & y_2 & z_2 & 1 \\ x_3 & x_3 & z_3 & 1 \\ x_4 & y_4 & z_4 & 1 \end{vmatrix},$$

ausführlich geschrieben:

$$V = \frac{1}{6} \sqrt{\begin{vmatrix} 1 & a & b \\ a & 1 & c \\ b & c & 1 \end{vmatrix}} \begin{vmatrix} x_1 & y_1 & z_1 & 1 \\ x_2 & y_2 & z_2 & 1 \\ x_3 & y_3 & z_3 & 1 \\ x_4 & y_4 & z_4 & 1 \end{vmatrix}.$$

Aufgabe II. Den Inhalt eines Tetraeders zu ermitteln, dessen sechs Kanten gegeben sind.

Lösung. Das Tetraeder $OABC$ habe die sechs Kanten

$$OA = p, \quad OB = q, \quad OC = r, \quad BC = a, \quad CA = b, \quad AB = c.$$

Neben ihnen betrachten wir die Vektoren

$$\overrightarrow{OA} = \mathfrak{p}, \quad \overrightarrow{OB} = \mathfrak{q}, \quad \overrightarrow{OC} = \mathfrak{r}, \quad \overrightarrow{BC} = \mathfrak{a}, \quad \overrightarrow{CA} = \mathfrak{b}, \quad \overrightarrow{AB} = \mathfrak{c},$$

die Projektion $\overrightarrow{OC'} = \mathfrak{r}'$ von OC auf die Ebene OAB und den Höhenvektor $\overrightarrow{C'C} = \mathfrak{h}$, dessen Länge h die Tetraederhöhe darstellt, wenn die Fläche G des Dreiecks OAB als Grundfläche gewählt wird.

Die folgende Lösung der Aufgabe beruht auf der einfachen Tatsache, daß drei komplanare Vektoren linear abhängig sind. Ihr zufolge besteht zwischen den drei komplanaren Vektoren

$$\overrightarrow{OA} = \mathfrak{p}, \qquad \overrightarrow{OB} = \mathfrak{q}, \qquad \overrightarrow{OC'} = \mathfrak{r}'$$

eine homogene lineare Relation:

$$\alpha\,\mathfrak{p} + \beta\,\mathfrak{q} + \gamma\,\mathfrak{r}' = 0.$$

Wir multiplizieren diese sukzessive skalar mit $\mathfrak{p}$, $\mathfrak{q}$, $\mathfrak{r}$ und erhalten das Homogensystem

$$\begin{cases} \mathfrak{p}\mathfrak{p}\,\alpha + \mathfrak{p}\mathfrak{q}\,\beta + \mathfrak{p}\mathfrak{r}'\,\gamma = 0, \\ \mathfrak{q}\mathfrak{p}\,\alpha + \mathfrak{q}\mathfrak{q}\,\beta + \mathfrak{q}\mathfrak{r}'\,\gamma = 0, \\ \mathfrak{r}\mathfrak{p}\,\alpha + \mathfrak{r}\mathfrak{q}\,\beta + \mathfrak{r}\mathfrak{r}'\,\gamma = 0. \end{cases}$$

Nach dem Satze von Bézout verschwindet die Systemdeterminante:

$$\begin{vmatrix} \mathfrak{p}\mathfrak{p} & \mathfrak{p}\mathfrak{q} & \mathfrak{p}\mathfrak{r}' \\ \mathfrak{q}\mathfrak{p} & \mathfrak{q}\mathfrak{q} & \mathfrak{q}\mathfrak{r}' \\ \mathfrak{r}\mathfrak{p} & \mathfrak{r}\mathfrak{q} & \mathfrak{r}\mathfrak{r}' \end{vmatrix} = 0.$$

Ersetzen wir in der letzten Spalte $\mathfrak{r}'$ durch $\mathfrak{r} - \mathfrak{h}$, so wird

$$\mathfrak{p}\mathfrak{r}' = \mathfrak{p}\mathfrak{r} - \mathfrak{p}\mathfrak{h}, \qquad \mathfrak{q}\mathfrak{r}' = \mathfrak{q}\mathfrak{r} - \mathfrak{q}\mathfrak{h}, \qquad \mathfrak{r}\mathfrak{r}' = \mathfrak{r}\mathfrak{r} - \mathfrak{r}\mathfrak{h}.$$

Da aber der Vektor $\mathfrak{h}$ auf den Vektoren $\mathfrak{p}$ und $\mathfrak{q}$ senkrecht steht, verschwinden die Produkte $\mathfrak{p}\mathfrak{h}$ und $\mathfrak{q}\mathfrak{h}$; und da $\mathfrak{h}$ die Projektion von $\mathfrak{r}$ auf CC' ist, so hat $\mathfrak{r}\mathfrak{h}$ den Wert $rh \cdot h : r = h^2$. Wir bekommen also

$$\begin{vmatrix} \mathfrak{p}\mathfrak{p} & \mathfrak{p}\mathfrak{q} & \mathfrak{p}\mathfrak{r} \\ \mathfrak{q}\mathfrak{p} & \mathfrak{q}\mathfrak{q} & \mathfrak{q}\mathfrak{r} \\ \mathfrak{r}\mathfrak{p} & \mathfrak{r}\mathfrak{q} & \mathfrak{r}\mathfrak{r} - h^2 \end{vmatrix} = 0$$

oder

$$\begin{vmatrix} \mathfrak{p}\mathfrak{p} & \mathfrak{p}\mathfrak{q} & \mathfrak{p}\mathfrak{r} \\ \mathfrak{q}\mathfrak{p} & \mathfrak{q}\mathfrak{q} & \mathfrak{q}\mathfrak{r} \\ \mathfrak{r}\mathfrak{p} & \mathfrak{r}\mathfrak{q} & \mathfrak{r}\mathfrak{r} \end{vmatrix} = h^2 \begin{vmatrix} \mathfrak{p}\mathfrak{p} & \mathfrak{p}\mathfrak{q} \\ \mathfrak{q}\mathfrak{p} & \mathfrak{q}\mathfrak{q} \end{vmatrix}.$$

Die hier rechts stehende Determinante ist aber (nach § 38) das vierfache Inhaltsquadrat $4\,G^2$ des Dreiecks OAB, die rechte Seite demnach das 36fache Volumenquadrat des Tetraeders. Mithin ist

$$36\,V^2 = \begin{vmatrix} \mathfrak{p}\mathfrak{p} & \mathfrak{p}\mathfrak{q} & \mathfrak{p}\mathfrak{r} \\ \mathfrak{q}\mathfrak{p} & \mathfrak{q}\mathfrak{q} & \mathfrak{q}\mathfrak{r} \\ \mathfrak{r}\mathfrak{p} & \mathfrak{r}\mathfrak{q} & \mathfrak{r}\mathfrak{r} \end{vmatrix}.$$

Mit dieser fundamentalen Formel ist die gestellte Aufgabe gelöst, da die in ihr auftretenden skalaren Vektorprodukte bekannte rationale Funktionen der Kanten sind. Z. B. ist

$$\mathfrak{p}\,\mathfrak{p} = p^2, \qquad \mathfrak{p}\,\mathfrak{q} = (p^2 + q^2 - c^2) : 2.$$

Zahlenbeispiel. $p = 6$, $q = 7$, $r = 8$, $a = 9$, $b = 10$, $c = 11$.
Hier ist

$$\begin{array}{lll} \mathfrak{p}\,\mathfrak{p} = 36, & \mathfrak{p}\,\mathfrak{q} = \dfrac{p^2 + q^2 - c^2}{2} = -18, & \mathfrak{p}\,\mathfrak{r} = \dfrac{r^2 + p^2 - b^2}{2} = 0, \\ \mathfrak{q}\,\mathfrak{p} = -18, & \mathfrak{q}\,\mathfrak{q} = 49, & \mathfrak{q}\,\mathfrak{r} = \dfrac{q^2 + r^2 - a^2}{2} = 16, \\ \mathfrak{r}\,\mathfrak{p} = 0, & \mathfrak{r}\,\mathfrak{q} = 16, & \mathfrak{r}\,\mathfrak{r} = 64 \end{array}$$

und

$$36\,V^2 = \begin{vmatrix} 36 & -18 & 0 \\ -18 & 49 & 16 \\ 0 & 16 & 64 \end{vmatrix} = 18 \cdot 16 \cdot 2 \cdot 4 \cdot \begin{vmatrix} 1 & -9 & 0 \\ -1 & 49 & 1 \\ 0 & 4 & 1 \end{vmatrix} = 9 \cdot 16 \cdot 16 \cdot 36$$

oder

$$V = 48.$$

Aufgabe III: Den Inhalt eines Tetraeders zu ermitteln, dessen Begrenzungsebenen durch ihre Gleichungen gegeben sind.

Die Lösung dieser Aufgabe ist derjenigen der entsprechenden Aufgabe beim Dreieck (§ 38) ganz analog. Der Leser wird sie leicht durchführen. Wir geben deshalb nur das Ergebnis an.

Das Volumen des von den vier Ebenen

$$\begin{aligned} a_1 x + b_1 y + c_1 z + d_1 &= 0, \\ a_2 x + b_2 y + c_2 z + d_2 &= 0, \\ a_3 x + b_3 y + c_3 z + d_3 &= 0, \\ a_4 x + b_4 y + c_4 z + d_4 &= 0 \end{aligned}$$

begrenzten Tetraeders ist

$$V = \frac{1}{6}\,\Delta^3 : P,$$

wo

$$\Delta = \begin{vmatrix} a_1 & b_1 & c_1 & d_1 \\ a_2 & b_2 & c_2 & d_2 \\ a_3 & b_3 & c_3 & d_3 \\ a_4 & b_4 & c_4 & d_4 \end{vmatrix}$$

ist und P das Produkt der vier Adjunkten der Schlußspalte der Determinante Δ bedeutet. (Joachimsthal, Crelles Journal, Bd. XL.)

§ 50. Der Cosinussatz des Tetraeders.

Die vier Seiten (Seitenflächen) eines Tetraeders seien A, B, C, D. Jedes Seitenpaar bestimmt einen Winkel: den Winkel, den die beiden Seiten des Paares miteinander bilden. Die Cosinus der Winkel der Seitenpaare (B, C), (C, A) und (A, B) seien α, β und γ, die der Seitenpaare (A, D), (B, D) und (C, D) λ, μ, ν.

Wir gehen aus von folgendem einleuchtenden Satze:

Die Summe der Projektionen von drei an eine Ecke grenzenden Seiten auf die vierte Seite ist gleich der vierten Seite.

Dabei sind Projektionen, die ganz außerhalb der vierten Seite liegen, negativ in Rechnung zu stellen.

Mit diesem Sachverhalt verknüpfen wir den bekannten Projektionssatz:

Die Projektion einer ebenen Fläche auf eine Ebene ist das Produkt aus der Fläche und dem Cosinus ihrer Neigung gegen die Ebene.

Dann entsteht z. B., wenn wir A, B und C auf D projizieren, die Beziehung

$$D = A\lambda + B\mu + C\nu.$$

Ebenso erhalten wir die drei anderen Gleichungen

$$A = B\gamma + C\beta + D\lambda, \qquad B = C\alpha + A\gamma + D\mu, \qquad C = A\beta + B\alpha + D\nu.$$

Wir schreiben diese Formeln folgendermaßen

$$\begin{cases} (B\gamma + C\beta - A)\cdot\varkappa + D\cdot\lambda + 0\cdot\mu + 0\cdot\nu = 0, \\ (C\alpha + A\gamma - B)\cdot\varkappa + 0\cdot\lambda + D\cdot\mu + 0\cdot\nu = 0, \\ (A\beta + B\alpha - C)\cdot\varkappa + 0\cdot\lambda + 0\cdot\mu + D\cdot\nu = 0, \\ \qquad -D\cdot\varkappa + A\cdot\lambda + B\cdot\mu + C\cdot\nu = 0, \end{cases}$$

wobei $\varkappa = 1$ sein soll.

Faßt man dieses Gleichungssystem als ein System homogener linearer Gleichungen für die vier »Unbekannten« $\varkappa$, λ, μ, ν auf, so erkennt man, daß die Systemdeterminante nach dem Satze von Bézout verschwinden muß. Demgemäß ist

$$\begin{vmatrix} B\gamma + C\beta - A & D & 0 & 0 \\ C\alpha + A\gamma - B & 0 & D & 0 \\ A\beta + B\alpha - C & 0 & 0 & D \\ -D & A & B & C \end{vmatrix} = 0.$$

Die Ausrechnung der Determinante erfolgt am bequemsten nach Laplaces Satz. Die erhaltene Gleichung schreibt sich dann

$$(B\gamma + C\beta - A)\,D\cdot AD + (C\alpha + A\gamma - B)\,D\cdot BD + D^2\cdot[(A\beta + B\alpha - C)C + D^2] = 0,$$

und diese liefert für D^2 den Wert

$$\underline{D^2 = A^2 + B^2 + C^2 - 2\,BC\,\alpha - 2\,CA\,\beta - 2\,AB\,\gamma.}$$

Diese merkwürdige Formel ist der Cosinussatz des Tetraeders. Sie heißt in Worten:

Das Quadrat einer Tetraederseite ist gleich der Summe der Quadrate der andern Seiten vermindert um die Summe der doppelten Produkte aus je zwei dieser Seiten und dem Cosinus ihres Zwischenwinkels.

Die Ähnlichkeit dieses Satzes mit dem Cosinussatz des Dreiecks fällt in die Augen.

§ 51. Fläche zweiten Grades als Ebenenpaar.

Aufgabe: Unter welcher Bedingung stellt die Fläche zweiten Grades

$$a_{11}x^2 + a_{22}y^2 + a_{33}z^2 + 2\,a_{23}\,yz + 2\,a_{31}\,zx + 2\,a_{12}\,xy + 2\,a_{14}\,x + 2\,a_{24}\,y + 2\,a_{34}\,z + a_{44} = 0$$

ein Ebenenpaar dar?

Lösung. Wir bezeichnen die linke Seite der Flächengleichung mit f. Hinsichtlich der Bezeichnung der in f vorkommenden Koeffizienten gilt die Festsetzung

$$a_{rs} = a_{sr},$$

so daß unter Umständen z. B. statt a_{23} auch a_{32} geschrieben wird.

Wenn die Fläche $f = 0$ ein Ebenenpaar darstellt, muß sich f in das Produkt von zwei Linearfaktoren

$$l = ax + by + cz + d, \qquad \lambda = \alpha x + \beta y + \gamma z + \delta$$

zerlegen lassen:

$$f = l\,\lambda.$$

Die beidenen Ebenen, aus denen die Fläche besteht, haben dann die Gleichungen

$$l = 0 \qquad \text{und} \qquad \lambda = 0$$

Ersetzen wir in der Identität $f = l\lambda$ f, l und λ durch ihre Werte, und vergleichen wir dann die Koeffizienten der linken Seite mit den entsprechenden des ausmultiplizierten Produkts $l\lambda$, so erhalten wir folgende Matrizengleichung:

$$\begin{pmatrix} 2a_{11} & 2a_{12} & 2a_{13} & 2a_{14} \\ 2a_{21} & 2a_{22} & 2a_{23} & 2a_{24} \\ 2a_{31} & 2a_{32} & 2a_{33} & 2a_{34} \\ 2a_{41} & 2a_{42} & 2a_{43} & 2a_{44} \end{pmatrix} = \begin{pmatrix} 2a\alpha & a\beta + \alpha b & a\gamma + \alpha c & a\delta + \alpha d \\ a\beta + \alpha b & 2b\beta & b\gamma + \beta c & b\delta + \beta d \\ a\gamma + \alpha c & b\gamma + \beta c & 2c\gamma & c\delta + \gamma d \\ a\delta + \alpha d & b\delta + \beta d & c\delta + \gamma d & 2d\delta \end{pmatrix}.$$

Nun hat die rechts stehende Matrix höchstens den Rang 2. Um das zu zeigen, greifen wir irgendeinen dreireihigen Minor der Matrix heraus, etwa den durch Streichung der zweiten Zeile und dritten Spalte entstehenden:

$$\begin{vmatrix} a\alpha + \alpha a & a\beta + \alpha b & a\delta + \alpha d \\ c\alpha + \gamma a & c\beta + \gamma b & c\delta + \gamma d \\ d\alpha + \delta a & d\beta + \delta b & d\delta + \delta d \end{vmatrix}.$$

Er ist das Kurzprodukt der beiden Matrizen

$$\begin{pmatrix} a & \alpha \\ c & \gamma \\ d & \delta \end{pmatrix} \quad \text{und} \quad \begin{pmatrix} \alpha & a \\ \beta & b \\ \delta & d \end{pmatrix}$$

und als solches gleich Null. Auf demselben Wege erweisen sich die andern dreireihigen Minoren als Nulldeterminanten.

Die Matrix

$$\mathfrak{a} = \begin{pmatrix} a_{11} & a_{12} & a_{13} & a_{14} \\ a_{21} & a_{22} & a_{23} & a_{24} \\ a_{31} & a_{32} & a_{33} & a_{34} \\ a_{41} & a_{42} & a_{43} & a_{44} \end{pmatrix}$$

kann also höchstens den Rang $\chi = 2$ haben.

Wir zeigen jetzt umgekehrt, daß sich stets 8 die obige Matrizengleichung befriedigende Konstanten a, b, c, d, α, β, γ, δ angeben lassen, wenn der Rang von $\mathfrak{a}$ höchstens 2 ist.

Wir wählen (etwa $a_{11} \neq 0$ voraussetzend) a und α so, daß ihr Produkt den Wert a_{11} hat. Es handelt sich dann nur noch um die Bestimmung der 6 Konstanten b, c, d, β, γ, δ.

Der Rang χ von $\mathfrak{a}$ sei zunächst gleich 2.

Es ist dann mindestens ein zweireihiger Minor der Matrix $\mathfrak{a}$ von Null verschieden; und da $\mathfrak{a}$ symmetrisch ist, muß sogar ein zweireihiger Hauptminor von Null verschieden sein. (Nach dem Hauptminorensatze von § 19 können nicht alle zweireihigen Hauptminoren zugleich verschwinden.)

Wir nehmen etwa den Minor

$$M = \begin{vmatrix} a_{11} & a_{12} \\ a_{21} & a_{22} \end{vmatrix}$$

als von Null verschieden an.

Wir bestimmen jetzt b und β aus den Gleichungen

$$a\beta + \alpha b = 2\,a_{12} \qquad \text{und} \qquad b\beta = a_{22}.$$

Es ist

$$(a\beta - b\alpha)^2 = (a\beta + b\alpha)^2 - 4\,a\alpha\,b\beta = 4\,(a_{12}^2 - a_{11}\,a_{22}) = -\,4\,M.$$

Aus

$$a\beta + \alpha b = 2\,a_{12} \qquad \text{und} \qquad a\beta - \alpha b = \sqrt{-4\,M}$$

ergeben sich b und β sofort. Zugleich sehen wir, daß auch die Determinante

$$\begin{vmatrix} a & \alpha \\ b & \beta \end{vmatrix}$$

von Null verschieden ist.

Zur Bestimmung von c und γ sowie von d und δ dienen die Gleichungspaare

$$\begin{cases} a\gamma + \alpha c = 2\,a_{13} \\ b\gamma + \beta c = 2\,a_{23} \end{cases} \qquad \text{und} \qquad \begin{cases} a\delta + \alpha d = 2\,a_{14} \\ b\delta + \beta d = 2\,a_{24}, \end{cases}$$

die nach Cramers Regel lösbar sind.

Bleibt nur noch übrig, zu zeigen, daß die vier gefundenen Größen c, γ, d, δ die drei Bedingungen

$$2\,c\gamma = 2\,a_{33}, \qquad c\delta + \gamma d = 2\,a_{34}, \qquad 2\,d\delta = 2\,a_{44}$$

erfüllen.

Nun stimmen aber die verschwindenden Determinanten

$$\begin{vmatrix} 2\,a_{11} & 2\,a_{12} & 2\,a_{13} \\ 2\,a_{21} & 2\,a_{22} & 2\,a_{23} \\ 2\,a_{31} & 2\,a_{32} & 2\,a_{33} \end{vmatrix} \qquad \text{und} \qquad \begin{vmatrix} a\alpha + \alpha a & a\beta + \alpha b & a\gamma + \alpha c \\ b\alpha + \beta a & b\beta + \beta b & b\gamma + \beta c \\ c\alpha + \gamma a & c\beta + \gamma b & c\gamma + \gamma c \end{vmatrix}$$

in allen Elementen bis vielleicht auf das Schlußelement überein. Da nun die Adjunkten der beiden Schlußelemente erstens gleich, zweitens von Null verschieden sind, stimmen auch die Schlußelemente überein, ist somit $c\gamma = a_{33}$. Der Nachweis für die andern beiden Gleichungen verläuft ähnlich.

Damit haben wir gezeigt, daß im Falle $\chi = 2$ f das Produkt der beiden Linearfaktoren

$$l = ax + by + cz + d \qquad \text{und} \qquad \lambda = \alpha x + \beta y + \gamma z + \delta$$

ist, die Fläche $f = 0$ demnach das Paar der beiden Ebenen $l = 0$ und $\lambda = 0$ darstellt.

Diese Ebenen können übrigens nicht zusammenfallen, da sonst

$$a : b : c : d = \alpha : \beta : \gamma : \delta$$

wäre und daraufhin, wie man leicht bestätigt, jeder zweireihige Hauptminor von $\mathfrak{a}$ verschwinden müßte, was, wie oben bemerkt wurde, nicht sein kann.

Parallel allerdings können die Ebenen sein. Sie sind es, wenn

$$a : b : c = \alpha : \beta : \gamma$$

ist, d. h. wenn alle zweireihigen Hauptminoren von $\mathfrak{a}$ verschwinden, an denen a_{44} nicht beteiligt ist.

Der Rang χ von $\mathfrak{a}$ sei nunmehr gleich 1. In diesem Falle sind die Elemente irgendeiner Zeile von $\mathfrak{a}$, den Elementen einer beliebigen anderen Zeile proportional. Setzen wir also

$$a_{11} = AA, \quad a_{12} = AB, \quad a_{13} = AC, \quad a_{14} = AD,$$

so wird

$$\begin{array}{llll} a_{21} = BA, & a_{22} = BB, & a_{23} = BC, & a_{24} = BD, \\ a_{31} = CA, & a_{32} = CB, & a_{33} = CC, & a_{34} = CD, \\ a_{41} = DA, & a_{42} = DB, & a_{43} = DC, & a_{44} = DD, \end{array}$$

und es ergibt sich

$$f = (Ax + By + Cz + D)^2.$$

Die Fläche $f = 0$ stellt ein Paar zusammenfallender Ebenen dar.

Ergebnis.

Die Fläche zweiten Grades

$$a_{11}x^2 + \alpha_{22}y^2 + a_{33}z^2 + 2a_{23}yz + 2a_{31}zx + 2a_{12}xy + 2a_{14}x + 2a_{24}y + 2a_{34}z + a_{44} = 0$$

stellt ein Ebenenpaar dar, wenn die Matrix

$$\begin{pmatrix} a_{11} & a_{12} & a_{13} & a_{14} \\ a_{21} & a_{22} & a_{23} & a_{24} \\ a_{31} & a_{32} & a_{33} & a_{34} \\ a_{41} & a_{42} & a_{43} & a_{44} \end{pmatrix}$$

höchstens den Rang 2 hat.

Das Paar besteht aus zwei verschiedenen oder zwei zusammenfallenden Ebenen, je nachdem der Rang 2 oder 1 ist.

Die verschiedenen Ebenen laufen parallel, wenn alle zweireihigen Hauptminoren der Matrix, in denen a_{44} nicht vorkommt, verschwinden.

Zusatz. Bei verschwindendem a_{11} mache man die Voraussetzung $a_{22} \neq 0$ oder $a_{33} \neq 0$ oder $a_{44} \neq 0$. Sollten alle vier Hauptelemente verschwinden, so wird der Vergleich zwischen den obigen $4 \cdot 4$-Matrizen noch einfacher. Das Endergebnis bleibt in allen diesen Fällen das angegebene.

§ 52. Zylinder zweiten Grades.

Aufgabe: Die Bedingung anzugeben, unter der die Fläche zweiten Grades

$$a_{11}x^2 + a_{22}y^2 + a_{33}z^2 + 2a_{23}yz + 2a_{31}zx + 2a_{12}xy + 2a_{14}x + 2a_{24}y + 2a_{34}z + a_{44} = 0$$

einen Zylinder darstellt.

Lösung. Wir bezeichnen die linke Seite der Flächengleichung mit $f(x, y, z)$. Für die in f vorkommenden Koeffizienten gilt wie im § 51 die Festsetzung

$$a_{rs} = a_{sr}.$$

Ein Zylinder wird bekanntlich erzeugt, wenn eine Gerade sich so bewegt, daß sie dauernd dieselbe Richtung beibehält.

Die unveränderliche Richtung der Erzeugenden legen wir zweckmäßig durch ihre Richtungscosinus λ, μ, ν fest. Sind dann x, y, z die Koordinaten eines Punktes der Erzeugenden, so hat diese die Gleichung

$$\xi = x + \lambda \varrho, \qquad \eta = y + \mu \varrho, \qquad \zeta = z + \nu \varrho,$$

wo ξ, η, ζ die laufenden Koordinaten und ϱ den Abstand des beweglichen Punktes $\xi \,|\eta|\, \zeta$ vom festen Punkte $x \,|y|\, z$ bedeuten. Wenn jeder derartige Punkt $\xi \,|\eta|\, \zeta$ (natürlich auch $x \,|y|\, z$) der Fläche $f = 0$ angehören soll, so müssen die drei notierten Werte die Flächengleichung befriedigen, muß

$$f(\xi, \eta, \zeta) = 0$$

sein.

Die Substitution von ξ, η, ζ in die Flächengleichung ergibt

$$f(\xi, \eta, \zeta) = f(x, y, z) + 2(\lambda u + \mu v + \nu w) \cdot \varrho + \varphi(\lambda, \mu, \nu) \cdot \varrho^2 = 0,$$

wo u, v, w die drei Linearfunktionen

$$\begin{aligned} u &= a_{11} x + a_{12} y + a_{13} z + a_{14}, \\ v &= a_{21} x + a_{22} y + a_{23} z + a_{24}, \\ w &= a_{31} x + a_{32} y + a_{33} z + a_{34} \end{aligned}$$

sind, und wo $\varphi(x, y, z)$ den quadratischen Anteil

$$\varphi(x, y, z) = a_{11} x^2 + a_{22} y^2 + a_{33} z^2 + 2 a_{23} yz + 2 a_{31} zx + 2 a_{12} xy$$

von $f(x, y, z)$ bedeutet.

Da die gefundene quadratische Gleichung für ϱ durch jeden Wert von ϱ befriedigt sein muß, so müssen folgende drei Bedingungen erfüllt sein:

(1) $$f(x, y, z) = 0,$$

(2) $$\lambda u + \mu v + \nu w = 0,$$

(3) $$\varphi(\lambda, \mu, \nu) = 0.$$

(1) sagt aus, daß der Punkt $x \,|y|\, z$ der Fläche angehört, was ja selbstverständlich ist. (2) schreiben wir

(2′) $$A x + B y + C z + D = 0$$

mit

$$\begin{cases} A = a_{11} \lambda + a_{12} \mu + a_{13} \nu, \\ B = a_{21} \lambda + a_{22} \mu + a_{23} \nu, \\ C = a_{31} \lambda + a_{32} \mu + a_{33} \nu, \\ D = a_{41} \lambda + a_{42} \mu + a_{43} \nu. \end{cases}$$

Wir denken uns jetzt vier Flächenpunkte

$$x_1 \,|\, y_1 \,|\, z_1, \qquad x_2 \,|\, y_2 \,|\, z_2, \qquad x_3 \,|\, y_3 \,|\, z_3, \qquad x_4 \,|\, y_4 \,|\, z_4,$$

die die Ecken eines Tetraeders bilden, so, daß die Determinante

$$\Delta = \begin{vmatrix} x_1 & y_1 & z_1 & 1 \\ x_2 & y_2 & z_2 & 1 \\ x_3 & y_3 & z_3 & 1 \\ x_4 & y_4 & z_4 & 1 \end{vmatrix}$$

nicht verschwindet.

Nun gelten nach (2') die vier Gleichungen

$$\begin{aligned} x_1 A + y_1 B + z_1 C + D &= 0, \\ x_2 A + y_2 B + z_2 C + D &= 0, \\ x_3 A + y_3 B + z_3 C + D &= 0, \\ x_4 A + y_4 B + z_4 C + D &= 0 \end{aligned}$$

für die »Unbekannten« A, B, C, D. Da die Determinante Δ dieses Gleichungssystems nicht verschwindet, so sind die Unbekannten nach Cramers Regel alle gleich Null. So erhalten wir die vier Bedingungen

$$A = 0, \qquad B = 0, \qquad C = 0, \qquad D = 0$$

ausführlich geschrieben:

$$\text{(I)} \qquad \left\{ \begin{aligned} a_{11}\lambda + a_{12}\mu + a_{13}\nu &= 0, \\ a_{21}\lambda + a_{22}\mu + a_{23}\nu &= 0, \\ a_{31}\lambda + a_{32}\mu + a_{33}\nu &= 0, \\ a_{41}\lambda + a_{42}\mu + a_{43}\nu &= 0. \end{aligned} \right.$$

Sehen wir uns jetzt erst einmal nach (3) um! Die linke Seite dieser Gleichung schreibt sich

$$(a_{11}\lambda + a_{12}\mu + a_{13}\nu)\lambda + (a_{21}\lambda + a_{22}\mu + a_{23}\nu)\mu + (a_{31}\lambda + a_{32}\mu + a_{33}\nu)\nu$$

oder

$$A\lambda + B\mu + C\nu,$$

verschwindet also von selbst, wenn (I) erfüllt ist.

Die einzige notwendige Bedingung für zylindrische Gestalt der vorgelegten Fläche ist also das Bestehen der vier Gleichungen (I).

Diese Bedingung ist umgekehrt auch hinreichend. Sind nämlich λ, μ, ν den vier Gleichungen (I) gemäß bestimmt, so liegt jeder Punkt $\xi \,|\, \eta \,|\, \zeta$ der durch den beliebigen Flächenpunkt $x \,|\, y \,|\, z$ laufenden Geraden

$$\xi = x + \lambda\varrho, \qquad \eta = y + \mu\varrho, \qquad \zeta = z + \nu\varrho$$

in der Fläche. Die Fläche ist demnach zylindrisch.

Wir sehen uns nun die Bedingungen (I) näher an. Zu dem Zwecke fassen wir die Matrix

$$\mathfrak{a} = \begin{pmatrix} a_{11} & a_{12} & a_{13} \\ a_{21} & a_{22} & a_{23} \\ a_{31} & a_{32} & a_{33} \\ a_{41} & a_{42} & a_{43} \end{pmatrix}$$

ins Auge. Ist ihr Rang 3, so besitzt das System (I) nach Cramers Regel keine eigentliche Lösung. Ist aber der Rang 2 oder geringer, so existiert nach dem Satze von Rouché-Capelli stets eine eigentliche Lösung von (I).

Das Ergebnis unserer Untersuchung lautet:

Die Fläche zweiten Grades

$$a_{11}x^2 + a_{22}y^2 + a_{33}z^2 + 2a_{23}yz + 2a_{31}zx + 2a_{12}xy + 2a_{14}x + 2a_{24}y + 2a_{34}z + a_{44} = 0$$

ist ein Zylinder dann und nur dann, wenn der Rang der Matrix

$$\begin{pmatrix} a_{11} & a_{12} & a_{13} \\ a_{21} & a_{22} & a_{23} \\ a_{31} & a_{32} & a_{33} \\ a_{41} & a_{42} & a_{43} \end{pmatrix}$$

kleiner als 3 ist.

§ 53. Kegel zweiten Grades.

Aufgabe: Unter welcher Bedingung ist die Fläche

$$a_{11}x^2 + a_{22}y^2 + a_{33}z^2 + 2a_{23}yz + 2a_{31}zx + 2a_{12}xy + 2a_{14}x + 2a_{24}y + 2a_{34}z + a_{44} = 0$$

ein Kegel?

Lösung. Angenommen, die Fläche stelle einen Kegel dar, und sein im Endlichen gelegener Scheitel S habe die Koordinaten $x_0 | y_0 | z_0$. Wir führen ein neues Koordinatensystem XYZ ein, dessen Achsen den alten Achsen parallel laufen, dessen Ursprung S ist, so daß die Transformationsformeln

$$x = x_0 + X, \qquad y = y_0 + Y, \qquad z = z_0 + Z$$

gelten. Durch sie verwandelt sich die vorgelegte Gleichung in

$$a_{11}X^2 + a_{22}Y^2 + a_{33}Z^2 + 2a_{23}YZ + 2a_{31}ZX + 2a_{12}XY + 2(u_0X + v_0Y + w_0Z) = 0$$

mit

$$\begin{cases} u_0 = a_{11}x_0 + a_{12}y_0 + a_{13}z_0 + a_{14}, \\ v_0 = a_{21}x_0 + a_{22}y_0 + a_{23}z_0 + a_{24}, \\ w_0 = a_{31}x_0 + a_{32}y_0 + a_{33}z_0 + a_{34}. \end{cases}$$

Greifen wir einen beliebigen Punkt P des Kegels heraus und nennen die Richtungscosinus von $SP = R$ λ, μ, ν, so sind die Koordinaten von P

$$X = \lambda R, \qquad Y = \mu R, \qquad Z = \nu R.$$

Die Substitution dieser Werte in die transformierte Flächengleichung liefert eine quadratische Gleichung für die Unbekannte R, deren lineares Glied $2\,(u_0\lambda + v_0\mu + w_0\nu)\,R$ lautet. Da die quadratische Gleichung (bei festgehaltenen λ, μ, ν) für jeden reellen Wert von R erfüllt ist, so muß z. B. das lineare Glied identisch verschwinden. Folglich ist

$$u_0\lambda + v_0\mu + w_0\nu = 0.$$

Da aber diese Gleichung für unendlich viele Richtungscosinustripel (λ, μ, ν) gilt, müssen u_0, v_0 und w_0 einzeln verschwinden.

Bedenken wir weiter, daß sich die linke Seite der Ausgangsgleichung

$$xu + yv + zw + t$$

schreiben läßt, wo

$$u = a_{11}x + a_{12}y + a_{13}z + a_{14}, \qquad v = a_{21}x + a_{22}y + a_{23}z + a_{24},$$
$$w = a_{31}x + a_{32}y + a_{33}z + a_{34}, \qquad t = a_{41}x + a_{42}y + a_{43}z + a_{44}$$

ist, und daß sie für $x = x_0$, $y = y_0$, $z = z_0$ verschwindet, so folgt noch, daß auch t in S verschwindet.

Wir erhalten demnach die vier Bedingungen

$$\left\{\begin{aligned} a_{11}x_0 + a_{12}y_0 + a_{13}z_0 + a_{14} &= 0,\\ a_{21}x_0 + a_{22}y_0 + a_{23}z_0 + a_{24} &= 0,\\ a_{31}x_0 + a_{32}y_0 + a_{33}z_0 + a_{34} &= 0,\\ a_{41}x_0 + a_{42}y_0 + a_{43}z_0 + a_{44} &= 0.\end{aligned}\right.$$

Diese vier Gleichungen sind aber nach Bézouts Satz nur miteinander verträglich, wenn die Determinante

$$\Delta = \begin{vmatrix} a_{11} & a_{12} & a_{13} & a_{14}\\ a_{21} & a_{22} & a_{23} & a_{24}\\ a_{31} & a_{32} & a_{33} & a_{34}\\ a_{41} & a_{42} & a_{43} & a_{44}\end{vmatrix}$$

verschwindet.

Verschwindet umgekehrt die Determinante Δ, so ist ihr Rang höchstens 3, gibt es also nach dem Satze von Rouché-Capelli sicher eine Lösung des Gleichungssystems, und zwar nur eine einzige Lösung (x_0, y_0, z_0), wenn mindestens eine von den Adjunkten der letzten Spalte nicht verschwindet.

In diesem Falle verschwinden u_0, v_0, w_0, t_0; f_0 und die Flächengleichung reduziert sich auf

$$a_{11}X^2 + a_{22}Y^2 + a_{33}Z^2 + 2\,a_{23}YZ + 2\,a_{31}ZX + 2\,a_{12}XY = 0$$

und stellt somit einen Kegel dar.

Ergebnis:

Die Fläche

$$a_{11}x^2+a_{22}y^2+a_{33}z^2+2a_{23}yz+2a_{31}zx+2a_{12}xy+2a_{14}x+2a_{24}y+2a_{34}z+a_{44}=0$$

ist dann und nur dann ein Kegel (mit im Endlichen gelegenen Scheitel), wenn die Determinante

$$\begin{vmatrix} a_{11} & a_{12} & a_{13} & a_{14} \\ a_{21} & a_{22} & a_{23} & a_{24} \\ a_{31} & a_{32} & a_{33} & a_{34} \\ a_{41} & a_{42} & a_{43} & a_{44} \end{vmatrix}$$

verschwindet und mindestens eine der Adjunkten ihrer Schlußspalte nicht verschwindet.

§ 54. Gleichung des Ellipsoids.

Aufgabe: Die Gleichung eines Ellipsoids zu finden, wenn die Koordinaten der Endpunkte konjugierter Halbmesser bekannt sind.

Lösung. Wir legen ein beliebiges xyz-Koordinatensystem zugrunde, dessen Ursprung mit dem Ellipsenzentrum O zusammenfällt und nennen die Koordinaten der Endpunkte H, K, L der drei konjugierten Halbmesser $OH=h$, $OK=k$, $OL=l$ $x_1|y_1|z_1$, $x_2|y_2|z_2$, $x_3|y_3|z_3$, die Koordinaten eines beliebigen Ellipsoidpunktes P $x|y|z$.

Neben diesem Koordinatensystem betrachten wir noch das $\xi\eta\zeta$-System, dessen Achsen mit den konjugierten Halbmessern OH, OK, OL zusammenfallen, und in dem die Gleichung des Ellipsoids bekanntlich

$$\frac{\xi^2}{h^2}+\frac{\eta^2}{k^2}+\frac{\zeta^2}{l^2}=1$$

lautet.

Wir achten jetzt auf die vier Tetraeder $OKLP$, $OLHP$, $OHKP$ und $OHKL$. Ihre Inhalte seien $\mathfrak{H}$, $\mathfrak{K}$, $\mathfrak{L}$, T.

Um z. B. $\mathfrak{L}$ zu ermitteln, wählen wir das Dreieck OHK als Grundfläche, also das von P auf sie gefällte Lot PF als Höhe und ziehen von P bis zur Grundfläche noch die Applikate $PU=\zeta$ (parallel zur ζ-Achse). Dann stellt der Winkel $PUF=\lambda$ die Neigung der Applikate ζ gegen die Grundfläche und das Produkt $\zeta\sin\lambda$ $(=PF)$ die Höhe des Tetraeders $\mathfrak{L}$ dar. Da die Grundfläche den Inhalt $\frac{1}{2}hk\sin\gamma$ hat, wenn γ den Winkel HOK bedeutet, so wird

$$\mathfrak{L}=\frac{1}{6}hk\zeta\sin\gamma\sin\lambda.$$

Nach § 48 ist aber das Produkt $\sin\gamma \cdot \sin\lambda$ der Sinus I der von den drei Kanten OH, OK, OL gebildeten Ecke. Wir gewinnen daher die Formel

$$\mathfrak{L} = \frac{1}{6} I\, h\, k\, \zeta.$$

Da das vierte Tetraeder (§ 48) den Inhalt

$$T = \frac{1}{6} I\, h\, k\, l$$

hat, so erhalten wir für den Quotienten $\mathfrak{L} : T$ den Wert

$$\mathfrak{L} : T = \zeta : l.$$

Genau so findet sich

$$\mathfrak{H} : T = \xi : h, \qquad \mathfrak{K} : T = \eta : k.$$

Mit Hilfe der oben angegebenen Ellipsoidgleichung bekommen wir aus den letzten drei Gleichungen die bemerkenswerte Beziehung

$$\mathfrak{H}^2 + \mathfrak{K}^2 + \mathfrak{L}^2 = T^2.$$

Sie liefert uns sofort die gesuchte Ellipsoidgleichung.

Nach der Tetraederinhaltsformel (§ 49) ist nämlich

$$\mathfrak{H} = \frac{I}{6} \begin{vmatrix} x & y & z \\ x_2 & y_2 & z_2 \\ x_3 & y_3 & z_3 \end{vmatrix}, \quad \mathfrak{K} = \frac{I}{6} \begin{vmatrix} x & y & z \\ x_3 & y_3 & z_3 \\ x_1 & y_1 & z_1 \end{vmatrix}, \quad \mathfrak{L} = \frac{I}{6} \begin{vmatrix} x & y & z \\ x_1 & y_1 & z_1 \\ x_2 & y_2 & z_2 \end{vmatrix}, \quad T = \frac{I}{6} \begin{vmatrix} x_1 & y_1 & z_1 \\ x_2 & y_2 & z_2 \\ x_3 & y_3 & z_3 \end{vmatrix}.$$

Setzen wir diese Werte in die gefundene Beziehung ein, so entsteht die folgende Gleichung des Ellipsoids:

$$\begin{vmatrix} x & y & z \\ x_2 & y_2 & z_2 \\ x_3 & y_3 & z_3 \end{vmatrix}^2 + \begin{vmatrix} x & y & z \\ x_3 & y_3 & z_3 \\ x_1 & y_1 & z_1 \end{vmatrix}^2 + \begin{vmatrix} x & y & z \\ x_1 & y_1 & z_1 \\ x_2 & y_2 & z_2 \end{vmatrix}^2 = \begin{vmatrix} x_1 & y_1 & z_1 \\ x_2 & y_2 & z_2 \\ x_3 & y_3 & z_3 \end{vmatrix}^2.$$

§ 55. Hauptachsengleichung.

Aufgabe: Die Hauptachsen der zentrischen Fläche zweiten Grades

$$a_{11} x^2 + a_{22} y^2 + a_{33} z^2 + 2\, a_{23}\, y z + 2\, a_{31}\, z x + 2\, a_{12}\, x y = 1$$

zu bestimmen.

Lösung. Das Koordinatensystem sei beliebig schiefwinklig, sein Ursprung, zugleich das Zentrum unserer Fläche, sei O. Im übrigen gelten die Bezeichnungen von § 46.

Die Gleichung der Tangentialebene E im Flächenpunkte P (x, y, z) lautet

$$u\,\xi + v\,\eta + w\,\zeta = 1$$

mit ξ, η, ζ als laufenden Koordinaten und

$$u = a_{11}x + a_{12}y + a_{13}z, \quad v = a_{21}x + a_{22}y + a_{23}z, \quad w = a_{31}x + a_{32}y + a_{33}z,$$

wo die drei Größen u, v, w den Richtungscosinus des von O auf E gefällten Lots l proportional sind.

Die Gleichung des Berührungsradius OP lautet

$$\xi : x = \eta : y = \zeta : z$$

Um die Richtungscosinus von OP zu bekommen, führen wir den Vektor $\overrightarrow{OP} = \mathfrak{r}$ ein; er ist das Linearkompositum

$$\mathfrak{r} = x\mathfrak{e} + y\mathfrak{o} + z\mathfrak{u}$$

der drei Grundvektoren $\mathfrak{e}$, $\mathfrak{o}$, $\mathfrak{u}$.

Wir multiplizieren die letzte Gleichung sukzessive skalar mit $\mathfrak{e}$, $\mathfrak{o}$, $\mathfrak{u}$. Das gibt

$$\mathfrak{r}\mathfrak{e} = k_{11}x + k_{12}y + k_{13}z, \quad \mathfrak{r}\mathfrak{o} = k_{21}x + k_{22}y + k_{23}z, \quad \mathfrak{r}\mathfrak{u} = k_{31}x + k_{32}y + k_{33}z.$$

Da die linken Seiten dieser Gleichungen den Richtungscosinus von $\mathfrak{r}$ proportional sind, so sind die gesuchten Richtungscosinus von OP den drei Größen

$$U = k_{11}x + k_{12}y + k_{13}z, \quad V = k_{21}x + k_{22}y + k_{23}z, \quad W = k_{31}x + k_{32}y + k_{33}z$$

proportional.

Der Berührungsradius $\mathfrak{r}$ ist nun Haupthalbachse der Fläche, wenn er auf das Lot l fällt, d. h. wenn $\mathfrak{r}$ und l dieselben Richtungscosinus haben. Damit entsteht die Bedingung

$$U : u = V : v = W : w.$$

Wir schreiben

$$\frac{U}{u} = \frac{V}{v} = \frac{W}{w} = \frac{xU + yV + zW}{xu + yv + zw}$$

und setzen die rechte Seite dieser Gleichung gleich R, so daß wir die drei Bedingungen

$$U = Ru, \qquad V = Rv, \qquad W = Rw$$

bekommen.

Der Nenner von R ist die linke Seite der Flächengleichung für den Punkt $x \mid y \mid z$ und damit gleich 1. Der Zähler ist das Quadrat von

$$\mathfrak{r} = x\mathfrak{e} + y\mathfrak{o} + z\mathfrak{u},$$

wie man durch Quadrierung der rechten Seite dieser Formel sofort feststellt. Folglich ist R das Quadrat (r^2) der Haupthalbachse OP.

Wir schreiben die drei Bedingungen $U = R u$, $V = R v$, $W = R w$ ausführlich

$$\begin{cases} (k_{11} - a_{11} R)\, x + (k_{12} - a_{12} R)\, y + (k_{13} - a_{13} R)\, z = 0, \\ (k_{21} - a_{21} R)\, x + (k_{22} - a_{22} R)\, y + (k_{23} - a_{23} R)\, z = 0, \\ (k_{31} - a_{31} R)\, x + (k_{32} - a_{32} R)\, y + (k_{33} - a_{33} R)\, z = 0 \end{cases}$$

und haben ein Homogensystem mit einer eigentlichen Lösung x, y, z. Nach Bézouts Satz verschwindet die Systemdeterminante:

$$\begin{vmatrix} k_{11} - a_{11} R & k_{12} - a_{12} R & k_{13} - a_{13} R \\ k_{21} - a_{21} R & k_{22} - a_{22} R & k_{23} - a_{23} R \\ k_{31} - a_{31} R & k_{32} - a_{32} R & k_{33} - a_{33} R \end{vmatrix} = 0.$$

Dies ist die sog. H a u p t a c h s e n g l e i c h u n g; eine kubische Gleichung für die Quadrate R_1, R_2, R_3 der drei halben Hauptachsen der vorgelegten Fläche.

Sachverzeichnis.

Verzeichnis mathematischer Zeichen.

Geist der Mathematik.

Abschnitte aus der Philosophie der Arithmetik und Geometrie. Von Max Bense. 173 Seiten. 1939. In Leinen RM. 4.80.

Rechnungen mit Operatoren

nach Oliver Heaviside. Von E. J. Berg. Deutsche Bearbeitung von Dr.-Ing. Otto Gramisch und Dipl.-Ing. Hans Tropper. 198 Seiten, 65 Abbildungen. 1932. In Leinen RM. 12.—.

Vorlesungen über allgemeine Mechanik.

Von Professor Dr. Alexander Brill. 364 Seiten, 165 Abbildungen. 1928. In Leinen RM. 18.—.

Mathematik für Ingenieure und Techniker.

Ein Lehrbuch von Richard Doerfling. 533 Seiten, 290 Abbildungen. Gr.-8°. 1939. In Leinen RM. 9.60.

Vektoren.

Von Professor Heinrich Dörrie. Etwa 200 Seiten. Etwa RM. 9.60. In Vorbereitung.

Aufgabensammlung über Differentialgleichungen.

Von Oberstudienrat E. Fick. 184 Seiten. 1930. RM. 5.80.

Vorlesungen über Technische Mechanik.

Von Professor Dr.-Ing. August Föppl.

Band I: Einführung in die Mechanik. 9. Auflage. 430 Seiten, 104 Abbildungen. 1938. In Leinen RM. 12.—.

Band II: Graphische Statik. 8. Auflage. 416 Seiten, 209 Abbildungen. 1939. In Leinen RM. 12.—.

Band III: Festigkeitslehre. 11. Auflage. 465 Seiten, 214 Abbildungen. 1938. In Leinen RM. 12.—.

Band IV: Dynamik. 8. Auflage. 456 Seiten, 113 Abbildungen. 1933. In Leinen RM. 12.—.

www.ingramcontent.com/pod-product-compliance
Lightning Source LLC
Chambersburg PA
CBHW081540190326
41458CB00015B/5604
* 9 7 8 3 4 8 6 7 7 2 8 3 8 *